U0048122

LEANDER
KAHNEY

蘋果設計的靈魂
強尼‧艾夫傳

JONY IVE

利安德‧凱尼 著 ／ 連育德 譯

the genius behind apple's greatest products

contents

第一次遇到強尼・艾夫（Jony Ive），竟然害他幫我拎了一整晚的背包。

那時是 2003 年麥金塔世界大會（Macworld Expo）的傍晚派對，身為「連線」網站（Wired.com）特約記者的我，怎麼會不知道他的身份。他是即將成為全球最著名設計師的強尼・艾夫。

而他，竟然願意跟我聊天。

這一聊，才發現兩人的共同之處，除了愛喝啤酒，也因為同是遷居舊金山的英國人，免不了都有文化衝擊的困擾。他的妻子海瑟也加入寒

暄，我們三人就這樣緬懷起英國酒館、英國報紙與英式音樂（尤其是浩室電音）。但幾杯啤酒下肚後，我突然想到另外約了人已經遲到，於是匆匆離去，把筆記型電腦背包留在現場。

時間快轉到午夜過後，我又碰到強尼，地點換成城市另一頭的飯店酒吧。萬萬沒想到，我的背包竟然在他肩上；這個全球最夯的設計師，願意整晚拎著一個糊塗記者的背包，我當下只有瞠目結舌可以形容。現在回想起來，我懂了。他就是這樣的一個人，對設計團隊成員、合作夥伴，尤其是蘋果，都給予百分之百的用心。對強尼來說，工作就是一切，講到工作的時候，他從來不提到自己如何如何，凡事都以團隊為主。

幾個月後，蘋果 6 月時在舊金山舉辦 2003 年全球開發者大會（Worldwide Developers Conference），我又有機會與他碰面。台上，賈伯斯（Steve Jobs）正滔滔不絕地發表塔型電腦機種 Power Mac G5，對它的超強性能與鋁製機殼讚不絕口。強尼站在台下一旁，旁邊兩、三個公關部門的女員工忙著跟他聊天。等到賈伯斯演講結束，我朝強尼走去。

他一見到我，便給我一個大大的微笑，說：「又見面了，真有緣。」

握了握手，他親切地問我：「最近還好嗎？」

背包的事實在太丟臉，我連提都不敢提。

寒暄一下子後，我問：「我能做一點正式採訪嗎？」蘋果一向以低調作風聞名，所以我看到旁邊的幾位公關同時搖頭拒絕，並不訝異。但沒想到強尼卻說：「沒問題。」

他把我帶到附近的展示座看產品，我原本只想請他發表幾句話，但他卻熱情地介紹起這款最新產品，一講就是 20 分鐘，我連話都插不進去。這也怪不了他，誰叫設計是他的熱誠所在呢！

由一大片鋁材擠壓成型的 Power Mac G5，銀灰造型簡單俐落，活像是衝鋒殺敵的隱形轟炸機。當年的科技產業確實也瀰漫濃濃的煙硝味，

蘋果與英特爾（Intel）競相要研發出最快、最好的晶片。電腦大廠以性能為宣傳亮點，蘋果更誇口說這款新機種的性能無人能比。但強尼卻不講電腦性能。

「這個真的很難。」他說。他提到簡單俐落是這款電腦的設計哲學。「我們只保留最有必要的元素，其他的全部拋掉，但消費者看不見我們在背後的努力。我們不斷回到起點，反問這個零件有沒有必要？這個零件可以執行其他四個零件的功能嗎？所以我們精簡再精簡，成品不但更容易生產，使用上也更方便。」

精簡再精簡？這實在不像科技公司會說的話。科技業推出新產品時，通常是功能多多益善，但強尼的說法卻一反產業的習慣做法。精簡，是每個設計科系學生學到的基礎概念，並非創新之舉。但擺在 2003 年，似乎就是格格不入。

事隔幾年後我才明瞭，強尼在那個 6 月天早上向我透露了一個天大的祕密。原來，精簡正是蘋果創意思維的祕密，因為簡單而能屢屢突破業界傳統，躍居縱橫全球的大企業。

強尼與賈伯斯合作無間，聯手打造出 iMac、iPod、iPhone、iPad 一連串經典產品，但他甘於讓賈伯斯站在鎂光燈前，自己守在幕後，以他的創新思維與設計美感帶來重大突破。身為工業設計部門副總裁的強尼，如今已是形塑當今高度資訊化社會的重要人物，重新定義我們工作、娛樂、溝通的方式，地位無人能及。

這個昔日畢業於英國設計學校、有閱讀障礙的小伙子，是如何變成全球科技業數一數二的工業設計師？本書將帶領各位一探強尼的成長歷程與發跡經過，認識這位才華洋溢卻又光芒內斂的設計狂人。你我的生活，皆因他的設計哲學而改頭換面。

神祕的蘋果與消息來源

蘋果總公司園區的專賣店可以買到紀念 T 恤，上面寫著：「本人去過蘋果總公司，但所見所聞都不能透露！」（I visited the Apple campus. But that's all I'm allowed to say.）這句話拿來形容報導蘋果的過程，再貼切不過。

要說動消息人士談論蘋果，是一件不簡單的任務。蘋果人是不討論自家事的，即使是三十年前發生的事情，他們也不願意表達看法。蘋果作風相當神祕，員工若是洩露一絲一毫的細節，都會因此遭到開除。不管是員工、承包商還是合作夥伴，只要跟蘋果有關的，都簽過一大堆保密協議，一有違規，不但可能終止聘僱或合作關係，更可能被蘋果告上法庭。員工對目前產品計畫三緘其口，不難理解；但他們連過去的產品也不肯談論。不只是產品，其他營運環節也瀰漫神祕色彩，最嚴重的是蘋果視為商業機密的內部流程。以開會為例，蘋果似乎認為會議流程若流入競爭對手手中，可能會助長對方實力。

蘋果的企業文化把撲朔迷離發揮到極致，彷彿是一家情報組織。員工除了自身工作（多屬高度專業分工）之外，其餘所知甚少；只有少數主管與資深副總裁才清楚整體規劃。但即使如此，他們也常常不知道其他部門或隸屬員工的事。

在低調已成企業 DNA 的蘋果裡，三緘其口就跟呼吸一樣自然。員工生活在蘋果的大泡沫裡，不參加外界的研討會或公開演講，也很少出沒在矽谷其他專業或社交場合。蘋果員工的朋友都知道不要過問他們的工作情況，有人提到時，他們只會笑笑地不回話。他們甚至連另一半都不說。有位女性設計師在接受本書訪問時說，她與先生兩人會特別小心不提到工作情形，深怕不小心說溜嘴。

　為蒐集本書材料，我們聯絡了超過兩百人，大多數是蘋果現職或剛離職不久的員工。其中有些人願意具名，但許多選擇在書中匿名表達意見。我們多次聯絡蘋果針對訪談內容說明，但沒有得到回應。

　儘管如此，我與研究夥伴最後仍訪談到許多消息人士，請他們分享對蘋果、強尼、企業文化的看法。我們很難得地採訪到一些重量級人物，有些甚至與強尼共事過數十個年頭。透過他們，我們得以一窺設計部門工作室與蘋果思維，以前所未有的觀點認識蘋果。他們所提供的資訊與細節建構起蘋果多年的進展脈絡，彌足珍貴。

　除了訪談之外，我們進行廣泛研究，從影片、文字紀錄、產品發表會檔案、相關書籍、文章以及產品本身抽絲剝繭，針對強尼的職業生涯與他在蘋果的影響力，勾勒出最詳實的全貌。

chapter

1

school
days

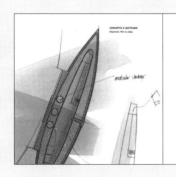

第一章
天縱之才
——中小學時期

school days

它的液壓系統做得真好，不費吹灰之力就能打開。我
那時就覺得強尼是個可造之才。

—— 雷夫・塔伯勒

據說，位於倫敦近郊的欽福德（Chingford）區是沙朗牛排的發源地。17 世紀末葉，英王查爾斯二世在當地莊園餐宴，吃完龍心大悅，還授予爵位給盤中的一塊大牛排，封它為「腰脊肉爵士」（Sir Loin）。故事流傳久了，大家取其音，於是有了今天的沙朗牛排（sirloin）。

時間快轉到 1967 年 2 月 27 日，欽福德區又出了另一號人物——強尼・保羅・艾夫（Jonathan Paul Ive）。

跟強尼的個性一樣，欽福德區靜謐而平易近人。這裡位於倫敦東北

隅，北接艾色克斯郡（Essex）的艾平森林（Epping Forest），是個居民多為城市通勤族的富裕郊區。欽福德區屬於保守黨大票倉，前保守黨黨主席伊恩・鄧肯・史密斯（Iain Duncan Smith）現為代表該選區的議員，而前首相邱吉爾（Winston Churchill）亦曾是當地議員。

艾夫出生於小康之家，父親麥可・約翰・艾夫（Michael John Ive）是銀匠，母親潘密拉・瑪麗・艾夫（Pamela Mary Ive）則是心理治療師。家中除了強尼，還有小他兩歲的妹妹艾莉森（Alison）。

強尼就讀欽福德基礎學校（Chingford Foundation School），比足球金童貝克漢早了八屆。在校期間，強尼被診斷出患有閱讀障礙（跟賈伯斯一樣）。

強尼小時候對物品的運作充滿好奇心，愛把收音機、錄音機這些東西小心拆下來，想瞭解它們是如何組裝的，每個零件又是怎麼拼湊在一起的；只是不見得每次都能裝得回去。

「我記得我以前對製成品很有興趣。」他 2003 年在倫敦設計博物館（Design Museum）受訪時說道：「小時候看到什麼就會動手拆掉，後來慢慢演變成想知道產品怎麼生產、怎麼運作，外型、材料又有什麼學問。」[1]

父親也鼓勵他發展這方面的興趣，常跟他討論設計的話題。小強尼把玩手邊的物品，不見得能看出個所以然（他在博物館那場訪談中說：「我當時還不清楚設計的概念，甚至一開始還沒有興趣。」）。但在父親的鼓勵下，設計種子慢慢在他的童年生根。

有虎子必有虎父

麥可・艾夫不只給了個性早熟的強尼一個好榜樣，出了家門也深具

影響力。他在艾色克斯郡從事鑄銀與教學工作多年，人緣極佳，手藝讓大家很佩服，有位同事更形容他是「個性溫和的大漢子」。[2]

由於有手工藝的天分，他年輕時決定以手工藝教學為業，之後在教育體制裡高升，讓他有機會影響更多莘莘學子。麥可連同其他幾名優良教師經教育部遴選後，成為皇家督學（Her Majesty's Inspector），不再從事日常教學工作，轉而負責監督學區內各校的教學品質，設計和技術課程尤其是他的督導重點。

改善技職教育是當時的治學目標之一。以前的學校只強調學科，不重視設計相關等實作術科如工藝課、家政課等等，被打入冷宮，分配到的資源相當有限。更糟糕的是，術科教學沒有既定標準，誠如一位前教師所說，學校「根本想教什麼就教什麼。」[3]

在麥可的推動與協助規劃之下，設計技術（design technology）課展開新的一頁，成為英國各級學校的核心課程。[4]重點不只是手工藝的技巧，更與學科結合，成為一門具有前瞻性的整合課程。

前同事與校長雷夫‧塔伯勒（Ralph Tabberer）說：「他是個有遠見的教育家。」塔伯勒日後在布萊爾（Tony Blair）擔任首相時任學校總主任一職。這個必修課程成為英國各學校的教學藍圖，英格蘭和威爾斯更是領先其他國家，將設計技術課程融入 5 至 16 歲的義務教育裡。

「設計技術原本只是旁門左道的小課程，但在他的推動之下，佔了7% 到 10% 的課堂時數。」塔伯勒說。麥可的前同事馬坎‧莫斯（Malcolm Moss）如此形容他對設計技術教學的貢獻：「麥可鼓吹設計技術課程不遺餘力，在教育界打下名號。」[5]多虧了他這番努力，原本學生打打鬧鬧的課程變成一堂學習設計的時間，進而培養出新一代的設計師。他的兒子也是其中之一。

塔伯勒記得跟麥可聊過強尼在學校的課業表現，還講到強尼對設計

課愈來愈熱衷。但並非虎爸型的麥可，並不會想把兒子訓練成天才兒童，就像網球雙姝大小威廉斯（Venus and Serena Williams）的父親一樣。塔伯勒說：「麥可對兒子的設計天分完全站在從旁輔導的角度。他常跟強尼聊設計，走在路上可能會手指著街燈，問強尼為什麼它跟其他地方的街燈不一樣，例如光線是怎麼落下的，或是會這樣設計可能是考量到哪種天候。父子倆就這麼一直聊著建築環境與四周的人造物……怎樣可以做得更好。」[6]

「麥可是個深藏不露的人，對自己的專業領域很有一把刷子。」塔伯勒接著說：「他的個性非常隨和有禮貌，懂的東西很多，而且做人大方，是典型的英國紳士。」當然，這些特質用來形容強尼也成立。

北遷

強尼 12 歲前，跟著家人北遷英格蘭西米德蘭茲郡（West Midlands）的斯塔福鎮（Stafford），距離老家隔了幾百英哩。規模中等的斯塔福鎮南接工業重鎮沃福漢普頓市（Wolverhampton），北鄰斯托克城（Stoke-on-Trent），景色宜人，到處可見歷史建築。來到小鎮外圍，諾曼人在 11 世紀征服英國時所建的斯塔福城堡，如今徒留山上的一方廢墟，默默守護著城鎮。

80 年代初，強尼進入位於郊區的華頓中學（Walton High School）。在這所公立的大學校裡，他跟其他人一樣都得讀普通科目，對新環境也適應良好。同學眼中的強尼，有點胖嘟嘟、深色頭髮，是個很謙虛的青少年。他結交了不少朋友，也參加許多課外活動。「他這個人做事有決心，很快就跟大家打成一片。」目前已退休的德文老師約翰‧哈登（John Haddon）說。[7]

學校的電腦教室擺了許多早期的電腦機種，有 Acorn 牌、BBC Micro 牌，還有一台發明家克萊夫・辛克萊（Clive Sinclair）所發明的 ZX Spectrum 電腦。但或許是閱讀障礙的關係，強尼始終沒有如魚得水的感覺。要使用這個年代的電腦，必須跟著閃爍的游標，在命令列一個鍵一個鍵輸入指令，先進行程式設計。[8]

當地的基督教威伍德團契（Wildwood Christian Fellowship，屬於無教派色彩的福音團契）讓強尼有發揮創意的出口。團契固定在當地社區中心碰面，讓他有機會跟其他人一起玩音樂。「他們組了白渡鴉（White Raven）樂團，由他擔任鼓手。」同時期就讀華頓中學的克里斯・金伯利（Chris Kimberley）回憶說：「其他樂團成員年紀比他大很多……他們常在教會交誼廳裡彈些抒情搖滾的音樂。」[9]

畫圖和設計也是他暫時抒解課業壓力的方法，他這兩方面的才華很早就顯露出來。父親這時依舊是他的靈感來源。「我父親的手工藝非常厲害。」強尼長大後回憶說：「他自己動手做家具、做銀器，很有 DIY 的天分。」[10]

每到耶誕節，麥可會帶強尼一個人到工作室，讓他自由使用器材，自己則從旁協助，當作是給乖兒子的聖誕禮物。「他給我的聖誕禮物是，聖誕假期找一天帶我去他在大學的工作室，趁沒人在的時候，幫我製造出我天馬行空想到的東西。」[11]唯一的條件是，強尼必須事先畫出草圖。「我一直懂得欣賞手製品的美感。」他跟《賈伯斯傳》的作者華特・艾薩克森（Walter Isaacson）說：「我後來懂了，真正重要的是背後的那份用心。有些產品給人漫不在乎的感覺，我看了就討厭。」

麥可也會帶強尼去倫敦參觀設計工作室和設計學校。有次來到一家汽車設計公司，對他有醍醐灌頂的影響。「那個當下，我發現如果能把雕塑做到工業級的規模，應該很有趣才對。說不定長大可以做這行。」

強尼日後說道。[12] 13 歲以前的他，知道自己想「畫圖、做東西」，但還不清楚要朝哪個方向發展。他想設計的東西很多，車子、日常用品、家具、珠寶都是他的目標，甚至連船也考慮過。

強尼的設計觀深受父親影響，或許程度難以衡量，卻是不可否認的事實。麥可大力鼓吹從做中學的教學方式，要學生親自製造和測試；[13] 他也非常重視設計要靠直覺，認為應該「馬上動手做，邊做邊修正」。[14] 麥可在某次對設計課老師的簡報中，提出「畫圖素描、對話討論」是創意過程中的關鍵環節，更鼓勵設計人要勇於冒險，也要有雅量承認自己未必「什麼都懂」。他鼓勵老師們建構出作品背後的「設計故事」，讓學習過程更容易管理掌握。他認為學生應該培養韌性，「這樣才不會有閒閒沒事做的時候」。這些特質日後也在強尼身上顯現，進而才有蘋果 iMac 和 iPhone 的誕生。

強尼每天開著飛雅特五百（Fiat 500）上學，還幫這輛小車取名叫「梅寶」（Mabel）。80 年代的英國，許多走後龐克與歌德風格的青少年喜歡一身黑色裝扮，強尼也不例外。他留著一頭黑色長髮，用髮膠往上梳，算算也有好幾吋高，活像是怪人合唱團（The Cure）的主唱羅伯特·史密斯（Robert Smith），只差沒畫濃濃的眼線而已。強尼開車時還會把天窗打開，以免梳得老高的頭髮被壓扁。老師每次看到亮橘色的飛雅特開進校園，車頂總會冒出一撮直挺挺的黑頭髮。

強尼對車子的喜好從那時就開始了。除了「梅寶」之外，他和父親另外還整修經典老車 Austin-Healey Sprite。這款兩人座跑車的引擎蓋有兩個球型大燈，彷彿是一雙大眼睛，擬人化的外觀更加討喜；外殼可拆卸的半硬殼式（semi-monocoque）車體設計，同樣耐人尋味。

強尼這時慢慢展露出設計才華。跟他一起上設計課的同學傑瑞米·

強尼中學時期的模樣
© NTI

鄧恩（Jeremy Dunn），記得強尼曾做過一個消光黑的時鐘，時針分針都是黑色，沒有數字，往任何方向擺都沒關係。雖然是木質結構，但上漆上得無懈可擊，朋友都看不出原本的材質。[15]

考慮要讀大學的強尼，開始準備 A-Level 考試，亦即在英國申請大學必備的標準資格考。他主攻當時為兩年綜合課程的設計技術課。第一年，學生可以學到不同材質的特色與功能，木材、金屬、塑膠、布料等等，幾乎各種材質都會介紹，目的在於幫學生打好基礎概念、學會實作技巧，再進入偏重學科的第二年，到時還需要交出一個大型作業。

跟強尼同時上這門課的設計師奎格‧穆希（Craig Mounsey）回憶道：「課程非常講究實際操作，不只教怎麼執行，還教設計流程技巧。」[16]

強尼在課堂上的作品相當傑出，繪圖也很優異。老師都說他有超齡的水準，雖然才 17 歲，但設計出來的樣品常常已經可以拿去實際生產。教過強尼幾年設計技術課的老師戴夫‧懷汀（Dave Whiting）說：「他畫的設計圖很棒。他以前會拿白筆跟黑筆在牛皮紙上畫草圖，效果很好，而且沒有人這麼做過。他表達構想的方式跟別人都不一樣。他的構想新奇又不落俗套。」[17]

「強尼真的很厲害。我們看他的作品也學到很多。」懷汀補上一句。

強尼不只手巧，還善於表達設計理念。「他的做法跟別人不一樣。」懷汀說：「設計師要能懂得將概念解釋給外行人，他們可能是贊助人，也可能是生產的廠商，設計師要懂得讓他們對產品跟功能感興趣。強尼這點做得很好。」

他的繪圖作品之精細，學校老師都相當肯定，有些作品甚至還掛在校長室裡。「他的作品有的是教堂某個角落，有的是廢棄教堂的拱頂或小地方，有素描也有水彩畫，畫得絲絲入扣。」懷汀說。校長辦公室在 80 年代末進行整修工程，不料這些圖畫不翼而飛，但大家都還記得他的

畫圖天分。「我聽強尼說過自己不擅長畫圖，他實在太客氣了。」懷汀有次受訪時說。

「他很早就看出輪廓線條跟細節是產品的關鍵。比方說，他在學生時期就設計出一些手機樣式，外觀已經有現代手機的輕薄跟精細。」強尼設計電話，並不是年輕人一時興起的敲敲打打而已，後來上大學也持續有新的電話設計（更別說是在蘋果了）。

強尼第二年的作業選擇設計一款幻燈片投影機。設計技術課的學生必須提出初步構想，慢慢修正，然後以簡報介紹設計圖與設計模型，能夠實際做成產品更好。也就是說，第二年的作業並非紙上談兵，而要完整的設計過程，要能從概念執行到成品。

作業還需要進行市場研究。強尼知道幻燈片投影機是學校教室與公司行號的標準配備，擺在桌上，將一張一張透明片的內容投射在牆壁或白板。投影機在當時無處不在，但問題是體積又大又笨重，強尼做過市場調查後，覺得手提式機種應該有商機。

他設計出一款簡易型投影機，能夠折疊放進消光黑塗裝的公事包，而且用的是檸檬綠的配件。這款投影機攜帶方便，造型十分現代，完全不同於當時只重視功能、體積龐大的桌上型投影機。蓋子一打開，可以看到菲涅爾透鏡（Fresnel lens）與放大鏡，底下有個光源。跟傳統機種一樣，把透明片放在檯面上，即能透過一連串的反射鏡與凸透鏡，將圖片內容投射於牆面。

身為麥可的朋友、自己也是老師的塔伯勒，看到強尼的投影機驚為天人。他回憶說：「它的液壓系統做得真好，不費吹灰之力就能打開。我那時就覺得強尼是個可造之才。」

老師都很喜歡這個作品，決定讓強尼跟其他幾名學生代表華頓中學，參加由英國設計協會（British Design Council）舉辦的「傑出青年工程

師獎」（Young Engineer of the Year Award），與全國其他學生一較高下。當年的評審之一是全球著名的建築師與室內設計師泰倫斯·康藍（Terence Conran）。第一輪由參賽學生提出設計圖與照片，最有意思的作品再晉級到第二輪。

強尼的作品成功晉級。將投影機送往協會進行第二輪評分之前，強尼特別把機器拆下清潔，可惜組裝時不小心把菲涅爾透鏡放反了，造成投射的光線四散，無法形成清楚的圖像。作品交出去了等於沒交，被評審老師退回。強尼雖然沒能得獎，但他的概念創新獨特，是不容置疑的事實。市場甚至不久之後也冒出類似的手提式投影機。

千載難逢的企業贊助

才 16 歲，強尼的才華已漸漸受到設計圈注目。

身為皇家督學的麥可，為了宣導設計在全國教材的重要性，籌辦教師研習會（日後變成年度盛會）。倫敦頂尖設計公司 RWG 集團（Roberts Weaver Group）的常務董事菲利普·葛雷（Philip J. Gray）那年受邀擔任主要演講人，他到場後意外發現強尼的作品。

會議大廳擺放了高中學生的設計作品，其中幾件正是強尼的傑作。幾幅牙刷素描立刻吸引住葛雷的目光。葛雷日後回憶說：「鉛筆和蠟筆的筆觸很細緻。」也能清楚看出他的「思維與分析相當入微」。

「以一個十六、七歲的年輕人來說，他的作品非常成熟。」葛雷說：「我說這小孩真有天分，麥可聽了回說：『那當然，因為這是小犬強尼的作品。』」[18]

幾天後，強尼跟著父親來到倫敦市中心的 RWG 辦公室，跟葛雷約

了碰面。三人共進午餐時，強尼與父親請教葛雷哪些大學的工業設計課程最好。「我推薦了幾所學校。」葛雷回憶說。他的首選是新堡技術學院（Newcastle Polytechnic）。

麥可席間還不顧面子，問葛雷是否願意贊助強尼的大學學費？如果他願意每年贊助 1,500 英鎊左右的學雜費、連續四年，強尼畢業後會進入 RWG 效命。由企業贊助學雜費的做法在當時相當少見，沒想到葛雷答應得很爽快。

「強尼是我在 RWG 唯一贊助的學生。大學放暑假時，會有學生來我們公司實習，但強尼是我們唯一贊助過的人……他真的很優秀，所以要說動其他董事贊助他是小事一樁。」葛雷說。

強尼之後會走上設計這條路，表面上似乎是父親在背後推波助瀾，但葛雷有不同的看法。他認為是麥可看到強尼對設計愈來愈有熱誠，而從旁扮演輔導的角色。「麥可因為職位之便，有機會跟設計圈的菁英交流，希望兒子也能耳濡目染。」葛雷坦言，又補了一句：「強尼是一個很聰明的產品設計師……他們父子都很有熱情，一家人留著設計的血液。」[19]

隨後幾年，葛雷有更多機會觀察他們父子倆。「他們就像同一個模子印出來的，個性害羞，但做事十分專注，只想把事情做到好，很少有怨言。」他說：「我從來沒聽到他們對人大小聲！在我的記憶裡，他們大部分時候都是笑笑的，很好相處，沒見過他們放大分貝笑過。麥可對兒子的驕傲之情，外人都看得出來，但他從不拿來跟人炫耀。難得看到這麼謙虛又有才華的人。」

麥可遺傳給強尼的，不只是對設計的熱愛而已，個性也是有其父必有其子。葛雷說：「麥可做事都是全心全意。他是個精力永遠用不完的人，只希望兒子能走出一片天。說穿了，他就是一個知道兒子喜歡設計

的好爸爸啦，希望幫兒子爭取到最好的機會。」

　　就讀華頓中學期間，強尼不只攻讀進階設計技術而已，也一反大家對藝術型學生的刻板印象，選了化學和物理。1985年畢業那年參加大考，三科分數都考到 A 等，兩年苦讀頓時有了甜美的成果。根據英國政府的統計數字，這三科考高分讓他排名在全國考生的前 12%。[20]

　　憑著優異的成績單，他有機會申請牛津或劍橋這兩所英國最高學府。但因為他對汽車設計也有興趣，所以也考慮倫敦的中央聖馬汀藝術設計學院（Central Saint Martins College of Art and Design，世界級的藝術設計學校）。但親自到聖馬汀校園走一趟後，他覺得不太適合，說其他學生「太怪了，畫圖時會發出『布嗯布嗯』的怪聲，好像在發動引擎一樣。」[21]

　　所幸，成績亮眼、才華藏也藏不住的強尼還有其他學校可選。他最後選了葛雷當年推薦的新堡技術學院，北上求學，主修產品設計。

1. London Design Museum, interview with Jonathan Ive, http://designmuseum.org/design/jonathan-ive, last modified 2007.

2. Interview with Ralph Tabberer, January 2013.

3. Ibid.

4. Design and technology curriculum of UK schools, http://www.educa-tion.gov.uk/schools/toolsandinitiatives/a0077337/design-and-technology-dt, updated November 25, 2011.

5. Interview with Malcolm Moss, January 2013.

6. Interview with Ralph Tabberer, January 2013.

7. Rob Waugh, "How Did a British Polytechnic Graduate Become the Design Genius Behind £200 Billion Apple?" *Daily Mail*, http://www.dailymail.co.uk/home/moslive/article-1367481/Apples-Jonathan-Ive-How-did-British-polytechnic-graduate-design-genius.html, last modified 3/19/13.

8. John Coll and David Allen (Eds.), *BBC Microcomputer System User Guide*. http://regregex.bbcmicro.net/BPlusUserGuide-1.07.pdf

9. Waugh, "How did a British polytechnic graduate become the design genius behind £200 billion Apple?"

10. Shane Richmond, "Jonathan Ive Interview: Apple's Design Genius Is British to the Core," Telegraph, http://www.telegraph.co.uk/technology/apple/9283486/Jonathan-Ive-interview-Apples-design-genius-is-British-to-the-core.html, May 23, 2013.

11. Walter Isaacson, *Steve Jobs* (Simon & Schuster, 2011), Kindle edition.

12. Paul Kunkel, *AppleDesign*, (New York: Graphis Inc., 1997), p.253.

13. David Barlex, "Questioning the Design and Technology Paradigm," Design & Technology Association International Research Conference, April 12-14, 2002, pp.1-10, https://dspace.lboro.ac.uk/dspace-jspui/bitstream/2134/3167/1/Questioning%20the%20design%20and%20technology%20paradigm%20.pdf.

14. Mike Ive OBE, keynote address 1, "Yesterday, Today and Tomorrow," NAAIDT Conference 2003 Wales, Developing Design and Technology Through Partnerships, archive.naaidt.org.uk/news/docs/conf2003/MikeIve/naaidt-03.ppt.

15. E-mail from a former schoolmate, October 2012.

16. Interview with Craig Mounsey, March 2013.

17. Interview with Dave Whiting, September 2012.

18. Interview with Phil Gray, January 2013.

19. Ibid.

20. "Provisional GCE or Applied GCE A and AS and Equivalent Examination Results in England," http://www.education.gov.uk/researchandstatistics/datasets/a00198407/a-as-and-equivalent-exam-reults-2010-11.

21. John Arlidge, "Father of Invention," *The Observer*, http://observer.guardian.co.uk/comment/story/0,6903,1111276,00.html, December 21, 2003.

2

a
british
design
education

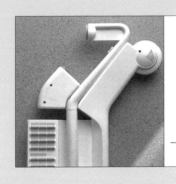

第二章
英倫設計教育
——刻苦實作、大膽創新

a british design education

英國的設計師自許成為又深又廣的 T 型人，專精某個
設計領域之餘，也要廣泛涉獵。

——赫瑞瓦特大學教授　艾力克斯·米爾頓

以啤酒（新堡棕啤）、足球隊（新堡聯隊）與天氣捉摸不定出名的
新堡，位於泰茵河（River Tyne）畔，是個活力十足的港口工業城。強尼初
來乍到，正是首相柴契爾夫人（Margaret Thatcher）當權之時，造船與煤炭
這兩個新堡的主力產業正逐漸式微。

位於英國東北海岸的新堡，經常陰雨綿綿，加上柴契爾對礦工大罷
工強力壓制，當地似乎天不時人不利，但新堡卻是眾所皆知的狂歡城。
這裡約六分之一的人口是學生，市中心到處可見酒吧與夜總會。強尼

1985 年成為大一新生，那年正是英國樂壇百花齊放的時刻，北部地區更竄出許多如史密斯合唱團（The Smiths）、新秩序合唱團（New Order）等新樂團，在全國掀起一股旋風。不到兩、三年的光景，銳舞音樂開始佔領新堡的各個舞廳，只見大家磕著便宜的搖頭丸，隨著電音搖擺。強尼也在這個時期愛上了電音。

新堡技術學院現已改名諾桑比亞大學（Northumbria University），但至今在英國仍是公認工業設計領域最好的大學。設計學院目前教職員約 120 位，每年招收約 1,600 名學生，國籍逾 65 國。[1] 學院位於高大的史魁斯大樓（Squires Building）裡，從以前就一向如此。「大樓大得嚇人，但卻是激發創意的好地方。」大衛・唐吉（David Tonge）說：「當時隔一條走廊就是美術系、時尚系、工藝系，那時候工業設計還不流行。」[2]

設計學院各個科系如工業設計、家具設計、時尚、繪圖設計、動畫，各佔一層樓，提供許多學習工具與相關科技。「學生可以接觸到各種素材，像是木頭、紙類、塑膠、金屬、皮革、克維拉纖維（kevlar）、棉花等等，應有盡有。」教設計的保羅・羅傑斯（Paul Rodgers；他並沒有教過強尼）說：「這裡還有各式各樣的機具，要鑽、要鋸、要釘、要縫、要刻、要燒，都不成問題。學生還能接收到很好的實作教育，教職員都有技術專業背景，能從旁協助。」[3]

新堡技術學院工業設計系成立於 1953 年，在 60 年代打響名號，原因跟系上與產業密切合作多少有關係。早強尼一年畢業的奎格・穆希說：「新堡技術學院是大家公認最好的學校……大大小小的設計獎項都被我們拿光了。其他學校的設計課老師都以我們的作品為標竿。」[4] 穆希日後亦有一番成就，是澳洲著名設計公司 CMD 的執行長。

學校享有盛名，也是因為學生素質高。穆希說，新堡技術學院的錄取率只有 10%。1984 年只開放 25 個名額，共 250 名學生申請。「那時

大家在中學受過設計訓練，想走這條路的人才輩出。我們成功進來的這群人，可說是菁英中的菁英。」穆希說：「進來後會發現一山還有一山高。」大一的術科與學科課程各佔一半，學科又以設計心理學為主。「第一年主要是幫學生快速加強相關技能。」羅傑斯教授說。

穆希回憶道：「課程教學生培養設計人的思維方式。剛開始的作業是要他們設計兩個房間，但只能用球體、立方體、四面體、圓錐體這些簡單幾何圖形來變化。其中一個房間要設計得很舒適，讓人進去之後就不想離開。另一個要設計得很不舒服，讓人進去立刻想奪門而出。也就是兩個恰恰相反的房間。」作業的重頭戲是寫下心得報告，說明設計背後的理念。「大一都在學思考、研究，還有抽象的設計語言。」穆希說。

當時的學生也必須精通術科技能，這樣的要求一直持續到現在的諾桑比亞大學，強調從做中學。諾桑比亞大學的學生花許多時間學習如何製造產品，如何素描繪圖，如何操作鑽孔機、車床、CNC 電控切割機。課程還讓他們有時間去自由嘗試一些材料與資源，深入瞭解材料特性與應用。這段期間的課程重點在於創作與製造。

「我們的課程很紮實，」羅傑斯教授說：「要學生切實學會基礎概念。課程重點常常放在……素材如何操作應用。」

課程的另一個重點是，學生必須在大二與大三階段完成兩次校外企業實習。由於是將實務經驗夾在兩年的理論課程中，故又稱為「三明治課程」。[5] 雖然許多技術學院也提供實習機會，但大多數只要求完成一次。諾桑比亞大學之所以吸引全國各地的優異學生，正是因為這兩年的實習機會。學生實習的企業涵蓋飛利浦（Phillips）、Kenwood 家電、Puma、樂高、阿爾派電子（Alpine Electronics）、伊萊克斯（Electrolux）等等；有些學生則進入設計公司與顧問公司實習，包括 Seymourpowell、Octo Design、DCA 設計國際（DCA Design International）等。[6]

該校在強尼就讀時也是採三明治課程。「這樣的安排很特別，」強尼的同窗兼好友唐吉說：「經過實習的歷練後，整個人變得更聰明、更有想法。大家各有可以貢獻經驗的地方，創造出很龐大的累積效果。畢業前相當於已有一年左右的實戰經驗……比起其他大學的畢業生，自然是贏在起跑點上。」

拜課程嚴謹與實習機會之賜，畢業生在工業設計的理論與實務方面比其他人更具優勢。羅傑斯教授指出：「拿諾桑比亞大學的作品跟其他學校相比，可以看到我們對細節的要求與作品的完成度一向是高水準。作品非常精細。」

若把諾桑比亞大學拿來跟以藝術、人文學科聞名的金匠大學（Goldsmiths）比較，更可凸顯前者的不同之處。位於倫敦的金匠大學，催生出許多年輕一輩的英國藝術家，例如達明・赫斯特（Damien Hirst）與崔西・艾名（Tracey Emin）等等，[7] 善於設計出具有高爭議性、甚至引發眾怒的藝術作品。比方說，赫斯特曾展出浸泡於甲醛的死鯊魚，而艾名則是以自己未整理過的床作為裝置藝術展出，裡頭還擺了一個用過的保險套。

位於倫敦南部新十字區（New Cross）的金匠大學，洋溢著知青與藝術家的都會氛圍。相較之下，新堡是個藍領階級的城市，實事求是，要做事就立刻捲起袖子把手弄髒。「金匠大學著重的是設計理念。」一名不願具名的諾桑比亞大學教授說：「諾桑比亞比較重視作品本身，也就是工藝技術的部分。我講白一點，我們的畢業生更重視作品的細節、製程與技巧。金匠的學生把重點放在產品的構思，講究產品的理念與脈絡。依我個人粗略的比較，金匠的學生花很多時間思考在做什麼，而諾桑比亞的學生則強調動手實作。」

強尼在新堡接受的設計教育起源於德國。金斯頓大學（Kingston

University）副校長，也是設計史作家的潘妮・史巴克（Penny Sparke）教授指出：「20 年代的德國盛行包浩斯（Bauhaus）藝術建築學校，在 50 年代打進英國的設計教育。舉例來說，包浩斯學校有所謂的基礎先修課程，現在的英國設計學校也有類似體系。安排先修課程，是希望學生能從頭開始學起，不受過去所學而影響，把自己當成一張白紙。」[8]

此外，包浩斯的教學傳統醞釀出日後的精簡主義美學，亦即設計只重必要元素。強尼的設計觀似乎正是走這個路線，他與德國家電百靈牌（Braun）承襲了包浩斯流派，許多德國企業如廚具公司、電氣公司等等，也深受影響。德國設計風格在技術面很強調包浩斯流派，高品質、高技術、高極簡。強尼在學校或許就是受到這些薰陶。

談到包浩斯流派的影響時，愛丁堡的赫瑞瓦特大學（Heriot-Watt University）研究主任艾力克斯・米爾頓（Alex Milton）的看法稍有不同：「英國教育的顛覆性遠遠大於包浩斯，但這是好事。」米爾頓說，諾桑比亞大學的設計領域從繪圖到時裝，包羅萬象，強尼浸淫在其中，所受的薰陶更加深遠。在這棟大樓裡上課，接觸到的是各科設計領域，對他日後在蘋果等需要跨領域合作的地方工作，應該有極大的助益。米爾頓說：「他的朋友當中應該有的是美術系、有的是時裝設計系、有的是平面設計系……英國的設計系學生都能接觸到多元化領域。」[9]

「英國的設計人都自許成為又深又廣的 T 型人，」米爾頓說：「專精某個設計領域之餘，也要廣泛涉獵。也就是說，強尼日後對於服務設計、多媒體、包裝、宣傳的做法，都是受到英國設計或藝術學校的教育所影響。」[10]

80 年代的強尼沉浸於藝術與工藝，文化與歷史又在其中扮演了重要角色。英國當時已從原本工會勢力龐大的半社會主義國家，蛻變成百分之百的資本主義國家，以雷根（Reagan）的經濟模式為依歸。年輕人開始

群起叛逆，龐克文化應運而生，作風大膽而標新立異。這樣的獨立風格或多或少也顯現在強尼日後的設計觀。

米爾頓解釋說：「但是再看到美國，設計師都是產業要什麼就設計什麼。英國看重的是自主創作，有實驗意味。強尼的做事風格也是如此……設計時不喜歡一點一點慢慢改……他要的是大膽創新，一次就顛覆。如果把他的設計作品交給焦點團體評估，可能就不會成功。」

學校教育讓他更懂得工作倫理與專注力。包括動手 DIY 與製作原型在內的習慣，都是他在新堡學會並養成的。在這裡，學校鼓勵冒險，甚至獎勵失敗；反觀一般美國設計學校則比較按部就班，強調產業需求。若說美國的教育體系是教學生如何當個好員工，那麼英國的設計系學生則更懂得追求熱誠，建立起自己的團隊。這聽起來是不是很熟悉？沒錯，強尼之後在蘋果如魚得水，諾桑比亞大學對他的養成教育確實功不可沒。

強尼剛進大學就跟別人不一樣。他第一天沒來上課，因為他去領一座設計獎，同學聽到都很驚訝，而且覺得有點壓力。「上課第一天、第二天他就缺席，因為他去領高中得到的一座設計獎。」唐吉回憶說。[11]

有些老師的個人風格也影響了強尼。他第一年選修雕塑課，教授對石灰粉過敏，雖然上課時都得戴上面罩跟橡膠手套，但他永遠不嫌麻煩，每週上課從不曾間斷。強尼很欣賞老師的這股執著，但更讓人激賞的是，老師對每個學生的作品幾乎可說是到了尊重再三的態度。他會把作品上的灰仔細清掉再開始評論，就算作品很糟糕，他也絲毫不輕忽。

「尊重作品表示你對它慎重其事。」強尼說：「如果你自己都不肯花時間琢磨，別人又為什麼要重視你的作品呢？」[12]

新堡雖然是一座狂歡城，但強尼並沒有大玩特玩的回憶。「我那時的日子其實過得苦哈哈，生活中除了作業還是作業。」他說。[13]

　　老師印象中的強尼是個認真勤奮的好學生。講授「產業導向設計」課程的副教授尼爾・史密斯（Neil Smith）說：「他非常有敬業態度。對他而言，作品永遠沒有完成的一天。他一直在找可以改進的地方。他有異於常人的觀察力，工作起來非常認真，做事絕對不馬虎。」[14]

他看上去活像一把梳子！

　　新堡第二年，他展開為期兩學期的第一次實習，進入贊助他學雜費的倫敦 RWG。

　　強尼在 RWG 實習時結識資深設計師克萊夫・葛林爾（Clive Grinyer）。葛林爾日後變成強尼的好友，也是強尼一生的大貴人。而他自己在職場生涯亦有亮麗的表現，甚至當上英國設計協會的設計創新主任。[15]

　　強尼比葛林爾年輕八歲，正所謂年齡不是距離，兩人一拍即合。而強尼那頭怪異的髮型，也沒嚇跑葛林爾。強尼那時留著及肩的浪子頭，往後梳得直挺挺的。「圓圓的臉再搭配一頭爆衝的頭髮，他看上去活像一把梳子！」葛林爾說。[16]

　　葛林爾沒被強尼的髮型嚇倒，倒是注意到這個辦公室裡最菜的實習生很努力，積極參與每個設計案。「現在回想起來，我發現有件事很有趣。雖然公司當時有八到十個有經驗的設計師，但所有工作都落在這個學生身上！所以我加入 RWG 的時候，強尼已經是風雲人物了。」[17]

　　強尼與葛林爾懂彼此的幽默感，雖然強尼一開始給人的印象是個害羞又喜歡自嘲的小伙子，但他低調中帶有自信，很合葛林爾的意。葛林爾說：「我和他很快就成了好朋友。他個性不喜歡臭屁，這在設計系學生當中很難得。大多數的設計系學生喜歡吹捧自己，卻又沒料。強尼

Concept Sketch

an electronic pen that wrote in different line widths and patterns.

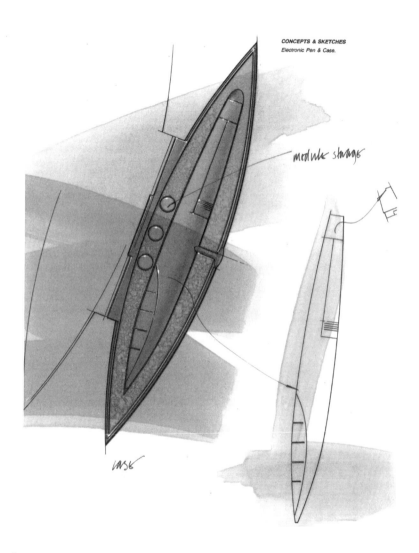

CONCEPTS & SKETCHES
Electronic Pen & Case.

恰恰相反，他對設計的熱愛明顯可見，對手邊的任務已經到了執著的境界。」

葛林爾加入 RWG 之前，才剛在舊金山的 ID Two 工作了一年，創辦人是設計圈傳奇人物、曾在英國成立摩古吉設計公司（Moggridge Associates）的比爾‧摩古吉（Bill Moggridge，於 2011 年辭世）。摩古吉同樣也是能言善道的英國人，曾設計出全球第一台筆記型電腦 GRiD Compass，以樞軸連結鍵盤與螢幕的貝殼式造型如今已成經典。

強尼很嚮往葛林爾在美國的工作經驗，常圍著他問個不停。葛林爾回憶說：「強尼對加州真的很感興趣，那裡的機會、生活方式，都讓他很著迷。設計師接案時，對每個客戶的文化特別敏銳，因為在開模等等的製程環節當中，客戶往往會有自己的看法，決定了設計師能否全權處理，或是落得綁手綁腳。在強尼眼中，美國代表了許多機會。80 年代的舊金山灣區有如歐洲設計師的聖地。」

強尼憑藉著天馬行空的設計迅速竄起，成為公司裡的金童，負責日本市場的一家客戶。80 年代的日本好比今天的中國，經濟實力勢如破竹。RWG 設計師彼得‧菲力普斯（Peter Phillips）說，當時屬於倫敦設計圈大咖的 RWG，為了打進日本市場，請了一家日本行銷公司宣傳。這家個人經營的小公司費用昂貴，向 RWG 索取四成的佣金。但這錢花得值得，RWG 很快在日本就接到各式各樣的案子。

強尼被指派負責設計一系列的皮製品與皮夾，客戶是位於東京的斑馬文具（Zebra）。秉持他的一貫風格，強尼用紙製作出精巧的錢包原型。菲力普斯說：「我還記得看到他把玩著好幾個全白的紙皮夾，拆成平面，每一個的正反面都有折邊處。他在角落處會再細部處理，挖出浮雕的感覺，很有美感，是我看過最精細的模型。我看了目瞪口呆。」[18] 此系列皮夾是強尼第一個以白色為主的作品，奠定了他日後多年對白色的執

著。

菲力普斯笑說，還只是個毛頭小子的強尼，負責的是大老闆的「小專案」。而他自己跟其他正職的設計師呢，則是賣老命在設計他所謂的「苦差事」。

強尼不久又接到新的小專案，這次要為斑馬文具設計原子筆系列。畫過無數張紙之後，強尼終於設計出一款造型優雅又別出心裁的產品，在倫敦設計圈立刻傳出口碑。

同意贊助強尼學雜費的 RWG 設計總監主管葛雷，還記得強尼當時的設計圖：「他獨創一些很厲害的表現技法。他在繪圖紙上畫了一些漂亮的圖樣，在紙背面塗上膠彩，再翻回正面，描上一些非常精細的線條，讓設計圖產生半透明的效果，能夠精準表達他想要的材質感覺。他的素描功力一流，看不出來是徒手畫的還是拿尺規畫的。他就是這樣注重細節。」[19]

這款原子筆筆身為白色塑膠，握筆處設計有齒狀橡膠條紋，方便抓握。跟之前的皮夾一樣，這款原子筆仍主打白色調，但它最特別的地方在於一個非必要的功能。

強尼在設計時，把焦點放在原子筆的「好玩性」。他觀察到大家都喜歡玩筆，決定設計出一款讓人不寫字時也能拿來玩的產品。靈機一動，他在原子筆末端加上圓球夾，功能純粹只是要讓使用者把玩而已。有些人可能會覺得「好玩性」並不重要，但這支筆加了圓球夾，反而成為一個特別的產品。[20]

「把一個單純只是好玩的功能裝在筆上，在當時是很新的構想。」葛林爾說：「他很會跳脫框架思考。這支筆不只講究造型而已，還勾動使用者的情感。這可是很了不得的設計角度，尤其他又這麼年輕。」

老闆巴瑞・韋弗（Barrie Weaver）看到強尼製作的原型，愛不釋手，結

Zebra TX2

Jony's Zebra TX2 pen had a special mechanism
at the top just for its owners to fiddle with.
A tactile fiddle factor would be an ongoing motif in Jony's work.

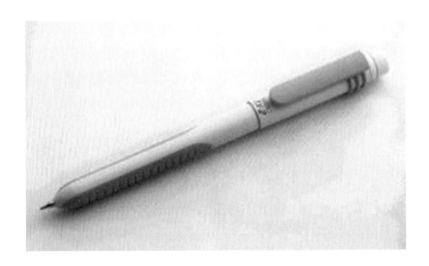

強尼為斑馬文具設計的 TX2 原子筆。在頂端加上圓球夾，讓人不禁想把玩。
「好玩性」亦是強尼日後作品的一大元素。

果整天都拿在手上玩弄。RWG 的其他設計師也注意到這款作品，大家開始說這支筆很「強尼」，指的是一個作品具有無以名之的特質，讓人想碰碰，拿來把玩。[21] 擅長在作品中加入觸覺元素，已成為強尼的設計招牌之一（他在蘋果的許多設計都有手把或其他元素，讓使用者想一碰再碰）。這支筆彷彿預示，強尼日後的設計往往能贏得一大票死忠的粉絲。筆一推出，「立刻成為消費者的寶貝，拿在手裡玩個不停。」葛林爾回憶道。[22]

TX2 筆進入量產，實習生的設計能夠達到這個階段，幾乎前所未聞。TX2 筆在日本暢銷多年，RWG 的同事回想起來，都覺得這個設計能代表強尼一貫的作品風格。葛林爾指出：「他的設計非常簡單優雅，讓人驚豔的同時，卻又覺得設計得很有道理，怎麼以前都沒有類似的產品問世。」[23]

重返校園

RWG 實習告一段落，強尼再度回到校園攻讀學位。同年稍晚，他獲得英國皇家工藝與商業協會（Royal Society for the Encouragement of Arts, Manufactures and Commerce，簡稱 RSA）的海外研習獎學金。[24]

RSA 在 1754 年成立於倫敦柯芬園（Covent Garden）市集的一家咖啡廳。其宗旨為促進社會變革，是英國歷史最悠久、地位最崇高的非營利機構之一。[25]

RSA 海外研習獎學金的競爭激烈，角逐的學生人數成千上百，來自全國各個角落，每年由特定企業贊助。這個獎學金可說是一個徵才管道，企業常藉此尋找最搶手的設計系學生。強尼第一次參賽那年是角逐「辦

公室與家居設備項目」獎，贊助廠商是新力（Sony）*。

他的得獎作品是未來世界的電話，來自大學的一個重要作業。這支電話是天馬行空下的作品，學校老師鼓勵他們前衛思考，設計出具科技感的作品。新堡十分強調融合當時的新科技，其中最明顯的例子就是改變聽音樂方式的新力隨身聽（Walkman）。現在回頭看，或許會覺得那些產品很原始，但可攜式技術在當時正逐漸成為生活的一部分，每個學生都一定要有一台隨身聽。[26]

新堡技術學院的學生知道，科技將主宰他們之後的事業。「老師都跟我們說，我們有責任把新科技推向主流。」強尼的同學穆希說：「課程文化一直圍繞在這個核心，也難怪課程那麼成功。老師鼓勵我們採用、嘗試新的科技，融合在設計裡。他們還會進一步鼓勵我們思考科技的未來走向，以及可能的後續影響。」

在那個手機還相當罕見的年代，強尼的參賽作品是一款創意版的室內電話。跟強尼的其他作品一樣，這款電話挑戰了大家對電話的既定形象。當時的電話由聽筒與線圈組成，但強尼的設計看起來像是個有型有款的白色問號。

他還附庸風雅，幫作品取了「演說家」（Orator）的名字。電話機身全白，由直徑一英吋的塑膠管製成，底部是講話的地方；使用者握著問號的柱狀部，彎曲處的頂端則是聽筒部分。[27]

這樣的電話機雖然不實用，卻是很厲害的設計，為強尼贏得 500 英鎊的海外研習獎學金，他並沒有立刻使用。反而是電話太有名了，負責幫成龍的科幻片設計場景的工作人員聽到有這個東西，向強尼借來當作道具，卻被他拒絕了。因為他覺得這個原型太脆弱，不適合在電影中使用。[28]

強尼與 RSA 的緣分還沒盡。一年後，他與友人大衛‧唐吉搭檔，參

---

*譯註：本書中提及的 SONY，都是在它改名為「索尼」之前。因此都翻為「新力」。

Orator

One of Jony's projects at Newcastle reimagined the landline telephone.

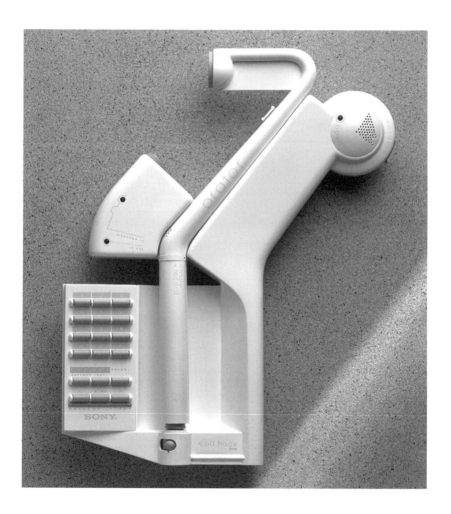

加另一個學生競賽項目，這年比賽的主要贊助企業是商務服務製造商匹尼鮑茲（Pitney Bowes），優勝者將可參訪該公司位於康乃狄克州史坦福市（Stamford）的總公司。

這時已是大四的強尼與唐吉，必須獨力完成一項大作業，並繳交一篇論文，「產業導向設計」課程才能結業。唐吉的作品是鋁製辦公椅，強尼則設計出一款結合助聽器與麥克風的作品，讓聽障學生可在課堂上使用。[29] 這款新型助聽器後來成為 1989 年年輕設計師中心展覽（Young Designers Centre Exhibition）的展品之一，地點位於倫敦赫馬基特（Haymarket）的設計中心。但眼前比賽在即，這兩名準畢業生志在必得，於是共同設計出一款新作品。[30]

「我們覺得兩人如果合作，相輔相成，勝算很大。」唐吉說：「我那時正在設計畢業作品，也就是兩張鋁製的辦公椅原型。強尼則是在設計助聽器。我們都覺得好像能結合各自的技能，打造出大小介於兩者之間的大型作品。而且我們很有企圖心。」

強尼與唐吉為了取得參賽優勢，特別先看過不同類別的比賽概要，也就是主辦單位建議參賽作品方向的敘述。最後選定設計一款具有未來感的「智慧型提款機」。不只設計起來應該很好玩，而且更可發揮兩個人的專長。

他們找到兩人合作的模式，創作出有勝算、又兼具外觀與實用的作品。唐吉很高興兩人有機會共事，他說：「作品的規模是強尼喜歡的、能夠掌握的、也最擅長的。他的作品完成度總是比別人高出許多。其他人的作品有想法、有創意，但很少人能達到強尼的完成度……一直到現在，完成度仍舊是他的作品最傑出的環節。」

強尼與唐吉協力設計出一款平面螢幕提款機，造型簡潔，而且又採用強尼最愛的白色塑膠機身，最後更贏得匹尼鮑茲的華特威勒獎（Walter

Wheeler Attachment Award），獎金金額比前年更高，達 1,500 英鎊。

　　唐吉後來加入 IDEO 設計公司，事業有成，現在更擁有自己的設計公司 Division。多年後，回想起他們的作品與付出的心血，仍舊很自豪。「我們確實考慮到提款機與使用者的關係，也考量了肢障人士的需求與提款機的據點，完成度非常高。我這麼講並沒有炫耀之意，但是這個作品在視覺上、細節上都很厲害，大部分學生、許多專業設計師恐怕都比不上。我想評審看到都嘖嘖稱奇。」

　　強尼對自己的作品也很滿意。他以前年拿去參賽的電話機當作畢業作品，進一步微調。最後要報告時，他請 RWG 的友人葛林爾來看。葛林爾從倫敦開了五個小時的車，來到新堡治安並不好的蓋茲赫德區（Gateshead），走進強尼的小公寓。他沒想到裡面堆了一百個以上的泡棉模型，見證了強尼在設計上的用心程度。大部分學生可能只製作半打模型而已，但強尼卻做了一百個。[31]

　　「我從來沒看過有人這樣堅持做到完美。」葛林爾回憶說。

　　葛林爾說，每個模型的差異相當細微，但連續看下來，彷彿是作品的演化史，可以看出強尼希望把每個構想都嘗試過，把東西做對。製作大量的模型與原型，也成為他後來在蘋果的招牌作風。「很難想像他竟然做了這麼多，而且每一個都只有細微差別。」葛林爾說：「我猜如果達爾文看到，一定會有同感。看著這些模型，就像作品在演化。強尼一心追求完美，因此每個模型都只修正一點點。要知道修正得對不對，唯一的方法就是實際做出模型來。」[32]

　　除了葛林爾，強尼還邀請了贊助他的葛雷。葛雷對這款電話的定案模型印象深刻。他說：「設計得很精緻，非常有巧思，看得出經過縝密的思考。模型很讚。別忘囉，當時沒有手機，也還沒有什麼經典的電話產品。電話只不過是一個放在桌上的盒子，有撥號的轉盤或按鍵，上面

架著一個話筒。相較之下，強尼的設計很大膽，而且邏輯、人體工學都考量到了，卻又簡單得不得了。」

學校老師也很推崇這個作品，畢業展時給了他最優等的成績。

強尼也贏得了專業人士的敬重，年紀輕輕才 20 歲，就已經是大家眼中的設計同儕。「他的畢業展太精采了。」葛雷說。

強尼更是第一個兩度榮獲 RSA 海外研習獎學金的大學生。RSA 的檔案管理員梅蘭妮・安德魯斯（Melanie Andrews）數十年來協助籌辦 RSA 獎項，說從當時就可以一窺他的才氣。「在那兩項得獎作品中，他對軟硬體都有興趣，這點正是蘋果產品的成功關鍵。」安德魯斯說。[33]

與 Mac 一見鍾情

強尼在大學時期發生兩件影響人生甚鉅的事。

1987 年 8 月，他還在就讀大二時，與青梅竹馬海瑟・佩格（Heather Pegg）完成終身大事。佩格也出身地方督學之家，讀華頓中學時比強尼低一年級，但兩人卻是在基督教威伍德團契認識的。他們在史塔福鎮（Stafford）結婚，之後生下了雙胞胎兒子，分別取名為查理與亨利。

也大約在這個時期，強尼發現他的另一個最愛——蘋果。他在中學時與電腦完全絕緣，但往後幾年的生活中，有很多地方開始用到電腦，而且有愈來愈普及的趨勢，讓自認是電腦白癡的他很受挫。這樣一直到了大四，他因緣際會接觸到 Mac。

強尼對 Mac 的第一印象是，它比其他電腦都好用許多，設計者顯然花了許多心思在產品上，希望能營造出美好的使用者經驗，這點讓他十分折服。他初見 Mac 電腦就覺得一見如故，對蘋果這家公司的靈魂更是

感同身受。這是他人生第一次感受到產品的人性脈動。「那個當下很震撼，我到現在都還記得很清楚。我可以感受到設計者的那份心思。」他說。[34]

　　「我開始找蘋果的資料，包括它的成立過程、價值觀、公司結構等等。」強尼日後說：「愈認識這家有點狂妄、甚至可說是叛逆的企業，我就愈被深深吸引。因為設計產業太過自滿，創意逐漸枯竭，蘋果卻指引出另一個可行的方向，而且態度驕傲得很。蘋果有理想，認為設計不能只是往錢看。」[35]

1. Northumbria University, About Us page, http://www.northumbria.ac.uk/sd/academic/scd/aboutus/.

2. Interview with David Tonge, January 2013.

3. Interview with Paul Rodgers, October 2012.

4. Interview with Craig Mounsey, March 2013.

5. Design for Industry, BA (Hons), Course Information, 2013 entry, http://www.northumbria.ac.uk/?view=CourseDetail&code=UUSDEI1.

6. Industrial Placement Information Handbook, Northumbria University School of Design, Placement Office, 2011-2012, http://www.northumbria.ac.uk/static/5007/despdf/school/placementhandbook.pdf.

7. Octavia Nicholson, "Young British Artists," from Grove Art Online, Oxford University Press, http://www.moma.org/collection/theme.php?theme_id=10220.

8. Interview with Penny Sparke, September 2012.

9. Interview with Alex Milton, October 2012.

10. Ibid.

11. Carl Swanson, "Mac Daddy," Details, February 2002, volume 20, issue 4.

12. Nick Carson, first published in Issue 5 of TEN4: Jonathan Ive: http://ncarson.wordpress.com/2006/12/12/jonathan-ive/, Jonathan Ive in conversation with Dylan Jones, editor of British GQ, following his award of honorary doctor at the University of the Arts London, November 16, 2006.

13. Ibid.

14. Rob Waugh, "How Did a British Polytechnic Graduate Become the Design Genius Behind £200 Billion Apple?" Daily Mail, http://www.daily mail.co.uk/home/moslive/ar tic le-1367481/Apples-Jonat han-Ive-How-did-British-polytechnic-graduate-design-genius.html, last modified, March 19, 2013.

15. Clive Grinyer, History, http://www.clivegrinyer.com/history.html.

16. Luke Dormehl, The Apple Revolution: Steve Jobs, the Counter Culture and How the Crazy Ones Took Over the World (Random House, 2012), Kindle edition.

17. Interview with Clive Gryiner, January 2013.

18. Interview with Peter Phillips, January 2013.

19. Interview with Phil Gray, January 2013.

20. Dormehl, The Apple Revolution, Kindle edition.

21. Ibid.

22. Peter Burrows, "Who Is Jonathan Ive?" Businessweek, http://www.businessweek.com/stories/2006-09-24/who-is-jonathan-ive, Septermber 26, 2006.

23. Dormehl, The Apple Revolution, Kindle edition.

24. Jonathan Ive, Travel and attachment report, http://www.thersa.org/about-us/history-and-archive/archive/archive-search/archive/r31382, 1987-1988, 1988-1989.

25. The Royal Society for the Encouragement of Arts, Manufactures and Commerce, History, http://www.thersa.org/about-us/history-and-archive.

26. Interview with Craig Mounsey, March 2013.

27. Interview with Barry Weaver, January 2013.

28. Ibid.

29. Interview with David Tonge, January 2013.

30. The Design Council Collection, The Design Council/The Manchester Metropolitan University, Design Council, Design Centre, Haymarket, London. Young Designers Centre Exhibition 1989. Radio hearing aid designed by Jonathan Ive of Newcastle Polytechnic. http://vads.ac.uk/large.php?uid=114262&sos=0.

31. Burrows, "Who is Jonathan Ive?"

32. Dormehl, The Apple Revolution, Kindle edition.

33. Melanie Andrews, "Jonathan Ive & the RSA's Student Design Awards" RSA's Design and Society blog, http://www.rsablogs.org.uk/category/design-society/page/3/, May 25, 2012.

34. London Design Museum, interview with Jonathan Ive, http://designmuseum.org/design/jonathan-ive, last modified 2007.

35. Ibid.

3

life
in
london

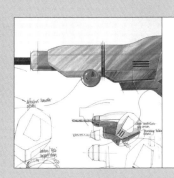

第三章
倫敦生活
——設計哲學的探尋

life in london

強尼認為一款設計要做到對，也要做得有意義。他堅
持科技要符合人性。

——彼得·菲力普斯

1989 年夏季，強尼與唐吉出發前往美國。剛從新堡技術學院畢業的
兩人，帶著 RSA 海外研習獎學金，準備赴康乃狄克州的匹尼鮑茲設計公
司報到，展開為期八週的實習。

匹尼鮑茲總公司位於史坦福市，在紐約曼哈頓東北方約 40 哩處，
強尼本來還興致勃勃，但一到了這裡卻失望了。「他覺得這裡很不好
玩。」葛林爾笑著說。去舊金山玩，參觀灣區幾家新興的設計公司，他
反而更高興。

　　結束了匹尼鮑茲的實習後，強尼與唐吉分道揚鑣。唐吉前往參觀 Herman Miller、Knoll 等辦公室家具企業，強尼則搭機到加州矽谷，想多認識一些人脈。他在舊金山租車，開到半島地區參觀幾家設計公司，包括葛林爾的老東家 ID Two（現為 IDEO），然後又來到聖荷西市區的月設計（Lunar Design）公司，老闆是迅速竄起的設計新星羅伯特·布蘭諾（Robert Brunner），跟強尼初次相逢便一見如故。

　　生於 1958 年的布蘭諾，在矽谷的聖荷西市長大。父親從事機械工程工作，母親是藝術家。他的父親盧斯（Russ）長年服務於 IBM，全世界第一台硬碟的內部零件大多出自於他之手。[1] 上大學之前，布蘭諾根本不知道有產品設計這種東西，直到要上聖荷西州立大學藝術系時，偶然在路上看到設計系在陳列模型與設計圖，才開了眼界。

　　「我當下就決定這是我想走的方向。」他回想起來高興地說。

　　就讀聖荷西州立大學工業設計系時，他曾在當時矽谷最大、成長最快速的設計公司 GVO Inc 實習。1981 年畢業後，布蘭諾正式加入 GVO，但愈做愈不開心，覺得公司沒有野心也缺乏遠見。

　　「GVO 沒有屬於自己的風格。公司只要你交出讓客戶滿意的設計圖就好。」他說。[2]

　　他於 1984 年離職，與 GVO 同事傑夫·史密斯（Jeff Smith）、傑若·弗布蕭（Gerard Furbershaw），以及另外一名設計師彼得·羅伊（Peter Lowe）共同創業。四個人籌了約 5,000 美元的資金，在一家曾是直昇機製造工廠的地方租了一個空間。他們租了一台影印機，共用一台 Apple IIc 電腦。新公司取名為「月設計」，因為布蘭諾在 GVO 時偶爾會偷接外面的案子，趁晚上賺外快，把這些作品暱稱為月設計。

　　新公司成立是天時地利人和。80 年代中期的矽谷正要跨足消費性商品市場，月設計這樣的設計公司供不應求。GVO 當時也有利基：矽谷其

他設計公司的主事者大多是工程師，並沒有設計專長。

「不是我們有水晶球，能看到趨勢。」布蘭諾說：「但我們創業的時間點真的太好了，正好碰上矽谷黃金時期的開端，一些設計公司如青蛙設計（Frog Design）、ID2、Matrix、David Kelley 都來了，後面三家之後合併成 IDEO。我們在這個時期成立，實在是不可多得的好機會。」[3]

到了 1989 年，月設計已有許多名氣響叮噹的客戶，業績蒸蒸日上。蘋果就是其中一家大客戶，請布蘭諾負責幾項特別設計案，例如幫麥金塔電腦設計新造型。因為自從賈伯斯四年前推出第一台麥金塔後，便一直未有重大更新。（這個設計案名為 Jaguar，最終變成 PowerPC 平台。）

強尼拜訪月設計時，拿著作為畢業作品的管型電話請布蘭諾指教。大多數的學生作品只不過是實體模型罷了，但強尼的電話機連內部零件都有，甚至連該怎麼製造都想好了。

布蘭諾說：「我看了很佩服。這款電話的實用性確實有商議之處，但我覺得很驚艷的地方是，他把模型拆下來後，裡頭的零件一個都沒少。我從來沒看過這麼精細的學生作品，而且把生產面都摸得熟透透，實在厲害。」[4]強尼甚至還知道零件的厚度大小，以及怎麼在射出成型機生產。

布蘭諾指出，強尼的設計不只是他看過最傑出的學生作品，更不輸當時矽谷最好的幾款設計。「一個才剛畢業的年輕人，正式工作都還沒有著落，就這麼才華洋溢，而且還對製造過程很感興趣，實在難能可貴。」布蘭諾說：「大多數剛畢業的設計人，都只在意產品外觀與形象，少數人會對產品的實際面有興趣，設計大膽創新、又知道如何生產的人，少之又少。」

「工業設計師除了要有絕佳的點子之外，也要懂得把構想化為現實，而且過程中不會犧牲掉某些理念。如果只會設計出漂亮的外觀，卻

不講實際面，就稱不上是工業設計。」[5]

驚豔之餘，布蘭諾問強尼有沒有可能來月設計工作，雖然不是正式邀約，卻是對強尼的一種肯定。布蘭諾等於是對他說：你很優秀，願不願意跟我們共事？但強尼婉拒了，因為他必須回倫敦向贊助他大學學雜費的 RWG 報到。強尼的加州行，收到的工作邀約不只這一個，其他設計公司也都想搶到這個前途不可限量的社會新鮮人。

當初與布蘭諾的萍水相逢，沒想到多年後竟成了強尼的重要契機。跟強尼照面後幾個月，布蘭諾被蘋果網羅，成立蘋果內部第一個設計工作室，為蘋果躍居設計龍頭地位揭開序幕。為了找到最好的人才，他再度出手網羅強尼。

強尼回到英國後，交了一篇海外實習心得給 RSA。[6] 文中提到舊金山是此行的高潮：「我一下子就愛上舊金山，很希望未來有機會再度重遊。」

RWG 的日子

強尼信守承諾，帶著妻子海瑟舉家從新堡搬到倫敦，正式加入 RWG。在其他公司也在搶人的情況下，強尼還是決定效命 RWG，讓新老闆葛雷有點受寵若驚。

「他已經是公認非常有才氣的年輕設計師。」葛雷說：「但他夠義氣，雖然有其他很多選擇，但還是接受了我們的邀約。」

強尼加入 RWG 也並非屈就。當時的 RWG 是英國數一數二的設計公司，個個是才子才女，強尼在裡頭很快就交到朋友，有些到現在都還會聯絡。他的朋友葛林爾這時已跳槽到位於劍橋附近的另一家設計公司，

但 RWG 在 80 年代末期依舊贏得幾項設計大獎。

跟許多設計公司一樣，RWG 接案的類型五花八門，從消費性商品到高科技產品都有，業務觸角亦延伸到美國、歐洲、日本與南韓等等，主要客戶涵蓋應用材料公司（Applied Materials）、斑馬文具、割草機製造商 Qualcast。RWG 的管理與生產結構跟當時其他設計公司雷同，共分為產品設計、室內設計、製造工場三個部門。強尼被分配到產品設計團隊。

產品設計團隊有設計師、工程師與繪圖設計師共 20 人，在開放式的工作室裡共事，樓下就是小工場，要用立刻就能進去使用。工場裡到處是製作模型的機具，現場還有五名模型製作人員隨時待命。室內設計團隊共有 23 人，包括設計師、建築師與電腦專家。[7]

合夥人巴瑞·韋弗指出，RWG 的產品設計案大致可分為兩類。一種是全程設計與開發，通常以英國本地客戶為主，內容涵蓋開發產品概念、製作出實體原型、負責大部分工程開發，以及監督開模。也就是說，包辦產品從概念變成實體的整個過程。第二類的設計案比較有限，重點放在概念或產品的世代交替，通常以海外客戶為主，尤其是日本與韓國。這類客戶大多數有自己的設計團隊，但希望從外部找新觀念或新做法。

「你要知道，客戶給我們的期限都很趕，而且費用也很有限。」韋弗講到當時的 RWG：「如果我們設計沒效率可能會虧錢，因此決策過程很快，而且會限制不能花太多時間在分析研究，調查人種誌、社會機會等等。」

強尼在新東家的產量跟在新堡時不相上下。「有些設計師認為研究愈多，想出來的答案就愈好。」韋弗說：「我個人認為常識與直覺比較重要。強尼的優點是他能很快抓到設計案的本質，跟隨直覺想出方案，產品優雅又可行，而且精緻度在年輕一輩很少見。」

強尼工作起來熱情又認真，也懂得團隊合作，同事都十分信任他的

能力。葛雷回憶說：「他人不多話，有幽默感。他在工作室裡聲音不大，但是生產力十足，一股腦投入手邊的工作。他工作非常拼命、產量很高，而且品質沒得挑剔。他真的是個很多產的設計師，經常在短時間內就想出好幾個好點子，不但能侃侃而談，而且還能做出精美的設計圖來說明。」[8]

表面上，RWG 是讓強尼大展長才的好地方，但公司的業務取向卻不符合他的設計作風。RWG 接下客戶的設計委外案件，自然常常得遷就客戶要求。強尼加入公司後不久，很快就被這樣的做法搞瘋。韋弗解釋說：「既然是一家設計顧問公司，我們就要考量其他層面。最後的決定權在客戶，付錢的人最大！」

但另一方面，韋弗也很瞭解強尼的挫折感。「只可惜，客戶的行銷團隊不見得都有品味，常常會要求我們更動設計。這樣下來，有的產品讓設計師覺得很自豪，有的產品卻是兩方妥協後的結果。」

強尼在產品設計團隊裡，經常有跟其他設計師合作的機會。他曾經幫英國製造商 Qualcast 設計戶外花園照明設備與除草機，也曾為英國企業 Kango 發想出幾款工業級電動鑽孔機的概念設計。

他的自信心迅速提高，加入 RWG 不過短短幾週，就開口向葛雷要求大幅度加薪。他有才華，覺得自己有加薪的實力。但他畢竟才剛離開校園不久，葛雷覺得應該給這個年輕人曉以大義，讓他知道薪水不是說加就加。

「我必須考量公司的每個面向，想辦法達到平衡。」葛雷說。「我跟他嚴肅地談了一下，說他正走在事業的起點，外面還是有其他人才。每個人都有不同的優缺點，公司要確保每個人都有公平競爭的機會，所以預算要控制好。我覺得有責任告訴他這點，討論的氣氛很嚴肅，畢竟有誰會想讓對方失望呢。不過我們就事論事，過程很理性，講完他就走

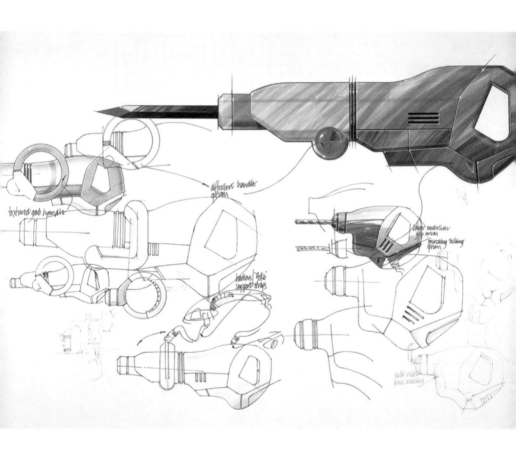

了。我的感覺是，他覺得自己吃虧了。但雖然如此，他並沒有因此板著一張臉，還是很認真地工作。」

強尼的才華難掩，也讓管理層面臨了其他難題。1989 年，強尼學生時代的助聽器作品展示於「年輕設計師展」（Young Designers Exhibition，英國設計協會主辦），英國衛浴設備大廠理標（Ideal Standard）的銷售主管來到展場，注意到這款未來感十足的設計，驚為天人。於是與 RWG 接觸，要求某一個特定案子要由強尼設計。但 RWG 覺得有必要拒絕。[9]

「我們的工作室有 12 名設計師，不可能指派強尼這樣剛出校園的新人直接跟客戶合作。」葛雷說。「所以我們請理標向我們說明設計要求，但要指派哪個設計師，必須由我們決定。對方聽到後就沒興趣了，轉頭就走。他只要強尼。」

這位理標衛浴的主管日後還會出現在強尼的人生裡。但在 1989 年，英國的儲蓄與貸款金融危機重創 RWG 業務。室內設計部門的案子原本源源不絕，英國、西班牙、澳洲等國的許多銀行都請他們設計交易室。但隨著金融危機席捲全球，銀行紛紛取消了設計合約。韋弗說：「金融危機那時候，銀行陸續取消設計案，我們的設計師沒有工作可做。同一時間，英國的製造商因為貸款不易，也紛紛取消新產品開發的設計訂單。」[10]

情勢所逼，RWG 只好收掉倫敦的室內設計部門。合夥人賈斯・羅伯茲（Jos Roberts）離開公司，移居到澳洲，產品設計部門也經過重整，韋弗於是擬定新的工作合約。

但沒有一個設計師願意簽，唯一的例外是強尼。當初的舊合約是因為 RWG 贊助他的大學學雜費而簽下，如今剛好出現這個法律漏洞，簽下新合約後，代表他的舊合約隨之失效。他離開 RWG，為事業的第一章劃下句點。

橘夢

———

　　強尼離職後去找老友葛林爾。葛林爾與同為倫敦設計師的馬汀・達比夏（Martin Darbyshire）在前一年成立了橘子設計（Tangerine Design）。

　　葛林爾與達比夏是舊識，早在倫敦中央聖馬汀藝術設計學院讀書時就已經認識，後來也曾一起服務於摩古吉設計公司的倫敦工作室。葛林爾後來跳槽到 RWG，認識了強尼，而後又轉職到劍橋科學園區（相當於英國的矽谷）。這段期間，Commtel 電話公司主動跟葛林爾接觸，請他設計幾款新電話機，也希望他能擔任正式員工，但葛林爾婉拒了，反而說動對方讓他以接案的方式合作。有了 Commtel 支付的兩萬英鎊，他找了達比夏一起創業。

　　「有機會成立自己的設計顧問公司時，我找達比夏去印度餐廳吃了一頓飯，他聽了立刻點頭答應。我們兩個好像這輩子都黏在一起了！」[11] 達比夏當時住在倫敦北部的芬斯伯里公園（Finsbury Park）地區，有個中產階級的住宅，兩人在靠馬路的臥房正式成立公司。葛林爾用 Commtel 的錢添購辦公室設備，其中包括一台麥金塔電腦跟一台雷射印表機。[12]

　　有鑑於達比夏帶家人去度假時，喜歡向地標信託（Landmark Trust）租度假屋，兩人覺得地標這兩個字很大器，所以一開始把公司取名為「地標」，但沒多久就被一家同名的荷蘭公司告到臭頭。「我們希望對方重金賠償，這樣我們就可以進行品牌再造，當然沒有如願。」葛林爾一臉惋惜地說。兩方和解後，葛林爾與達比夏腦力激盪，最後想出「橙意」（Orange）這名字，但同樣被人搶走──丹麥有一群設計師也取了這個名字。

　　聖誕時節，橘子到處可見，拿「橘子」（Tangerine）當公司名稱夠抽象，

可以代表很多含意，正合兩個人的意。橘子也讓他們想到「橘夢樂團」（Tangerine Dream），這是以實驗性質樂風為主的老牌電音樂團，葛林爾是歌迷。

達比夏說：「現在回想起來，我們真的太幸運了，因為橘子比原本的名稱好太多，又好記，主要的歐語系國家都看得懂。並且我們又鎖定亞洲市場，橘色在那裡很吉利。」[13]

像橘子設計這樣的合夥設計公司，在 80 年代並不常見。自由設計師通常會自行創業。「80 年代末畢業的設計系學生，投入的是所謂的『一人產業』。」艾力克斯·米爾頓教授解釋說：「大家身兼設計者與製造者的身份，也就是又做藝術，又做設計。」但葛林爾的野心不止於此。

「合夥公司感覺起來更像在做生意。」葛林爾說：「達比夏跟我的搭配很有趣，很不同卻又能互補。」新公司在達比夏家中開張後，葛林爾繼續完成之前在劍橋接到的設計案。他們兩人設計了電視配備與高畫質零件，而且拜之前的作品之賜，還受邀到底特律以車內娛樂系統為題演講。

「我還幫設計雜誌寫文章，慢慢打響公司的名號。」葛林爾說。

葛林爾與達比夏勇於自我推銷，甚至言過其實，除了幫設計雜誌寫文章之外，還在雜誌裡刊登廣告，吹捧自己的作品，營造出橘子設計都與大咖客戶合作的印象。

葛林爾與達比夏也開始在聖馬汀設計學院教課，每週上課一、兩天，也算是幫公司做宣傳（其中幾個學生日後也成為獨當一面的名設計師，例如山姆·海克〔Sam Hecht〕與奧利佛·金恩〔Oliver King〕）。他們還製作宣傳冊子，說公司的作品是「人性化的產品」。[14]

他們說橘子設計聚焦於產品使用者，跟其他設計公司很不同。達比夏說：「那時候沒有人在講使用者，大家的重點都放在怎麼把產品做出

可靠的品質，沒想過消費者想要什麼，也沒想過還能怎麼設計。這是橘子設計的中心思想，我們都很堅持，也努力要實踐。」

行銷策略多管齊下，逐漸看到成果。「我的目標是讓橘子設計跟IDEO與Seymourpowell平起平坐，並列三大產品設計顧問公司。」葛林爾說。到了1990年，他們的工作來源穩定，便把辦公室從達比夏的住家辦到倫敦東部的霍克斯頓區（Hoxton），落腳在一間改建的倉庫裡。辦公室是跟兩人的女性建築師朋友租的，只佔樓面的一半。選在這時搬遷正好。「我們家的大兒子剛好要出生，所以需要把那間大臥房空出來。」達比夏說。

新的工作室是典型後現代主義風格的閣樓，空間大而狹長，四面是大喇喇的灰泥牆，腳下是粗獷樸素的木地板。兩人擺了幾張Philippe Starck的椅子和IKEA的書桌與書櫃，為室內裝潢的風格定調。

今天的霍克斯頓區是倫敦市中心的時髦地段，但時間倒轉二十年，這裡受到景氣不佳的影響，留下許多空蕩蕩的輕工業建築。此區也是脫衣舞俱樂部的大本營，午餐時間營業，顧客以附近金融區的上班族為主。葛林爾的車停在附近，車窗常常被敲破，收音機被偷，輪胎也被割破。[15]霍克斯頓街走到底，靠近工作室的地方，剛好是一家名為「倫敦學徒」（London Apprentice）的酒吧，是當地規模不小的同志夜店，固定會舉辦ABBA之夜，經常出現一大群人穿著銀色連身褲的畫面。當時的霍克斯頓區好不熱鬧。

橘子設計遷到新址後不久，強尼以第三位合夥人的身份加入兩人陣容。雖然他才23歲、剛從設計系畢業，但葛林爾深知「強尼雖然資淺，但能力絕對不是問題。」強尼跟妻子海瑟在離公司不遠處買了一間小公寓，位於倫敦東南部的布萊克希斯區（Blackheath）。

橘子設計有強尼助陣，葛林爾跟達比夏當然很高興。不但找到了不

可多得的設計人才，還帶來一家大客戶，也就是在 RWG 時期指名要他設計的英國衛浴大廠理標。雖然如此，強尼在橘子設計裡從粗勇的電動工具機到細緻的梳子，從客廳的電視到廁所的馬桶，什麼東西都做。所有作品都由三個人合力完成。

工作雖然一直都有，但並不特別有挑戰性或高名氣。雖然偶爾還是會接到日立、福特這種大企業的案子，但還是以小型設計案為大宗，客戶既不固定，也名不見經傳。諾桑比亞大學的羅傑斯教授說：「設計市場在那時很競爭，設計公司通常不會專攻某個領域，什麼案子都接，作品很多元化。像是洗髮精包裝、新型機車、火車車廂內裝等等，什麼都得做。」[16]

許多小公司的預算相當有限，很少有、甚至完全沒有跟設計公司合作的經驗，通常只願意花幾千英鎊做設計。但還在打基礎的橘子設計必須把費用調高許多，經常開出幾萬英鎊的價碼，遠遠高出企業的預算，最後也因此標不到案子。

一次又一次被拒絕，三個人只好找理由自我安慰。達比夏說：「英國當時的設計工作以工程為主，不會特別去研究使用者行為，也不看重概念設計，所以我們算是超前市場一點點。我們一方面只好跟小公司合作，設計小產品，一直做到產品生產的階段；但同時也想辦法搶到亞洲和美國的客戶，擴大公司規模。」

為了吸引新客戶、保住舊客戶，橘子設計還會故意製造出工作室很忙的假象。他們三人還記得以前在 RWG 用的招術：有家車廠的主管到公司參觀時，RWG 的設計師把自己的車開進工作室裡，撲上車罩，說正在進行高度機密的設計案。[17] 這招果然見效，RWG 最後爭取到案子。橘子設計也學 RWG 的把戲，如果有客戶來拜訪，三個人會把之前案子的原型或泡棉模型找出來塞滿工作室，等客戶一走再放回儲藏室裡。[18]

強尼、葛林爾、達比夏為博世（Bosche）與電氣設備廠金星（Goldstar）設計過電動工具機。幫蘇格蘭髮廊 Brian Drumm 設計一款簡單髮梳時，三人沒有一絲鬆懈。根據強尼的概念，梳子把手處有一個水平儀，理髮師得以精準控制角度剪頭髮。這款梳子至今仍在市場銷售，在剪無層次鮑伯頭或其他需要剪功精準的髮型時都會用到。這個設計案的預算很少，但三人秉持一貫作風，付出百分之百的心力。「Brian Drumm 選了強尼的剪髮梳設計，而由我使出渾身解數，完成可用於生產的工程設計。」達比夏說。他們的辛苦是值得的，因為這款梳子 1991 年在知名的德國工業論壇（Industrie Forum）中贏得大獎，為橘子設計進一步擦亮招牌。

霍克斯頓區很適合橘子設計。強尼和葛林爾加入附近一家健身房（強尼至今仍有上健身房的習慣）。「以前的霍克斯頓區跟現在可不一樣，」葛林爾說：「健身房裡有人在打拳擊，我跟強尼顧著跑跑步機、舉重，想維持身材。」

強尼的大學同窗唐吉剛好在附近工作，經常來找他們。唐吉記得，當時這區「很像舊金山的南方公園區（South Park），靠近幾個治安不太好的區域，但大致上都是高水準上班族的地盤，藝術圈也很活躍。這一區還有很多五金行和原物料供應商，當地的年輕設計師（包括羅斯·洛果夫〔Ross Lovegrove〕與朱力安·布朗〔Julian Brown〕）要找貨很方便。80 年代末是很多姿多采的一段時光，工業設計還不流行，很多人從事這一行都是真心想做出好設計，不是想變成設計明星。」[19]

強尼加入橘子設計一年後，菲力普斯也加入他們的陣容。四個人在工作上很有緣份──1982 年畢業於中央聖馬汀學院工業設計系的菲力普斯，在校園裡認識葛林爾，與達比夏是 IDEO 的同事，而在強尼服務於 RWG 時就認識他。

「剛認識強尼時，他才剛進入職場。」菲力普斯說：「我對他的印

象是這個人個性很好，是個溫文儒雅的英國紳士，沒有心機。做人處事倒是非常低調，也很大方。但他也不是一個特別嚴肅的人，一直很有幽默感。他對自己的工作就是厲害！」[20]

跟強尼一樣，菲力普斯也帶來了幾家客戶，包括電子產品大廠日立與LG電子。當時正值經濟衰退期，能有LG當客戶是一大勝利。這家韓國大廠剛在愛爾蘭都柏林成立第一家歐洲設計中心，想與歐洲在地的設計公司合作。「我們很早就拿到LG的案子，每個人都很興奮，讓我們有機會設計出很棒的產品。」菲力普斯說。

在橘子設計裡，四個合夥人的地位相等。共事過程難免會起爭執，尤其又以葛林爾與達比夏兩個老友吵得最兇，但最後總是能握手言和。「吵到最後，有時候是看誰罵得最大聲。但每次吵完都會想出一個雙方都能接受的安排。」菲力普斯說：「吵個幾分鐘之後就好了。我們以前常說，強尼跟我是公司裡的和事佬。」才成立不久的橘子設計還得注意財務狀況。「我們都懂得要精打細算，花錢不會花太兇。如果稍微透支了，或是月底的錢不夠付自己薪水，我們會少拿一點，為公司著想。」菲力普斯說。

橘子設計當時仍製作大量精細的草圖與模型，但因為製作過程很髒亂，所以許多都是在強尼父母家的車庫完成，其他的則外包出去。「我們跟一家模型製造師合作，離我們的工作室很近，做出來的模型又好又精美。」菲力普斯說：「英國現在已經很少看到模型製造師了，他們以前真的很強，全是手工製作。我們有需要時，會走過去跟他們討論細節。」

科技雖然逐漸成為設計過程的一部分，但普及速度不快。工作室的正中央擺了一台Mac電腦，菲力普斯說：「我們四個人要排隊使用。」橘子設計如此，其他設計公司也是一樣。因為電腦輔助設計（CAD）當時

尚未成為大多數設計師的主要工具。

風格逐漸成型

　　愛看書的強尼，涉獵的書籍從設計理論、行為學派大師史金納（B.F. Skinner）到 19 世紀文學都不偏食。[21] 他也喜歡逛博物館，過去常跟父親光顧倫敦的多利亞與亞伯特博物館（Victoria and AlbertMuseum，全球一流的藝術與設計博物館之一）。

　　他研究艾琳・可蕾（Eileen Gray）的作品，向這位 20 世紀最有影響力之一的家具設計師與建築師取經。強尼對現代設計大師很著迷，其中一個是義大利曼菲斯（Memphis）設計師團體的米歇爾・德・洛奇（Michele DeLucchi），高科技產品在他手下變得更溫柔、更親民、更加人性化，不再晦澀難懂。[22]

　　葛林爾還記得強尼愛上家具設計師賈士柏・墨利森（Jasper Morrison）的設計風，輪廓相當純粹，全部都是直線條，絲毫不見曲線。他也很迷百靈的傳奇設計師迪特・朗姆斯（Dieter Rams）。葛林爾說：「我們都把迪特・朗姆斯當成榜樣。在設計學校時，他的設計原則就在我們心中扎根，但橘子設計的作品看起來並不像百靈的產品。強尼只是喜歡他們的簡單俐落。」[23]

　　橘子設計的四個人都對設計哲學很感興趣，尤其是強尼。葛林爾與達比夏還有教職，會想辦法將公司的設計哲學表達出來。兩人都曾在 IDTwo/IDEO 與比爾・磨古吉共事，深受他的影響。葛林爾回憶說，他們兩人從磨古吉學到許多重要的觀念，一個是「不要有強烈的意識型態」，另一個是「團隊合作」。

　　菲力普斯說：「IDEO 有一個共識系統，作品都要有每個人的同意才算數。所以葛林爾與達比夏在橘子設計時，要求作品必須經過每個人的認可，大家多次討論過後才會交出成品。這樣的做法很好，因為你隨時隨地都在考驗自己的能力。而且在讓客戶滿意的同時，也能挑戰自我極限，覺得這樣的過程很刺激。」

　　設計美學方面，橘子設計也受到一些風格的影響，但從來不會為了講究風格而固定在某個路線。「設計任何東西都要有理由，這是強尼跟我們其他人的堅持。」葛林爾說。

　　「強尼認為一款設計要做到對，也要做得有意義。他堅持科技要符合人性。一件東西應該長成什麼樣子，向來是強尼在設計時問自己的第一個問題。他有能力把產品的現有模樣褪除，或者不去理會它；對於工程師說產品一定要怎麼做，他也可以不管。無論是什麼產品設計或使用者介面設計，他都有辦法回歸基本面。我們在橘子設計的理念也類似如此，倒也不是學校教育的關係，而是我們對其他設計做法產生的一種反動。」[24]

　　這跟強尼過去的做法並不同。他大學時期的作品多數都有白色塑膠機殼，開始約略看得出他的設計語言（起碼也能說是個人風格）。但在橘子設計裡，強尼特別不把個人風格展現在作品裡。

　　「強尼跟他那一輩大多數的設計師不同，他不會把設計當成表現自我的機會，也不會覺得一定要融入什麼風格或理論。」曾深入訪談強尼、寫下《蘋果設計》（AppleDesign，介紹 80 年代的蘋果設計部門）的保羅・康可（Paul Kunkel）說：「他對每個設計案的態度彷彿變色龍一樣，調整自己去適應產品，而不是把個人風格強加在產品上。……影響所及，強尼的早期作品看不到『個人風格』。」[25]

　　強尼的極簡風格從那時就已開始，或許是對 80 年代中期普遍流行

浮誇設計的一種反動。當時正是「設計黃金十年」的高峰期，文化俱樂部合唱團（Culture Club）與卡加咕咕合唱團（Kajagoogoo）的打歌服金光閃閃，是大家眼中的好品味。康可指出，強尼盡量不讓作品染上當時的風格，以免很快就退流行。「在那個變遷迅速的年代裡，強尼知道風格對設計有害，產品還不到生命週期盡頭就已經看起來很舊。由於迴避了一窩蜂趕潮流，他發現作品能有更長的壽命，可以把心思集中在作品的『真』。這是每一個設計人追求的境界，但能達到的人少之又少。」

跟強尼一樣，葛林爾、達比夏、菲力普斯也喜歡極簡風，也有愈來愈多的設計公司開始化繁為簡。全球掀起一波極簡浪潮，橘子設計是信徒之一，而其他設計師也紛紛加入，最有名的包括日本設計天王深澤直人，以及同樣畢業於聖馬汀設計學院、為居家用品製造商無印良品設計過許多產品的山姆‧海克。「80年代的風格以誇張設計為王道，顏色要多、造型要複雜。視覺上很繽紛，每個物品都喊著要你看它。」米爾頓教授解釋說。

「強尼畢業的那個年代，充斥著過度設計的產品。從物品看不出主人的個性，只知道是什麼品牌而已。於是乎，設計師希望更酷更沉靜，開始反思沉澱，重新擁抱產品的功能與效益。」達比夏這麼形容橘子設計的核心理念：「我們努力設計更好的產品，設計每個作品時，無不思考它的視覺性、可用性，以及市場相關性。」

葛林爾認為，與橘子設計相比，其他設計公司會想盡辦法把自己的風格放在作品裡。他說：「在摩古吉設計公司的時候，我看到很多好設計師只會設計特定的辦公室產品。但把同樣的美感運用在大眾化的日常商品，往往不成功，竟然把產品設計成怪怪的科技風。我看了很納悶，因為我一直都覺得，設計應該依目的不同而有不同的語言。」

受惠於製造技術日新月異，強尼與其他三人得以逐漸挑戰極限。「到

了 90 年代，我們開始能夠裝飾產品。」葛林爾說：「產品外觀可以做得更好玩。不再只是把電子零件包住、把按鈕裝在適合的地方而已。產品的形狀更多了，用射出成型的塑膠可以創造更多的流動線條，進一步創造出更具美感的產品，不再單純強調實用而已。」

但講究外型也可能是缺點，葛林爾服務於 IDEO 時就曾親眼看過這樣的問題。他說：「設計師交出來的作品經常只是外型好看而已。拿電腦螢幕或電視來說，設計師不會去想還有沒有其他功能。我覺得這樣並不對，我們不希望設計出來的產品只是好看而已，還要能融合於消費者的居家環境。我們也非常注重產品的使用者介面。」

強尼持不一樣的觀點。他向來似乎把重點放在作品的美感，覺得不該只講實用性，經常探討產品應有的形貌。「他很討厭那些又醜、又黑、又俗的電子產品。」葛林爾回憶說：「那些名字取做什麼 ZX75，還標出有幾 MB 的電腦，也令他很反感。他討厭 90 年代的科技。」在設計時移勢轉的年代，強尼亟思找到自己的一條路。

熱臉貼冷屁股

強尼還在 RWG 工作時，理標指名要找他設計卻遭拒，但橘子設計對這樣的機會當然求之不得。強尼加入橘子設計的前幾年，理標請他們設計一系列的衛浴設備，包括馬桶、下身盆、洗臉台，要取代多年來的米開朗基羅系列。

強尼、葛林爾與達比夏再次發揮嚴謹的設計態度全心投入這個案子。對剛成立不久的橘子設計來說，這個設計案本應是業績的一劑強心針，但沒多久卻變成一場夢魘，或許也因此埋下了強尼離職的前因。

　　傾全力設計衛浴設備的過程中，強尼買了許多海洋生物學的專業書籍，仔細拜讀，想師法大自然的道理。「強尼對水很著迷，花很多時間觀察水的流動。」葛林爾回憶說：「從中尋找靈感，幾乎把馬桶當成希臘的宗教藝品來設計。他講到對水的崇拜；水會變成稀有資源；水應該是人人敬重的東西，因此設計出橢圓形的馬桶，另外還有極富巧思的支撐柱，顛覆傳統馬桶又不失美感。」[26]

　　他們最後交出三個提案，分別以忍者龜拉斐爾（Raphael）、多納太羅（Donatello）與李奧納多（Leonardo）命名（這三個名字又取自文藝復興時代的三大藝術家）。[27]為了手工製作洗臉台與馬桶的泡棉模型，他們還特別移師到強尼父母家的車庫（他的父母當時已搬到薩默塞特郡〔Somerset〕鄉下）。根據葛林爾的說法，成品「好得嚇嚇叫」。

　　三個人驅車前往理標衛浴位於赫爾市（Hull）的總公司，準備向對方簡報。他們先在一個大房間張羅好模型，讓產品經理先看過，接著被帶進會議室向執行長與兩、三個主管簡報，結果卻踢到鐵板。

　　執行長看了看，立刻否定他們的設計，批評說這樣製造成本太貴，造型也跟既有系列格格不入。幾位主管也擔心洗手台的支撐部分太輕薄，有可能會掉下來傷到小孩子。殊不知這部分正是強尼最引以為傲的設計。

　　「那次簡報很辛苦。」葛林爾回憶說：「我們的構想完全被打槍……問題出在，我們的設計跟理標既有的產品線差太多了。」更慘的是，那天適逢英國的搞笑募款日（Comic Relief Day），每個人都會戴上小丑的紅鼻子籌募善款。偏偏執行長當天也戴了一個，拒絕他們的設計時分外諷刺。

　　葛林爾說，強尼開車回倫敦的路上，心情降到谷底。「他很難過，也很沮喪。」葛林爾說：「這一番努力卻得不到客戶的認同。」[28] 達比

夏也還記得那天的情景：「發現自己的設計沒辦法贏得客戶的心，強尼很不快樂。」通常遇到這種挫折時，強尼還能幽自己一默，笑笑就算了；但這次在理標的挫敗實在太大，他想忘也忘不了。失望之餘，強尼還是繼續改進這幾款產品，但過程卻覺得違背自己的初衷。達比夏說：「問題是客戶想要把設計『生產化』，卻因此掏光了它的靈魂。」

　　儘管創業之初出現理標衛浴的失敗案例，橘子設計合作的大客戶卻愈來愈多。葛林爾指出，他們都覺得生意好像搭上「雲霄飛車」一樣。他們繼續有策略地宣傳。「我們做了很多假想的作品，由我想出幾個概念，強尼負責設計出來。我們再一起推到媒體，拍攝得很漂亮，引起市場一陣騷動。」葛林爾說：「原本只是在家中房間工作的一家小公司，短短五年內就已經有國際大客戶。」

　　強尼不喜歡設計時還得負責推銷公司。「橘子設計自始至終都很堅持的一點是，四個合夥人都是創意取向的設計人。」葛林爾解釋說：「或許可以這麼說，我們對自己的能力都很自豪，想專攻設計這一塊，每個人都不想只當檯面上的老闆，接下案子後就把工作交給幕後人員進行。但我們畢竟是一家設計公司，九成的時間都花在宣傳我們的服務上。強尼比我們其他人都年輕，希望把時間都放在設計出好作品，有時難免會覺得無奈。」

　　強尼後來慢慢意識到，自己不適合走設計顧問這一行。他喜歡設計，但發現經營公司就有必要跟客戶妥協，心裡很掙扎。尤其像他們這樣的小型合夥公司，每個設計師都必須兼做行銷宣傳的工作。

　　強尼日後說道：「我那時很天真，才從大學畢業沒多久就當合夥人，但那段時間我也學了很多，設計出各式各樣的產品。髮梳啦、陶器啦、電視啦、電動工具機啦，什麼都做。更重要的是，我認識到自己的優缺

點，清楚知道自己想要的方向。我只對設計有興趣，經營公司不是我的熱誠所在，我也不擅長。」[29]

作品被客戶弄成四不像，尤其令他生氣。強尼在 RWG 的老闆葛雷在 2012 年曾跟他聊過。「強尼跟我說，他之所以對設計顧問公司很無奈，是因為沒辦法把作品完成到底。」葛雷說：「客戶會把他的作品挑出幾個喜歡的地方，要他根據他們的構想把這些地方拼湊起來，導致他無法把心中的概念完全落實。他的想法太先進，客戶經常有看沒有懂。」[30]

強尼面對客戶的挫折感，葛林爾也看過。「很多時候他交出一款漂亮的設計，經客戶調整過後，美感頓時少了一半。」

布蘭諾挖角

幾年前曾在強尼加州行與他見過面的布蘭諾，1991 年親自拜訪橘子設計的工作室。他這時已離開月設計三年，在蘋果擔任工業設計部門主管，打造出一支陣容堅強的設計團隊，每個成員都是一時之選。其中幾位在後來開發 iPod、iPhone、iPad 時，都扮演了重要角色。

布蘭諾正在尋訪歐洲的設計公司，希望找到能與蘋果合作的對象，進行一項稱為「大工程」（Project Juggernaut）的機密設計案。以與外部設計公司合作之名招募人才，對蘋果這樣的大企業來說是絕對禁止的行為；但布蘭諾後來也坦承，找人才確實是他的目標之一。他老實說：「我是想把強尼挖過來，希望他能設計這個案子，藉機讓他實際認識一下蘋果。」[31]

1991 年的蘋果，仍舊風光不可一世。賈伯斯當初在車庫成立的小公司，如今在快速成長的個人電腦產業中，儼然成為市場的領導業者之一。

賈伯斯此時已離開蘋果六年，也成立了新公司 NeXT，正努力東山再起。他的另一家公司皮克斯（Pixar）營運也還沒上軌道，殊不知四年後推出旗下第一部動畫電影《玩具總動員》（Toy Story），竟成了賣座巨片。

這時的蘋果由約翰・史卡利（John Sculley）當家，他原是百事可樂（PepsiCo）執行長。選擇加入蘋果的陣容，是因為聽了賈伯斯的這句經典名言：「你想賣一輩子的汽水，還是跟我一起改變全世界？」[32] 史卡利的名聲如今毀譽參半，但在當時還是一個經營策略沒有瑕疵的經理人。蘋果是一家大企業，電腦產業也呈現爆炸性成長，而且全球捲起桌上出版革命，企業紛紛添購 Mac 電腦。當時正值蘋果季營收首度衝破 20 億美元，《麥金塔迷》（MacAddict）雜誌更直指當時是「麥金塔第一個黃金年代」。微軟還要再過幾年才會推出 Windows 95，沒人會想到這套作業系統會重新定義個人電腦產業，而且幾乎置蘋果於死地。

現金滿盈的蘋果，正在拓展旗下的產品線。史卡利投入 21 億美元的現金於研發工作，以期加速新產品開發。他在拉斯維加斯美國消費電子展（Consumer Electronics Show）的一場重要演講中，提及公司即將推出高度可攜式的電腦產品，他稱之為「個人數位助理」，頓時成為眾人焦點。[33] 他口中的這台數位個人助理，雖然在兩、三年後才以「牛頓掌上型電腦」（Newton MessagePad）之名問世，但設計部門正如火如荼地設計中。

除此之外，布蘭諾的設計團隊也在積極設計筆記型電腦 PowerBook。第一款 PowerBook 尚未問世，設計團隊已在著手設計第二代產品。在個人電腦產業蓬勃發展之際，眾家業者全都聚焦於桌上型電腦。若是突然空降一台「貨真價實」的筆記型機種，將在市場投入一顆震撼彈。

但第一款 PowerBook 又大又笨重，與其說是可以拿著到處走動的電腦，更像一台吃電池的桌上型電腦。並且對設計團隊來說更是一場夢魘，受限於急迫的時間壓力，創意發想、結構規劃、設計、測試等幾個環節

必須同步進行。

　　眼見團隊忙著設計出下一世代的產品，布蘭諾擔心大家只在乎眼前趨勢，無暇思考未來的方向。「行動化」顯然是電腦產業的新疆界，布蘭諾想知道未來會朝哪個方向走。

　　「產品時程愈來愈緊迫，設計難度增高，第一個受到波及的就是創新。」布蘭諾說：「我希望看到設計的未來趨勢……做出具有遠見的設計，而不是做一些我們已經知道、也看過的設計。」[34]

　　為了提振大家的創新精神，布蘭諾啟動非正規專案，他稱之為「平行設計調查」（parallel design investigation）。

　　「主要是想讓大家在沒有時間期限的壓力下，研發出新的產品外觀與表達層次，想出如何因應新科技。」他解釋。重點是，布蘭諾不把這類設計案歸在正規的案子，藉此讓團隊有犯錯的空間，不必想著要製造出來，讓創意得以有宣洩的機會。「正規工作外激發出的構想常是我們最好的點子，所以『平行設計調查』其實很重要。」他說：「不但能夠豐富我們的設計語言，還可以明確體現出我們想走的方向。」[35]

　　布蘭諾的歐洲行正有這個目的。他特別喜歡跟外部的設計顧問公司合作，畢竟他在加入蘋果之前，自己也成立了月設計。「我決定要從設計顧問圈找人，這樣我們的設計部門才能有獨立設計公司的速度與靈活度。」他說：「根據我的經驗，顧問公司都希望有張好看的客戶名單，大家會彼此競爭，想辦法做出最有意思的設計。所以我把重點集中在最好的在地顧問公司與剛畢業的設計人才。」

　　強尼與橘子設計正好符合他的標準。強尼才從新堡畢業三年，布蘭諾對他當初那款概念電話依舊念念不忘。

　　布蘭諾才踏進橘子設計的工作室，心情立刻為之一振。他第一眼看到的是葛林爾為英國 Soda Stream 公司設計的氣泡水機，前蓋加上聰明拴

扣，開關更方便。他心想，或許可以把這個樞軸調整一下，用於手持式產品的螢幕。布蘭諾興奮地說：「這就是我們要找的創意思考。」[36]

布蘭諾也有東西要讓他們四個人看。他從袋子裡掏出 PowerBook 的原型，菲力普斯看了很佩服。「我第一次看到那樣的設計，很讚。」他說。確實，鍵盤交錯排列、定位裝置置中、掌托部分前推的第一款 PowerBook，奠定了未來二十年的筆記型電腦設計，如此遠見至今仍令每個人大感吃驚。布蘭諾說：「PowerBook 打出漂亮的一戰，把我嚇得半死。它的功能、設計都還有很多瑕疵，我以為上市後會死得很慘。但現在回想起來，幾乎所有的筆記型電腦都是類似的設計，有凹陷式鍵盤、掌托、置中的定位裝置等等。」

在 PowerBook 之前，筆記型電腦的鍵盤都是做到滿，也沒有定位裝置。大多數用的是微軟 MS-DOS 作業系統，只能採命令列介面的方式操作（反觀 Mac 則是圖示取向），以上下左右移動游標，沒有定位裝置的必要。但隨著 Windows 逐漸盛行，製造商才開始加入可夾式軌跡球。

「想起來還真是有趣，原來從以前的 PowerBook 到今天的 MacBook，幾乎就是完美的設計。」布蘭諾說：「一直沒有人有辦法改得更好……我們當初並不知道自己設計出的是一款很難超越的產品。」

布蘭諾跟橘子設計在倫敦見了幾次面交換意見，強尼甚至還設計了一款滑鼠原型讓對方鑑定。雙方聊得很愉快，橘子設計最後得到「大專案」的工作。

對此，強尼又期待又怕受傷害。能與蘋果合作是橘子設計的一大機會，他也知道這對自己的事業很有幫助。他後來回憶說：「我還記得蘋果說這樣的機會很難得，也記得自己緊張兮兮的，深怕把事情搞砸。」[37]

布蘭諾解釋說，「大專案」是一項範圍很廣的平行設計調查行動，希望能設計出一系列有遠見的行動產品。布蘭諾與旗下團隊有信心，覺

得 PowerBook 與牛頓掌上型電腦能帶動市場潮流，催生出各式各樣的行動產品。他們開始思考非電腦產品的可能性，包括數位相機、個人音樂播放器、小 PDA，以及筆寫用平板。（這些產品現在聽起來耳熟能詳，但當時仍處於夢想階段。還得再過十年以上，且蘋果再度易主後才會出現。）

他們的願景是，未來透過紅外線、無線電波與行動網路，就能讓 PDA、數位相機、筆記型電腦互相連結。布蘭諾希望先把幾款行動產品準備好，以免蘋果高層有天突然決定要開始生產。

除了橘子設計之外，布蘭諾也接洽了兩、三家設計公司，也指派了幾個蘋果內部設計師負責發想概念。「我們知道會有什麼新趨勢。」布蘭諾解釋說：「我們知道產品會慢慢走向無線化，圖像捕捉會愈來愈重要。產品會更輕薄，電池也會做得更好。」[38]

在加州，蘋果有一組人馬負責幾款可攜式產品的概念；在英國，橘子設計則設計出四款假想的產品，包括一台平板電腦、一個平板鍵盤，以及兩台「可搬動的」桌上型電腦。布蘭諾希望這些產品有互相搭配的功能，例如平板能變成筆記型電腦，筆記型電腦能變成平板。「也不知道為什麼，我們當時就是很看重產品的多變性。」布蘭諾解釋說：「傳統的鍵盤與滑鼠模式一變，就是筆控為主的平板，有點像是現在盛行的一些小筆電。」[39] 布蘭諾說，這些構想在 90 年代初乍聽之下有點誇張怪異，但拿來跟現在市場最新的平板與筆電／平板複合機對照，並不會差很多。

布蘭諾要橘子設計盡量突破框架，只要求他們保留蘋果當時的設計語言要素（多為線條略有弧度的深灰色塑膠機殼）。此外，為了作品可能在未來幾年推出，產品背後的原理必須建立在現行科技的基礎上。

強尼在葛林爾與達比夏的協助下，設計出一款名為 Macintosh Folio 的

平板電腦，體積笨重，大小跟筆記型電腦一樣，搭配可筆控的螢幕與一個內建大腳架。機殼也是蘋果當時慣用的深灰色，幾乎可說是 iPad 的前身，只不過厚度多了五倍左右而已。

為了搭配這款平板電腦，強尼另外獨立設計出一款稱為 Folio 的智慧鍵盤，但它比現在平板的外接式鍵盤更有「智慧」，有自己的 CPU、網路埠與觸板，等於是半筆電半鍵盤。

葛林爾與達比夏合力設計兩款成對的「可搬動」桌上型電腦，半桌機半筆電，搭配內建鍵盤與螢幕；能從桌上型電腦變成筆記型電腦，反之亦然。

其中一款叫 SketchPad，採淺灰色機殼，螢幕可調整高低與角度，機身可折疊成皮包狀，另有手把方便攜帶。（強尼日後也將內建手把的概念運用於第一款 iBook。）另一款可移動桌機稱為 Macintosh Workspace，內建高感度筆控螢幕，另搭配分離式鍵盤。不使用時可折疊放置兩旁，需要搬動時可將 Workspace 折疊起來；外型彷彿厚重的平板電腦，但打開使用必須抽出鍵盤，好比一雙肥嘟嘟的翅膀。

「我記得有一天看到強尼桌上擺了那台平板的泡棉模型。」菲力普斯說：「他離平板有一點距離，在座位上抬起膝蓋，拿著泡棉鍵盤假裝打字，說了一句：『感覺真不賴』。」[40] 達比夏這麼形容 Folio：「強尼那款平板是四個產品中最大膽的，也有他一貫的細膩。他花了很多苦心要把它做好，最後的成品讓人自嘆弗如。」[41]

橘子設計短時間內就幫「大專案」設計出約 25 個款式，幾週後向布蘭諾與他的團隊進行簡報。再經過幾個月的修正調整，最後選定四款主要設計。[42] 隨著案子即將收尾，強尼害怕搞砸的夢魘幾乎成真。橘子設計並沒有自己的模型製造工場，因為製造模型需要專業技能與設備，通常只有大設計公司才有這樣的資源。（現在即使是蘋果這樣的大企業，

也都將最終的模型外包製作。）因此，四人將定案模型委託給一位在地的模型製造師，著眼於對方和電影及廣告產業的合作經驗豐富。

「那個模型師很有才華，作品看起來很厲害。」葛林爾說。他製作出來的模型很適合用來跟客戶做簡報，但問題是模型都不耐久。「模型剛拿回來時很棒，但用過一次就壞掉了。」葛林爾說：「蘋果最後堆了很多壞掉的模型，不知如何是好。場面有點混亂。」[43]

儘管模型不耐操，布蘭諾卻對強尼讚許有加。他說：「強尼做出來的平板真的了不起，很讚。而且有他的風格，簡潔洗鍊，對細節很用心，同時又能挑戰既有觀念……完成度相當高，外觀精簡優美，但還是有它的靈魂，一點也不無聊乏味。」[44]

布蘭諾之所以覺得強尼的作品出色，是因為他不從蘋果或其他電腦企業的產品找靈感，完全獨創。「他的作品散發成熟的情緒，在他這樣的年輕人很少見。」布蘭諾補充說。[45]強尼當時 24 歲。

「大專案」進行半年後，強尼、葛林爾、達比夏三人飛往蘋果的庫帕提諾市（Cupertino）總公司，準備最後簡報。菲力普斯則留守在公司，他在其他三個人忙著「大專案」的設計時，專門負責 LG 的案子，讓公司持續有進帳。

強尼跟葛林爾都喜歡蘋果的氣氛，但達比夏覺得這裡有點排外。他說：「蘋果的企業文化很強烈，要真的有心才能融入，幾乎可以說是一種教派了。老實說，我覺得有點詭異。但這樣的企業文化也有好處：自由度高，時時鼓勵創新。可是大家就好像一個小團體，我覺得很悶。裡頭就好像在信教一樣，我會受不了。」[46]

簡報過後，一行人收好設備準備離開。這時布蘭諾把強尼拉到一旁，私下跟他說，「如果想做更大膽的設計」不妨加入蘋果的陣容。[47]布蘭諾說：「我沒有講得很直接，只是提一下這裡還有機會。他回說：『謝

謝你們的賞識，我來好好想一想』。」[48]

　　回到倫敦後，強尼確實仔細思考了布蘭諾的邀約，心中天人交戰。他很享受跟蘋果合作的過程，但不確定自己該不該離鄉背井工作，棄橘子設計於不顧；他也不確定妻子海瑟是否會想搬到美國。但可以肯定的是，「大專案」為強尼開啟了一扇機會之窗。

　　「雖然那時我已經有很多好玩的作品，但因為『大專案』的緣故，我有機會接觸全新的議題。」強尼說：「最重要的挑戰就是，拿到一個還名不見經傳的科技，要賦予它個性與意義，這樣的工作我很喜歡。另一個重點是蘋果提供支援的環境，設計師可以把心思專注在設計上，不必特別去管日常營運的瑣事。」[49]

　　但倫敦到加州畢竟距離十萬八千里，布蘭諾為了爭取強尼，還特別讓他和海瑟飛到加州再多體驗一下當地生活。只是回到倫敦後，強尼還是拿不定主意。

　　這個機會在橘子設計裡並不是祕密。葛林爾、達比夏、菲力普斯都贊成他搬去加州。「我們都說：『強尼啊，大好的機會怎麼能錯過！』。」達比夏說。[50] 菲力普斯也指出，其他三個合夥人都有小孩，「離不開倫敦了，但他還沒有，當然要去！」[51]

　　最終，「大專案」的設計沒有一個被採用，但仍發揮了重要作用，促使蘋果逐漸淘汰過去的米白色機殼。舉凡分離式鍵盤、擴充座（後來的 duo dock），以及蘋果 90 年代早期著名的灰黑色工業設計，都是「大專案」激盪出來的副產物。

　　大家也愈來愈心知肚明，「大專案」或多或少是布蘭諾希望能挖到強尼而想出的策略。「我們都覺得橘子設計會拿到這個案子，應該是他們想把強尼請到風和日麗的加州晃一晃，看能不能把他挖到美國去。」菲力普斯說。

強尼最後打了通電話。他回憶說，「也不曉得是哪裡來的自信」，他點頭答應了。[52]

布蘭諾三度出手網羅強尼。第一次是強尼於學生時期造訪月設計時；第二次是布蘭諾剛加入蘋果時；第三次則是強尼剛進入橘子設計，合作完「大專案」之後。布蘭諾說：「他喜歡加州，喜歡這裡的活力，所以我們有幸在第三次請到他。找人才就要像這樣，鎖定你覺得很厲害的人才，鍥而不捨，非等到他們同意不可。」

強尼答應的第二個原因，跟他不喜歡顧問工作絕對有關。橘子設計經營有成，也給強尼很多自由，這已經是很多設計師可望不可求的夢想了。但礙於公司的顧問性質，他的長才難以伸展。「因為是顧問設計公司，我們很難對產品計畫產生深遠的影響，也很難真正做到創新。」他說。[53] 經常做到最後，他的設計雖然被客戶採納，但許多重要的相關決策已經內定。這樣做久了，強尼逐漸認為想從本質創新，必須要從客戶端內部推動大幅轉變。

「我一直覺得自己不適合附屬在一家企業內，獨立設計會比較好。但跟蘋果合作完這個大案子後，我決定成為他們的全職設計師，搬到加州。」[54]

少了他的橘子設計持續茁壯，合作對象涵蓋蘋果、福特與LG。如今，橘子設計由達比夏掌舵，近年最著名的作品當屬英國航空（British Airways）的頭等艙座位，創新設計能將座位平躺成床。但強尼已經離他們而去，投入蘋果的世界。三名合夥人很想得開，知道像強尼這樣的人才是留不住的。布蘭諾也設法減少他們的損失。菲力普斯說：「布蘭諾很夠義氣，在強尼離開時又給我們一個大案子，讓我們吃點甜頭。給的金額很不錯，算是跟我們說聲抱歉。」[55]

1. Robert Brunner Facebook page, https://www.facebook.com/robertbrunnerdesigner/info.

2. Interview with Robert Brunner, March 2013.

3. Ibid.

4. Ibid.

5. Ibid.

6. Melanie Andrews, "Jonathan Ive & the RSA's Student Design Awards" RSA's Design and Society blog, http://www.rsablogs.org.uk/category/design-society/page/3/, May 25, 2012.

7. Interview and e-mails with Barrie Weaver, January 14, 2013.

8. Interview with Phil Gray, January 2013.

9. Ibid.

10. Interview and e-mails with Barrie Weaver, January 2013.

11. Interview with Clive Grinyer, January 2012.

12. Ibid.

13. Documents provided by Martin Darbyshire, May 2013.

14. Ibid.

15. Luke Dormehl, The Apple Revolution: Steve Jobs, the Counter Culture and How the Crazy Ones Took Over the World (Random House, 2012), Kindle edition.

16. Interview with Paul Rodgers, October 2012.

17. Interview with Clive Grinyer, January 2012.

18. Dormehl, The Apple Revolution, Kindle edition.

19. Interview with David Tonge, January 2013.

20. Interview with Peter Phillips, January 2013.

21. Paul Kunkel, AppleDesign, (New York: Graphis Inc., 1997), 254.

22. Ibid.

23. Interview with Clive Grinyer, January 2013.

24. Ibid.

25. Kunkel, AppleDesign, 254.

26. Interview with Clive Grinyer, January 2013.

27. Documents provided by Martin Darbyshire, May 2013.

28. Peter Burrows, "Who is Jonathan Ive?" Bloomberg Businessweek, http://www.businessweek.com/stories/2006-09-24/who-is-jonathan-ive, September 26, 2006.

29. Design Museum interview, http://designmuseum.org/design/jonathan-ive.

30. Interview with Phil Gray, January 2013.

31. Interview with Robert Brunner, March 2013.

32. John Sculley on Steve Jobs, YouTube, www.youtube.com/watch?v=S_JYy_0XUe8.

33. Harry McCracken, "Newton Reconsidered," Time, http://techland.time.com/2012/06/01/newton-reconsidered/,

June 1, 2012.

34. Kunkel, AppleDesign, 237–38.

35. Ibid.

36. Dormehl, The Apple Revolution, Kindle edition.

37. London Design Museum, interview with Jonathan Ive, http://designmuseum.org/design/jonathan-ive, last modified 2007.

38. Kunkel, AppleDesign, 236–46.

39. Interview with Robert Brunner, March 2013.

40. Dormehl, The Apple Revolution, Kindle edition.

41. Interview with Martin Darbyshire, May 2013.

42. Kunkel, AppleDesign, 254.

43. Dormehl, The Apple Revolution, Kindle edition.

44. Interview with Robert Brunner, March 2013.

45. Ibid.

46. Dormehl, The Apple Revolution, Kindle edition.

47. Ibid.

48. Interview with Robert Brunner, March 2013.

49. Kunkel, AppleDesign, p. 255.

50. Dormehl, The Apple Revolution, Kindle edition.

51. Interview with Peter Phillips, January 2013.

52. Peter Burrows, "Who Is Jonathan Ive?" Businessweek, originally in Radical Craft Conference, the Art Center College of Design in Pasadena, California., http://www.businessweek.com/stories/2006-09-24/who-is-jonathan-ive

53. Design Museum, http://designmuseum.org/design/jonathan-ive.

54. Ibid.

55. Interview with Peter Phillips, Spring 2013.

4

early
days
at
apple

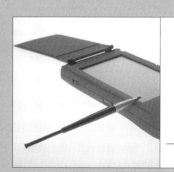

第四章
初入蘋果
——工程導向的企業文化

early days at apple

在辦公室隔間做設計，這像話嗎？哪裡會有設計師願
意這樣？我想營造出一個開放式空間的工作室，天花
板挑高，觸目所及都是又酷又新的東西。這樣的環境
真的很重要。對設計品質很有幫助，也對設計的人有
好處。

——羅伯特・布蘭諾

1992 年 9 月，25 歲的強尼接下蘋果的全職職位，與妻子海瑟飛往加
州，搬進舊金山雙子峰（Twin Peaks）的中等住宅。這裡是市區內最高的山
丘，俯瞰整個舊金山，一路從市集街（Market Street）到市中心高樓大廈都
一覽無遺。

走進室內，到處可見強尼的設計品味。「裡頭的裝潢簡約，有一個
火爐，還有一個小電視擺在有轉盤的高級音響系統上。家具幾乎都裝有
輪子。」幾年後為了撰文報導強尼而拜訪他家的《紐約時報》（New York

Times）記者約翰・馬可夫（John Markoff）說：「室內開了一盞未來感十足的燈，外觀彷彿是一個懸掛的紅色圓球，但完全沒看到個人電腦。」[1]

強尼買了一輛橘色 Saab 通勤，蘋果位於半島地區的庫帕提諾市，車程約 35 哩。他的工作地點在谷綠車道（Valley Green Drive）的工業設計部門工作室，距離位於「無限迴圈」（Infinite Loop，蘋果總部位處的街道名稱）的蘋果總部（Apple Campus）只有幾步之遙。工業設計部門工作室是布蘭諾的傑作，也是蘋果第一個工業設計工作室。布蘭諾成立內部工作室，事後證明是正確的決定，對蘋果有深遠的影響，在賈伯斯回來掌舵時更是明顯。

蘋果之前的設計大多是外包給青蛙設計顧問公司，創辦人為德國籍的設計大師哈姆特・艾斯林格（Hartmut Esslinger）。艾斯林格當時已為蘋果打造出統一的設計語言，稱為「白雪」（Snow White），成功將蘋果推向工業設計的寶座。到了 80 年代晚期，青蛙設計愈來愈貴，蘋果每年支付給它的設計費超過 200 萬美元，比找大部分的設計公司多出一倍，也比自己經營內部設計團隊高昂許多。但賈伯斯在 80 年代初跟艾斯林格訂有合約，蘋果如果毀約，必須賠上一筆鉅額違約金。

但真正的問題不是錢。蘋果搭上桌上出版革命的順風車，利潤豐厚，已多到不知該如何運用。受惠於 Mac 電腦的圖形使用者介面、一流的排版軟體，以及價格親民的雷射印表機，報章雜誌與書籍出版商紛紛添購蘋果電腦。1988 年底，蘋果共有三座工廠全年二十四小時無休，全力投入生產。但縱使有高達 2 億美元的研發預算，蘋果並沒有一套嚴謹的產品藍圖。

不同的產品部門如週邊商品、可攜式商品、桌上型電腦等等，是有下一代產品正在醞釀沒錯，但規劃進度也僅止於此。由於各部門之間沒有任何協調交流，蘋果採取「白雪」時期之前的做法，由各部門自行提

出設計構想。印表機產品跟監視器產品的外觀完全看不出一致性，蘋果的產品彷彿出自四、五家不同的公司。蘋果需要一張按部就班的產品藍圖與全新而統一的設計語言，讓產品更一致化。

到了 1987 年，蘋果內部已有成立設計團隊的共識，但少了賈伯斯如此有遠見的領導人，工程師不知從何開始。由於設計一向外包給青蛙設計，公司內部並沒有設計人員，管理層起初希望找到能替代艾斯林格的世界級設計師，認為這樣對公司有加持作用。

1988 年初，他們開始全球跑透透，到處參訪名氣最大的設計公司，希望能找到最優秀的人才。他們來到歐洲與亞洲，訪問保時捷設計工作室（Porsche Design Studio）等頂級設計公司，足跡遍及東京、倫敦、柏林等大城市，洽談設計大師，卻遍尋不到適合人選。

在義大利的時候，他們拜訪有義大利設計王儲之稱的馬里歐‧貝里尼（Mario Bellini），結果碰了一鼻子灰。既然都來到義大利了，獵才人員也順便與設計師喬治亞羅（Giorgetto Giugiaro）碰面。1999 年被封為「20 世紀最傑出汽車設計師」的喬治亞羅，17 歲就服務於飛雅特，日後曾為布加迪（Bugatti）、BMW、瑪莎拉蒂（Maserati）、法拉利（Ferrari）等車廠設計出許多吸睛車款，常與義大利風格劃上等號，是 20 世紀最多產的汽車設計師。

蘋果主管來到杜林市（Turin）的 Italdesign 設計公司，工作室外觀彷彿一棟大工廠，戒備森嚴。入內後只見喬治亞羅一手畫著草圖，一手拿著電話，不斷交付工作給好幾個下屬。一行人看了很佩服，立刻跟喬治亞羅簽下一紙高達百萬美元的合約，請他為四款產品設計概念，希望以此作為一款產品線的原型。殊不知，這個美夢很快就破滅了。

設計汽車信手拈來的喬治亞羅，習慣由外而內設計。先畫出有如印象派畫風的草圖，再交由模型製造師做出全比例的黏土模型，成品常常

Baby Mac

This Baby Mac from frog design is the precursor to the iMac.

青蛙設計為蘋果設計的迷你版 Mac，是 iMac 的前身，也揭開「白雪」
設計語言的序幕。賈伯斯 1985 年下台時，正在研發這台電腦。
© Hartmut Esslinger / frog design

Snow White

Frog design's Snow White aesthetic was so influential
it set the design language for a generation of computers.

青蛙設計的「白雪」風格影響了一整個世代的電腦外觀。
© Hartmut Esslinger / frog design

跟草圖差很多。合作幾個月後，蘋果工程師發現，Italdesign 有許多設計決策都是來自於模型製造師；喬治亞羅的草圖與其說是藍圖，不如說是他的靈感而已。這樣的設計作風跟蘋果恰恰相反。喬治亞羅將設計車款的方法沿用於蘋果產品時，他的模型製造師以黏土製作出電腦機殼，把它們當成義大利跑車一樣，因而忽視了內部零件的存在。雖然製作出模型，但卻不適合生產。

　　正當獵才行動就快無疾而終時，突然出現一個轉折，卻差點鬧出大笑話。獵才小組前往拜訪瑞士出生的德國重量級設計師盧吉·柯拉尼（Luigi Colani，強尼的設計偶像之一），他以設計出符合「生物動力」（biodynamic），外觀奇特的汽車、機車、消費性產品款式聞名。柯拉尼有次在帕莎蒂娜市（Pasadena）的藝術中心設計學院（Art Center College of Design）演講後，蘋果的獵才小組請教他鍵盤未來會如何發展，不料他話匣子一打開，對既有的鍵盤設計多有批評，甚至還把鍵盤比喻成女人的臀部。他說，既然男人都喜歡抓女人的臀部，鍵盤應該從中間斷開，這樣才符合不同的手掌大小。為了說明他理想中的結構，他還畫出一個有鍵盤的女人臀部，蘋果主管還差點因為太難為情而不好意思收下。

　　回到蘋果總部後，這件事傳了開來。有名員工特別拿來一具女性假人模特兒，還把鍵盤裝在臀部上，取代他原本的鍵盤。結果引起女性員工眾怒。但說也奇怪，這個構想沒有因此被淘汰，蘋果的電腦產品不久後便開始搭配人體工學的鍵盤。[2]

　　蘋果管理層尋覓設計大師的同時，有些產品部門持續跟月設計的布蘭諾密切合作，案子包括一些非正規的實驗性質設計，性質跟日後強尼曾參與的「大專案」類似。據說這類案子在月設計的收據上列為「產品設計」，也就是偏向產品的工程面，而不是工業設計。因為蘋果與青蛙設計簽訂獨家設計合約，帳單若沒有青蛙設計的抬頭與編號，會計部門

便不能支付款項。

　　隨著蘋果與艾斯林格的合作關係進一步惡化，委外給他的案子也愈來愈少，設計款項大幅下滑，直到最後蘋果索性也不預付定金了。在此同時，賈伯斯不斷向艾斯林格施壓，要他加入 NeXT，但如果他答應了，青蛙設計無異於與蘋果毀約。最後，兩方同意解除合約。

　　此舉造成蘋果進退兩難，一方面終止了與設計公司的合作，一方面又苦尋不到新的合作夥伴。苦思無解之際，突然有人想到眼前不正有一個明星設計師嗎？布蘭諾的作品一向是高水準，成果也讓蘋果很滿意。不僅如此，布蘭諾不單純只是接案的設計師而已，他還定期參與蘋果的設計會議，甚至也會出席他並未直接參與的案子。他還一直建議蘋果終止「白雪」系列，轉而採用更一致化的新設計語言。

　　蘋果開始想辦法挖角布蘭諾，兩度聘請他擔任設計總監。但都被他以蘋果沒有設計部門為由而婉拒，認為這樣的職位只是落入死胡同。

　　「我不想在一個沒有自行設計產品的公司工作。」布蘭諾說：「我不想管理做創意的人，我想自己做創意。」[3] 到了 1989 年，蘋果無計可施，又再試了一次，這次直接請布蘭諾開出條件。

　　布蘭諾這回心動了。「全世界這麼多大企業，蘋果絕對有實力打造出一支優異的內部設計團隊。」他說：「如果有設計部門一定很精彩。蘋果有很好的產品線，有好的品牌，有好的歷史。」

　　布蘭諾向蘋果提出成立設計團隊的建議，希望讓蘋果轉型成一家世界級的設計公司。營運規模大如蘋果的企業，若是有自己的設計部門，通常規模大而繁複，並非布蘭諾所願。跟幾家大品牌企業合作下來，他發現它們的設計部門都太大了，人多手雜難辦事，無法真正施展創意。規模大也經常導致官僚作風，又是做出好設計的另一個絆腳石。

　　布蘭諾真正希望的是，在蘋果內部重新建立起他自己的月設計，也

就是「規模小、彼此合作密切」的工作室。「我們的營運就像小型設計公司一樣，只是建置在蘋果裡面罷了。小而美、彈性高、人才多，創意文化好的沒話說。」布蘭諾說。[4]

在蘋果內部成立設計部門，不但是創新之舉，激發許多想像空間，更是創業思維的展現，似乎與蘋果的精神不謀而合。「但老實說，我也想不出還有什麼方法。」布蘭諾解釋說：「並不是我聰明，是因為我也只懂得這麼做。」

蘋果欣然同意。於是 1990 年 1 月，32 歲的布蘭諾正式加入蘋果，擔任工業設計部門主管。但工作內容跟他原本想的差了十萬八千里。他是設計部門的主管，也是唯一的員工，辦公桌被安排在硬體部門的正中央。「我第一天報到後，他們給了我一個辦公室隔間，放眼四周都是工程師。我心想：『天啊，我這不是自作自受嗎？』」

布蘭諾的夢幻團隊

儘管一心想打造一支設計夢幻團隊，布蘭諾直到約一年半後才開始全力求才。拖了這麼久，是因為他要說服管理層注入更多資源在他的部門。但或許更關鍵的原因在於，他必須把部門營造成一個設計師願意來工作的好環境。

「有好的工作室環境，才有辦法招募到好人才。」布蘭諾說：「在辦公室隔間做設計，這像話嗎？哪裡會有設計師願意這樣？我想要營造出一個開放式空間的工作室，天花板挑高，觸目所及都是又酷又新的東西。這樣的環境真的很重要，對設計品質有幫助，也對設計的人有好處。」[5]

布蘭諾發現，蘋果在谷綠車道 20730 號租了一棟建築，但使用度不高。這棟稱為谷綠二號（Valley Green II）的低矮建築，面積廣大，西班牙風格的灰泥外觀，四周被一些小樹圍繞，還有一個大停車場。谷綠車道離蘋果主要園區不遠，位於德安薩大道（De Anza Boulevard）另一邊，沿著大道正好穿越庫帕提諾市中心。這區所有的建築物幾乎都被蘋果租下了，因此宛如企業小城。轉角處的班德利車道（Bandley Drive），正是蘋果第一間辦公室的所在地。

布蘭諾動用了半個建築，打造出大型的開放式空間，而且天花板挑高 25 英呎以上。共用這棟建築的單位還有創意服務部門，亦即所謂的「內部設計顧問」（In-House Design Consultants），負責設計手冊、使用說明書、店內海報與陳列，以及宣傳影片等等。

布蘭諾德另一個重要考量是，不必直接與好管事的管理層共用空間。「那個地點大家不常去，我喜歡。」

布蘭諾與舊金山一家大型建築與設計公司 Studios 合作，將室內空間改裝成適合工作的工作室環境。蘋果習慣使用 Herman Miller 品牌（隔間的發明者）的標準化辦公室家具，但布蘭諾並沒有把這些設備組裝成隔間，反而將辦公桌圍繞著工作室排成特別格局。「我們以比較高的結構體環繞著工作室作為幾個中心點，再以此擺設辦公空間。」布蘭諾說：「辦公室規劃人員有看沒有懂，說這樣行不通。但我們偏偏就要做不一樣的空間配置，把他們嚇個半死。成果很讚，過程很好玩，整個空間也少了壓迫感。」

布蘭諾安裝幾台機具，包括 CAD 工作站，用於製作立體模型；台數值控制銑床，可將 CAD 模型製成泡棉模型；以及噴漆工作室，可測試不同的顏色。

「蘋果的工業設計工作室是一個很酷的工作環境。」80、90 年代曾

與蘋果合作密切的攝影師瑞克‧英利斯（Rick English）回憶說。英利斯的攝影作品收錄在康可 1997 年出版、以蘋果設計部門為主題的《蘋果設計》，但他也曾與矽谷多家設計公司合作。他眼中的蘋果似乎跟其他公司不一樣，不只是工具設備和裝潢重點不同而已，裡面也在短短時間內就塞滿設計師的玩具，比方說高檔自行車、滑板、潛水設備、電影投影機和成千上百部電影。「這裡凝聚了一股鼓勵創意與冒險的工作氣氛，我在其他公司感受不到。」英利斯說。[6]

布蘭諾大力招募設計人才時，起初並不順遂。蘋果之前的設計都委外給青蛙設計負責，本身並不以設計出名；而有才華與企圖心的設計師，也傾向於投效創意招牌比較響亮的公司，例如灣區的 IDEO。

為了徵才，布蘭諾偷學橘子設計的招術，開始在設計雜誌宣傳自己的作品。他製作出蘋果概念產品的實體模型，拍攝成宣傳照片，在國際著名設計聖經《工業設計》（I. D.）雜誌的封底大篇幅登出。其中一個是大型的自行車導航電腦，可在黑白螢幕上秀出地圖與在地地標；另一個是戴在手腕的電腦，體積大如哈密瓜。

布蘭諾說：「那些只是概念，並不是真的產品，卻逐漸吸引了市場的目光。當初的用意沒有別的，只是想吸引人才而已。照片秀出的是簡單的資訊設備模型，有點無厘頭的性質，但卻成功達到目的。」[7]

日積月累下，布蘭諾籌組了個個才華洋溢的設計團隊，其中有些人日後跟了蘋果數十年，造就出 iPhone 與 iPad 等等一連串暢銷產品。團隊中的主要成員包括：提姆‧帕西（Tim Parsey）、丹尼爾‧戴尤里斯（Daniele De Iuliis）、羅倫斯‧朗姆（Lawrence Lam）、傑伊‧米契特（Jay Meschter）、賴瑞‧巴布勒（Larry Barbera）、凱文‧賽德（Calvin Seid）與巴特‧安德烈（Bart Andre）。

戴尤里斯應該是團隊中個性最老成的一個。義大利裔的他出生於英國布里斯托市（Bristol），大學讀的是倫敦中央聖馬汀藝術與設計學院。1991 年，他任職於設計集團 ID Two 的舊金山分公司（強尼的友人葛林爾曾任職的公司），被布蘭諾挖角到蘋果。

布蘭諾特別想找有顧問經驗的設計師。「蘋果內部的動力不足，讓他體認到只有找曾經當過設計顧問的人才，才有辦法像自由接案的設計公司一樣講求速度與效率。」帕西說：「他自己也當過設計顧問，知道我們這些人的思考模式與做法。」[8]

另一名設計師巴布勒一眼就愛上戴尤里斯的個性。「尤其是戴尤里斯，他散發出一股怪怪的磁場，從事設計的人容易感受得到。看了他一眼，我就知道我們以後的作品會有很大、很快的進步。」[9]

戴尤里斯懂得在作品中注入強烈個性，日後更因此在設計圈交出亮麗的成績單。麥金塔彩色經典（Macintosh Color Classic）正是他的初期作品之一，屬於 Mac 電腦的升級版，外觀有型，多年來也成為蘋果迷積極收藏的機種。他日後亦參與 MacBook Pro、iPhone 4、iPhone 5 的設計。他的名字出現在逾 560 個產品專利，產品不一而足，包括 3D 相機、多點觸控螢幕、位置追蹤、無線射頻辨識應答器（RFID transponder）、氮化不鏽鋼、MagSafe 充電器、iPod、新版揚聲器外殼。

戴尤里斯之後更榮獲多項設計大獎。強尼加入團隊後，與戴尤里斯建立起深厚的感情。兩人在舊金山的住家相距不遠，一同通勤上班超過二十個年頭。

1992 年，布蘭諾請到安德烈，他畢業於長灘加州大學，並且曾在蘋果的個人智慧電子部門（Personal Intelligent Electronics）實習。他的專利數目累積數後來更打進美國前五大（拜他的姓氏所賜，蘋果的主要專利都以他的名字為代表，如「美國專利申請案，發明人安德烈等人」）。光是

2009 年，他就拿到 92 個專利、2010 年拿到 114 個專利，創下蘋果設計師的紀錄。他的專利絕大多數都跟手機、平板與筆電產品的創新有關。

安德烈什麼都設計，電路模組、RFID 系統等樣樣都來。根據蘋果與三星在 2012 年的專利訴訟釋出的資訊，他是第一款 iPad 原型機（代號 035）的設計師之一。他與其他團隊成員數度榮獲德國設計協會（Design Zentrum Nordrhein Westfalen）的紅點設計大獎。

繼強尼之後，丹尼爾・科斯特（Daniel J. Coster）於 1994 年 6 月加入設計團隊。被形容是「高大搞怪又超有才華」的科斯特，1986 年畢業於紐西蘭威靈頓技術學院工業設計系。蘋果最初只跟他簽下三個月的工作合約，但他為牛頓掌上型電腦的上色與塗裝工程深獲設計團隊好評，因此被延攬為全職設計師。

他設計出多種塔型（tower）機種，以「邦代藍」機（Bondi Blue iMac）主導設計師的身份而備受注目。跟設計同事一樣，科斯特迅速累積專利數，服務於蘋果逾二十年，共拿到近 600 項專利。2012 年，他更因「透過藝術與設計的媒介，對紐西蘭的經濟、名氣與國家認同有卓越貢獻」，而入主母校的設計名人堂。[10]

強尼的加入是眾所期待的大事。「布蘭諾知道，有實力堅強的設計師加入陣容，會對整個團隊產生激勵作用。」米契特說：「戴尤里斯與帕西剛上任時，改變了我們的設計哲學，但一旦強尼也加入之後，設計團隊可說是如虎添翼。」[11]

為了讓設計部門有如外部公司一般運作，布蘭諾建立了寬鬆的管理架構（且維持至今並無太大變動）。不管是什麼案子，都有每個設計師的參與。「我們同時進行好幾個案子，跳來跳去，跟強尼現在的管理模式差不多。」布蘭諾解釋說。[12]

　　布蘭諾也指派六、七位設計師擔任「產品線經理」（product line leader），負責 CPU、印表機、監視器等主要產品部門與設計部門之間的協調工作，跟外部設計公司的運作方式類似。「其他的產品部門覺得這樣設計部門可以有個聯絡窗口。」布蘭諾說：「他們負責溝通協調，因應每個部門的需求。我當時也想不到更好的做法了。我把部門當成月設計來管理。大家討論案子該怎麼進行，討論完設計，設計完生產，生產完出貨。」[13]

　　拜桌上出版革命之賜，再加上個人電腦市場的成長三級跳，設計部門的工作量開始暴增。布蘭諾說：「要研發的產品很多，有兩個系列的桌上型電腦、監視器、印表機、移動性產品。太多了！工作量很大，我們應付不來。」

　　生產時程也愈來愈短。布蘭諾剛加入蘋果時，產品開發週期至少有十八個月。布蘭諾說：「公司很肯給時間。我們有餘裕設計出可行的產品。」但短短兩年內，產品開發週期縮短到十二個月，然後又變成九個月，甚至急著推出產品時，我們只有半年的時間可以設計。

　　「我們思考的時間一下子被壓縮了。把概念做出成品的時間還是一樣長，但卻少了找靈感、玩味測試的時間。」布蘭諾說。

　　設計部門遇到的另一個考驗是，蘋果的企業文化大幅偏重產品部門的工程師，設計時以工程為主要考量。以前外包給青蛙設計時，工程師會想盡辦法使命必達，但如今權力易主，不同的工程部門把正在研發的產品丟給設計部門，覺得設計師的工作只是在幫產品「披上外衣」。

　　布蘭諾希望再次把權力重心從工程移到設計，於是開始思考因應策略，將非正規的「平行設計調查」視為重要的一環。「我們開始把思考與研究的時間軸拉得更長，研究的議題涵蓋設計語言、未來科技的落實，以及移動性的定義為何？」這麼做是希望能比工程部門更超前好幾

步，逐步把蘋果轉型成設計導向的企業，而非以行銷或工程為主的公司。「我們想要比工程部門看得更遠，這樣才能在設計過程中拿出更多功力。」[14]

　　每次按照工程部門的心意設計出一個產品，布蘭諾就會啟動高達十個不同的平行設計調查，有時彷彿是要跟工程部門競賽一樣。他會請內部與外部的設計師提交產品概念。「感覺就像設計大車拼，布蘭諾很鼓勵這樣的氛圍。」英利斯說：「如果有設計作品被選上，設計的人可以負責到底，直到做出產品為止。」

　　與橘子設計合作的「大專案」，就是在這種背景下的平行設計調查；其他拿到案子的設計公司還包括月設計與 IDEO。（此做法一直延續到今天，不過強尼與賈伯斯都避免在公開場合承認。）此外，平行設計調查有助於減輕設計團隊的工作負擔，讓他們能夠與外部的設計人才合作。「有時候我們希望能請到特定的設計人才，把他們當成設計部門的延伸。」布蘭諾說。

　　布蘭諾擅長幫設計部門爭取鎂光燈，也因此為蘋果拿到許多設計大獎。他每個月會在《工業設計》雜誌封底刊登廣告，但這時已不限天馬行空的產品概念，也會登出原型機的照片，主要是想幫設計師拉抬人氣，讓他們對團隊與有榮焉。這樣的激勵方式雖然成本高昂（英利斯說，他那時為蘋果產品拍照的費用每年起碼要 25 萬美元），但設計部門並不手軟，有些作品很快就被拍成大照片，陳列在工作室裡。

　　設計部門將大大小小的過程全數記載。英利斯與另一位攝影師貝佛莉・哈波（Beverley Harper）拍了許多成品與概念。隨著設計主軸逐漸脫離米白色機殼，設計團隊覺得有必要為作品做紀錄。「他們的想法是，應該為所有設計過的產品建立一套歷史資料庫。」英利斯說：「他們百分之百相信他們的作品有舉足輕重的影響力。」這樣的習慣延續至今，強

Snow White

When Jony Ive joined Apple in 1992, the design team was slowly trying to move away from Snow White which had dominated the '80s.

強尼於 1992 年加入蘋果時，設計團隊正逐漸捨棄在 80 年代蔚為主流的「白雪」風格。
© Hartmut Esslinger / frog design

尼旗下的設計部門仍舊記錄了所有設計過程。

如今回想起來，布蘭諾為設計部門所做的種種選擇，如獨立於工程部門之外、管理寬鬆、團隊合作設計、採取外部設計顧問公司的心態，都算是無心插柳柳成蔭。蘋果的設計團隊至今依舊火力十足，其中一個原因是它還保有布蘭諾當初的架構，由一小群才華洋溢的設計師密切合作、共同設計，就跟月設計、橘子設計等小公司一樣。這樣的經營模式確實有用。

救星般的強尼

強尼加入蘋果後，第一個大案子是設計第二代牛頓掌上型電腦。第一款牛頓機還沒上市，就已經被設計團隊嫌棄。礙於生產時程太趕，第一代機種有若干重大缺失，管理層與設計師都想趕快修正。

牛頓掌上型電腦出貨在即，蘋果突然發現，將擴充卡插入機器頂端的插槽後，要掀開保護玻璃螢幕的蓋子會有困難。設計部門臨危授命，設計出幾款攜帶保護套（包括一個簡單的皮製保護套），隨後便火速上市。此外，牛頓機的喇叭位置也設計錯誤，竟然放在手托處，使用者拿在手上經常會蓋住。

設計第二代牛頓機（代號 Lindy）時，硬體工程師希望能把螢幕做大一點，以加強手寫辨識功能。觸控筆安裝在側邊，導致機身寬度增加，所以工程師也希望第二代產品的厚度能大幅減少；第一代機種大如磚頭，只有超大的口袋才能裝下。

強尼從 1992 年 11 月開始設計第二代牛頓機，直到隔年 1 月結束。為了對產品有深入的認識，他首先自問產品背後的故事是什麼？牛頓機

的技術太過新穎、功能太多，跟市面上其他產品完全不同，要清楚說出它的用處並不容易。跑的軟體不同，它的功能就會不同；有時候是記事本，有時候又變成傳真機。執行長史卡利稱它為 PDA，但強尼覺得這樣的定義不夠明確。

「第一代牛頓機的問題在於，它跟消費者的日常生活沒有交集。」強尼說：「沒有一個讓使用者可以聯想的施力點。」揪出問題後，他開始想辦法解決。[15]

在大多數人眼中，蓋子不過就是蓋子，但強尼卻特別重視這個零件。

「蓋子是使用者最先看到、也最先碰到的地方。」強尼說：「要打開牛頓機，先得掀起保護蓋，我想讓打開的那個剎那更具特別意義。」[16] 為此，強尼設計出彈簧拴鎖，按壓蓋子後會自動打開。這個拴鎖機制需要將銅製彈簧仔細校準，蓋子迸開的力道才能恰到好處。

為了不讓擴充卡擋到掀開後的蓋子，強尼設計出雙樞軸，而且可翻到機身背面固定。這樣的設計對使用者也有涵義。

「蓋子往上翻到背面的設計很重要，因為這個動作在各種文化中都能理解。」強尼說。「如果把蓋子設計得像書本一樣往側邊翻，會有麻煩。因為歐美國家的消費者會往左翻，而日本的消費者習慣往右翻。為了讓每個人都能輕易上手，我決定設計出上翻的保護蓋。」[17]

強尼接下來把重點放在「好玩性」，希望讓產品更個人化、更特別。既然牛頓機必須搭配觸控筆使用，強尼於是鎖定在筆的設計，他知道使用者會想把筆拿在手上把玩。為了縮小機身寬度，使觸控筆結合在機身裡，強尼將筆槽設計在頂端。

「我堅持要有上掀的蓋子設計，讓牛頓機看起來像是頁面上翻的筆記本，這樣每個人都能懂……使用者能把它當成筆記本。觸控筆收在機身上方，就像傳統筆記本的線圈一樣，大家很容易聯想。這就變成牛頓

MessagePad Prototypes

Like a lot of prototypes, Jony's Lindy MessagePad was made in clear acrylic to check its thermal heat-dissipation.

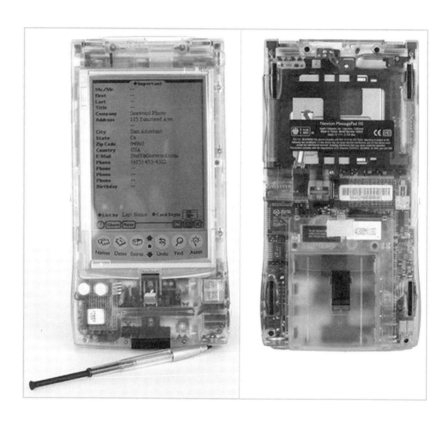

跟許多原型機的做法一樣，第二代牛頓機起初也採透明壓克力機殼，方便測試散熱效能。

© Jim Abeles. Photo by Jonathan Zufi

機產品故事的一個關鍵因素。」[18]

筆槽改在機身頂端，整支觸控筆反而插不下；因此強尼將觸控筆設計為兩截式，跟保護蓋一樣，也是往頂端一按就會迸出。為了讓觸控筆握起來更有份量，筆身以黃銅打造。

他的設計同仁看到成品後愛不釋手。「Lindy 機是強尼發光發熱的時刻。」帕西說。[19]

除了設計上的難題，強尼還得在龐大的時間壓力下趕出作品。第一代牛頓機曾被漫畫〈杜斯柏里家族〉（Doonesbury）揶揄得體無完膚，成了民眾對它的印象。在漫畫家蓋瑞·楚朵（Gary Trudeau）的筆下，牛頓機的手寫辨識功能雞同鴨講，嚴重打擊了這台走在時代尖端的手持式產品，傷口一直未能復原，必須盡早汰換。

壓力都集中在強尼身上。「想到產品一天沒出來，就虧一天錢，你自然會變得很專心。」他輕描淡寫地說，一派標準的英國人語氣。[20]

從設計初稿到第一個泡棉模型，強尼破紀錄只花了兩週時間，讓同事大感意外。強尼鐵了心一定要在期限內結案，特別跑到台灣解決製程的問題。他住在工廠附近的飯店，與一名硬體工程師窩在房間裡，修正觸控筆的彈出裝置。

帕西還記得強尼當時自我要求很高，非得把牛頓機設計得很特別不可。「要做出最好的設計，生活必須無時無刻都想著產品。看強尼那麼沉迷，幾乎是要拋家棄子了。設計的過程很痛快……也很痛苦。但往往付出百分之兩百的努力，才能成就出偉大的設計。」[21]

新款牛頓機出爐，設計同仁無不嘖嘖稱奇，也對幾個月前才加入團隊的強尼刮目相看。牛頓機專案主管蓋斯頓·白斯俊（Gaston Bastiaens）告訴強尼，他會囊括所有的設計獎項。果不其然，強尼在日後確實幾乎橫掃了每座大獎。第二代牛頓機於 1994 年問世後，強尼贏得幾座產業的

MessagePad

Jony's first major project at Apple
was the redesigned Lindy MessagePad 110

第二代牛頓機是強尼加入蘋果的第一個重要作品,榮獲許多設計獎
項,但市場接受度始終不高。
© Jim Abeles. Photo by Jonathan Zufi

最高榮譽，包括：美國傑出工業設計獎金牌、德國 iF 設計獎、德國創新設計獎（Design Innovation Award）、工業設計年度回顧（I.D. Design Review）產品類別大獎；更被列入舊金山現代藝術博物館（San Francisco Museum of Modern Art）的永久館藏。

英利斯對強尼的印象之一，是他不喜歡得獎。或許不能說他不喜歡得獎，而是他討厭在公眾場合接受獎項。「強尼很久之前就說過，不會出席那些頒獎典禮。」英利斯說：「作風跟其他人完全不一樣，很有意思。他就是不喜歡上台拿獎。」

1994 年 3 月，牛頓機 110 正式問世，距離第一代產品不過短短半年。無奈新機種縱使有再多的「把玩性」也回天乏術，因為蘋果的行銷策略連連出錯；不僅搶著推出瑕疵一籮筐的第一代機種，亦誇大了功能。消費者的期待落空，導致牛頓機的市場接受度一直無法提高。此外，兩代牛頓機都有電池的問題，被漫畫家楚朵揶揄的手寫辨識問題也擺脫不了。強尼的設計再優異，也難以救牛頓機一命。

牛頓機 110 上市不久後，強尼有次在倫敦碰到 RWG 的老長官葛雷。「現在想想，牛頓機根本像磚頭一樣笨重，但在當時是前所未見的手持式產品。」葛雷說：「強尼的心情很鬱悶，因為就算他拼死拼活，還是得配合產品的工程因素做出許多讓步。後來強尼在蘋果的地位提升了，不但能影響產品工程，也能管控製程。」

此外，牛頓機也是蘋果生產策略的轉捩點。蘋果之前選擇跟日本企業合作，例如由新力製造監視器、佳能製造印表機，但產品大致上仍以自行生產為主。

牛頓機 110 則是第一款完全委外台灣生產的產品，製造商為英業達。「他們做得很好，過程相當順利。」布蘭諾說：「製造品質高水準。強尼功不可沒，他根本是拼了老命在工作，花很多時間在台灣要把產品做

好。最後的成品外型美觀，完成度高，也很好用，是一個讓人豎起大拇指說讚的產品。」

這個委外決定開了先河，蘋果後來愈來愈仰賴委外代工，殊不知十年後竟成了備受爭議的焦點。

牛頓機設計案完成後不久，強尼把腦筋動到笨重的傳統映像管監視器，希望簡化設計，改善這個外觀最無趣、生產成本最高的產品線。礙於監視器體積大、製程複雜，每個塑膠機殼的開模費用動輒要 100 萬美元以上；更何況，蘋果當初有數十款機種。

為了節省成本，強尼設計出一款零件可以互換的新機殼，零件拆下後可用於幾個不同尺寸的監視器。之前的監視器機殼分為兩部分，一是固定住映像管的顯示器前框；一是桶狀機殼，作用是包覆並保護映像管尾端。強尼希望把整個機殼分成四塊零件，包含前框、中殼，以及分為兩塊的後殼，亦即採模組化設計，中殼與後殼可運用於所有的顯示器機種，前殼則能有不一樣的尺寸，搭配不同大小的顯示器。

除了節省成本之外，機殼薄型化設計可以與不同映像管更貼合，看起來更小、更有立體感，外型大大加分。藉由這個產品，強尼為蘋果的設計語言又帶進了幾個新元素，包括改變散熱孔與螺絲的處理方式。「新的做法比較精細。」[22] 依強尼構想而實際設計機殼的安德烈說。成品似乎成了每個人的注目焦點。

設計團隊一飛沖天

強尼雖然不是主管職，卻是天生的領導人。「強尼的工作態度非常嚴謹。」英利斯回憶起當年說：「認真到無以復加的程度。他個性隨和，

卻很有主見；處事正經八百，但親和力十足。他低調領導，讓人不禁想在他旗下工作。」[23]

　　慢慢地，強尼開始有了布蘭諾左右手的氣勢，不但提供構想和為設計品味定調，沒多久也協助招募新的設計人才。短短兩、三年，強尼便找齊了設計團隊的大部分缺額，包括克里斯多福‧史清爾（Christopher Stringer）、理查‧霍沃斯（Richard Howarth）、唐肯‧羅伯特‧柯爾（Duncan Robert Kerr）與道格‧薩茲格（Doug Satzger）等人，組成一支勁旅，日後設計出 iMac、iPod、iPhone 等產品。

　　1965 年出生於澳洲的史清爾，在英格蘭北部長大。他就讀位於斯托克城（Stoke-on-Trent）的北斯塔福郡技術學院（North Staffordshire Polytechnic），而於 1986 年畢業於倫敦皇家藝術學院（Royal College of Art）。1992 年進入 IDEO 服務，曾協助建構戴爾電腦（Dell）的設計語言，並以創新的電燈開關設計贏得工業設計年度回顧大獎。他於 1995 年被強尼招攬進入蘋果，擔任資深工業設計師。

　　初入蘋果，史清爾的案子包括早期的 PowerBook 與塔型電腦，往後十七年，他參與了許多重大產品（包含 iPhone）與週邊商品的設計過程；即使是產品包裝的小案子，也能看到他的手筆。

　　在蘋果與三星的侵權訴訟案中，他也是第一個提供證詞的設計師。根據路透社的報導，「史清爾留著及肩長髮，鬍鬚灰白，黑色窄版領帶搭配淡白色西裝，全身上下散發設計師的氣質。」[24] 蘋果有產品上市發表會時，經常能看到史清爾與強尼交談，留給外界他們兩人是好友的印象。更難得的是，他們同樣來自英國斯塔福郡，在英格蘭北部求學。

　　霍沃斯出生於尚比亞首都路沙卡市（Lukasa），1993 年畢業於倫敦瑞文斯博設計與傳播學院（Ravensbourne College of Design and Communication），之後進入 IDEO 工作，1996 年跳槽到蘋果，成為設計部門的主要設計師之

一。霍沃斯是第一代 iPhone 的首席設計師,對 iPod touch 與 iPad 也有重大貢獻。

柯爾也是出身英國的設計師,1985 年畢業於倫敦帝國學院(Imperial College London)機構工程系,而後又於皇家藝術學院拿到工業設計工程學位。加入蘋果之前,他同樣也在 IDEO 服務。身為設計團隊中技術背景較豐富的成員,柯爾在新產品與新科技的研發與研究上有長足的影響力。他曾協助研發多點觸控技術,催生出 iPhone 與 iPad。他也擁有多項專利,包括進階感測器、顯示器模組、磁性連接器等各種創新零組件。

薩茲格也是老 IDEO 人,1985 年從辛辛那提大學畢業,第一份工作即是在 IDEO 擔任工業設計主任。之後轉職到湯姆森消費性電子(Thomson Consumer Electronics)設計電視機。1996 年加入蘋果設計團隊,直到 2008 年。

來自俄亥俄州的他,對材料很感興趣,加上嫻熟製程,因此成為團隊中負責統籌色彩、材料與塗裝的設計主任,從第一款 iMac 到最新的 iPhone、iPod、iPad 與 MacBook,都有他的參與。

薩茲格也是多項專利的持有人,多數為電子產品、顯示器、游標控制器、包裝與連接器。(薩茲格後來跳槽到 HP/Palm,擔任工業設計部門資深主管。之後又轉戰英特爾,擔任行動與通訊集團副總裁與工業設計集團董事長。)

設計團隊招攬新人時,工程與電腦的專業背景是一大加分,但非必要條件。「我們希望設計師有個性,有高人一等的才華,還要能夠與團隊合作。」戴尤里斯說:「對方能讓我們有後生可畏的感覺更好。」[25] 也就是說,設計團隊寧可找來才華洋溢的汽車設計師,也不會找個能力中庸的電腦專才。

1995 年之後,設計部門再添一名生力軍 —— 凱文·賽德(Calvin Seid)。來自奧勒岡州波特蘭市的賽德,1983 年畢業於聖荷西州立大學,

Jony, Stringer and Howarth

Along with Jony, Chris Stringer (left) and Richard Howarth (right)
are said to be the core members of Apple's industrial design team.

畢業後曾在奧勒岡與矽谷幾家設計公司工作，1993 年加入蘋果設計部門，負責 CPU 的設計與管理工作。（人緣頗佳的他，於 2007 年 4 月 6 日因冠心病病逝，得年 46 歲。團隊成員無不哀慟。）

設計團隊雖然有如小型聯合國，但仍以白人男性為主。除了菲律賓裔的賽德之外，團隊成員清一色都是白人小伙子，而且大多數來自英國。90 年代時多了一位女性設計師，而到了 2012 年，約 16 位設計師當中，也只有兩位女性。

「團隊核心從那時起就沒有太大變動。到現在都二十年了，大家還是一起通勤，在 280 號公路往返於舊金山與庫帕提諾兩地。」90 年代末曾與設計部門密切合作的莎莉‧葛絲黛（Sally Grisedale）說：「他們關係很融洽，就像一家人一樣。很多人剛進入蘋果時都還單身，慢慢有了家庭，現在更成了街坊鄰居。」

設計部門的工作環境極佳，好到似乎沒有人離職過。但流動率太低其實是一個問題。強尼曾經坦言，團隊的穩定性讓他感到五味雜陳：「我們當然不希望有人離開，但沒有人走，就不容易有新血流入。應該每隔一陣子就有新人進來，才不會停滯不前。但前提是，要先有人願意離開才行。」[26]

Espresso 美學

人才一一到位之後，設計部門開始為產品勾勒新的設計語言。隨著蘋果推出新的印表機、手持式商品、揚聲器、手持 CD 播放器等等，產品線愈來愈多；之前採淡白色或灰色，機殼多為平面設計的「白雪」風格，如今顯得過時。

設計團隊最後想出一種歐式美學，採不規則的波浪形狀，亦大膽使用彩色與顆粒質感的塑膠質材，稱此風格為「Espresso」（義式濃縮咖啡之意）。

說它是一種設計語言還不恰當，頂多只是東拼西湊的指導方針和最佳實務罷了；簡單講，就是沒有硬性規定的美學。設計師對這個美學雖然說不上來，但一看到就能意會；這道理就好比一般人不知如何定義色情，但一見便心知肚明。

會取名為 Espresso，有兩個可能的原因。官方說法是，設計團隊工作時喜歡喝 Espresso，從咖啡壺的極簡設計得到靈感。

非官方說法的可信度則比較高，正如 90 年代中期在蘋果先進科技部門（Advanced Technology Group）擔任主管的唐恩·諾曼（Don Norman）所說：「設計團隊當時還很嫩，在工作室裡裝了 espresso 咖啡機，成為其他人揶揄的對象。有個老工程師說，那台咖啡機是蘋果『雅痞化』的象徵，開始幫設計團隊取了『Espresso』的暱稱。但好笑的是，設計師不知道自己被消遣了，竟然把它拿來幫新的設計語言定名。」

根據賈伯斯原版麥金塔而升級的麥金塔彩色經典機，正是第一批以 Espresso 風格問世的產品，戴尤里斯為幕後功臣。跟前一版 Mac 一樣，彩色經典機也是一體成型（all in one）的機種。但戴尤里斯把電腦表面拉長，散熱孔做成魚鰓狀，螢幕頂端部分拉高，磁碟槽開口處加寬，更像張著嘴巴一樣。整體外型更加圓滑，個性十足。推出後蘋果迷一片狂熱，使得這台機種成為熱門收藏品。

最具 Espresso 美學風格之處，是主機前端的圓弧形小支腳，宛如象寶寶的小肥腿，將主機朝上傾斜 6 度。正如諾曼所說，支腳讓電腦看起來像「抬頭想得到主人寵愛的寵物。」

但其實，支腳設計是無心插柳柳成蔭。「機殼設計出搥，才臨時加

上去的。」諾曼解釋說。[27]「那時電腦即將進入量產，我們一心只想設計出更薄更平的造型，完全忘了正面還有磁碟槽要考量，電腦前面擺個鍵盤後，就沒有把磁碟插進去的空間了。所以我們在前端加了兩個支腳，將主機向上傾斜，意外讓電腦的外型大大提升……更進一步成為我們的一種設計語言，延續了五年。」

即便是賈伯斯重返蘋果，Espresso 風格依舊催生出新一代的熱銷產品，iMac 正是其中之一。

波莫納專案

強尼接著的大專案是麥金塔 20 週年原型機（Twentieth Anniversary-Macintosh，簡稱 TAM），這也是第一次由設計部門發動的專案，不再由工程部門主導。

「工程與設計兩個部門一起合作，是最理想的情況。」布蘭諾解釋說：「但有時候，他們只是把產品丟給我們美化一下而已，產品長什麼樣子都已經固定了，我們只是幫它做造型。這是蘋果最糟糕的情況。」

布蘭諾希望波莫納專案（Project Pomona）能成為產品開發的分水嶺。「它完全不由工程部門主導，而是設計取向。我們覺得使用者的體驗很重要，希望能著重在這個領域。」

1992 年啟動的波莫納專案，是布蘭諾主持的平行設計調查之一，與「大專案」一樣動員了整個設計團隊，也與幾個外部設計師合作。波莫納專案的目標遠大，希望跳脫電腦屬於辦公室設備的思維，發想出第一台家用電腦。最後的成果是一大勝利，卻也一敗塗地。

90 年代初期，在家使用電腦的人愈來愈多，但機身大多是米白色系，

只適合辦公室隔間。布蘭諾希望改變現狀。「我長年都在思考怎麼讓電腦跳脫箱子的形狀，轉型成更有造型、更適合放在家裡的設備。」布蘭諾說。他希望大家能想出一些居家型的產品概念，「鼓勵消費者在挑選電腦時，心態能像是挑家具或音響一樣。」[28]

此外，桌上型電腦的映像管顯示器又大又笨重，布蘭諾也希望暫時排除在外，而走 CPU 結合平板顯示器的設計方向前進。「筆記型電腦用的都是平面螢幕，我們覺得平面也會成為桌上型電腦的主流。」

1992 年 10 月，布蘭諾把他的構想與標準詳列在簡報紀錄，向自己的團隊與五名外部設計師下戰帖，希望大家發想出設計感最強的桌上型 Mac。

布蘭諾訂的遊戲規則很寬鬆，只要高性能、設計感強即可，但佔的空間愈小越好。布蘭諾規定所有設計都要採用新材料，製作方法也要創新，包含拋光金屬、拉絲金屬、木材、合板等等，以及不同類型的塗裝。他不但把規定降到最少，甚至還要大家跳脫蘋果既定的設計語言。

有個規定倒是很有意思：內部零件的性能要更高，不能使用外接卡擴充性能。大多數的家用電腦消費者嫌麻煩，從來沒有動手擴充電腦效能，所以布蘭諾鼓勵設計師不要納入擴充槽，讓大家更有時間思考如何做出輕薄化設計。

最初的幾個概念產品各有巧妙不同。其中一個的靈感來自經典 Tizio 桌燈，零組件全部集中在底座，螢幕則架在懸吊於空中的支架。另一個則將主要顯示器與零組件藏在金屬外殼裡。

強尼與戴尤里斯合作的概念產品格外有趣。兩人設計出的中階電腦，造型平凡，目的是希望能打造一台價格平民的機種，他們稱之為「家居 Mac」（Domesticated Mac）。

Domesticated Mac

The Domesticated Mac was one of
Jony Ive's first speculative designs for Apple.

「家居 Mac」是強尼加入蘋果不久後的實驗性質設計，
希望電腦跳脫辦公室環境，以家用為主。
© Rick English Pictures

　　為了壓低成本，他們捨棄高單價的平面螢幕，以映像管顯示器為主軸，成品彷彿一個裝了彩色經典機的新潮箱子。「家居 Mac」說有多怪就有多怪，外觀像傳統衣櫥，三個支腳，兩扇對開的門。門打開後就是顯示器，門背後還有插槽可以放多餘的磁碟片。強尼與戴尤里斯還在一扇門巧妙地裝了類比時鐘，可以翻前翻後，所以門不管是打開或是關上，都看得到時間。

　　布蘭諾自己也針對波莫納設計了一款產品，概念緊貼著他所設定的規則，外型輕薄，零組件性能強大。成品是一個波浪狀的寬型外殼，平面顯示器兩旁搭配一對大型立體聲揚聲器。當時市場剛出現 CD-ROM，讓大家對多媒體娛樂存有想像空間；設計出這台兼具音響的電腦正是時候。為了維持扁平機身，布蘭諾提議採用 PowerBook 筆電的零組件；質材方面，他更大膽挑上黑色桃花心木，展現出鋼琴的質感。

　　其他設計師端詳著布蘭諾的成品，覺得它已跳脫電腦的境界，更像是高階音響大廠 Bang & Olufsen 的產品，所以管它叫「B&O Mac」。電腦與音響系統合而為一的設計，在當時是很新穎的概念，設計部門都對這樣的成果雀躍不已。1993 年夏季進行焦點團體測試時，布蘭諾這款設計便已拔得頭籌，最後更在波莫納專案勝出。

　　距離布蘭諾公布最初規則時，如今時間已過了快一年。但好事畢竟多磨，至少設計團隊對這個專案的廣度與深度有了更深入的認識。專案進展一切順利。

　　1993 年夏天，布蘭諾把這款設計交由強尼負責，由他製作出實際產品。強尼當時剛完成牛頓機 110 的設計，接下 B&O Mac 的任務時，知道自己面臨重大的挑戰。他還是回歸設計最根本的環節，思考這款設計想傳達的故事。

　　「從技術面來看，要把一大堆零組件裝進輕薄機殼中，我們都知道

是一大挑戰。」強尼日後回憶說：「但這個案子對精神層面的挑戰更高。就跟第一款麥金塔一樣，這個設計也沒有前例可循。也就是說，我必須為它創造出新的意義。我希望把它精簡再精簡，幾乎讓人忘了它的存在。」[29]

研究到最後，強尼維持了布蘭諾的設計精神，但幾乎所有細節都調整過。按照布蘭諾的設計初稿，電腦的外觀應該寬而呈圓弧狀，佔據整個桌面。但強尼把比例修正過，設計外型更高更狹長。他更動底座支架的尺寸，添加了樞軸，讓支架也能當成手把——手把也是強尼日後設計的一大主軸。他還重新設計了背板，增加了 CPU 與主機板的空間。

1994 年 4 月，整個冬天都埋首在這個設計的強尼，將成品交給兩位產品工程師製成原型機。原型機出爐時，一名行銷主管提出內部產品簡報，正式稱之為「斯巴達克斯」（Spartacus）。經過十一個月的努力後，一切準備就緒，當初的概念總算可望落實為產品。

就在此時，斯巴達克斯機遇到第一個大難關。為了維持機身輕薄，強尼原本計畫採用 PowerBook 筆電的零組件；卻發現做成原型機後，效能嚴重不足。當時的筆電零組件落後桌機零組件至少一個世代，因此斯巴達克斯機運作起來異常緩慢。畫面品質尤其低落，因為礙於平面外型，無法像桌機一樣使用繪圖卡擴充。這個問題不可謂不大，畢竟斯巴達克斯機未來要以桌上型電腦銷售，若不能達到同等級的效能，消費者恐怕無法接受。

強尼改採一般桌機的電路板（針對 Performa 6400 所設計），但這時又冒出新的問題。行銷部門說，無法搭配擴充卡的桌機沒有市場。儘管布蘭諾說對了家庭使用者不愛擴充的習性，但行銷部門卻認為，桌機無法擴充等於必死無疑。為了搭配兩個擴充卡，強尼不得不設計出放在背後的夾式擴充裝置（hunchback），可以插上所有可能用到的擴充卡。這個

私底下被稱為「背包」（backpack）的附加裝置，會隨主機出貨。

　　「在不更動背板的情況下，整台電腦可以做到效能強大但外觀輕薄的效果。」強尼說：「但插上擴充裝置後，就變成效能超強的系統，藉由機身外頭的擴充卡讓功能進一步升級。」[30] 這番話聽起來像設計師在睜眼說瞎話，明明是個難看至極的裝置，強尼卻還得強顏歡笑為公司找藉口。

　　儘管背部擴充裝置很彆扭，但設計團隊依舊看好斯巴達克斯機的前景。1994 年向管理層簡報時，大家還做了更大與更小的版本，說明可以把這個設計發揚光大，發展成一系列的桌上型產品。

　　設計過程到了每個環節，他們都遇到工程部門的阻力。「中階主管一層又一層，許多都出身於戴爾或惠普，不瞭解以設計為導向的產品開發工程。」布蘭諾解釋說：「他們習慣把產品套上一層便宜的金屬機殼，因為他們以前在戴爾就是這麼做的，還不是照樣大熱賣？他們對我們的做法並不認同，而當時資深管理層也沒插手干預，所以第二、第三層的人會起爭執。」

　　布蘭諾最後體認到，由自己擔任斯巴達克斯機的產品主管，才有辦法更順利地推動這個產品。「它不是任何一個產品部門的產物，結果變成三不管地帶。」布蘭諾說：「蘋果的產品推動流程是這樣的：某某產品是否會納入開發藍圖，由某某產品部門決定。你必須要準備好簡報，向某某部門介紹。我的功能就像產品行銷人員，向大家介紹、推動這個產品。」

　　斯巴達克斯機做好上市的最後準備時，大家又發現整合揚聲器出現一個大問題。提高音量時，內部光碟機會有跳針的問題，讓設計團隊煩惱了好幾個月。所幸後來有名來自博士（Bose）音響的工程師建議使用更小的揚聲器，再外加一個剛好納入變壓器的副低音揚聲器。問題解決，

斯巴達克斯機只要 40 瓦電力就能有環繞音響的效果。

一連串的設計變動，使得新的原型機直到 1995 年 12 月才做出來。這時大家又決定加裝新一代的電路板與更大的液晶螢幕。1996 年 6 月，第二代原型機總算出爐。

三年多來，強尼與其他同仁經手過不同的產品原型，原本搭配桃花心木邊的深灰機殼設計，如今看起來已經過時。他們也有其他顧慮。「有些設計師覺得顏色太強烈。」強尼回憶說：「但這個設計我們每天從早看到晚，實在無法決定哪個顏色比較好。」[31]

設計部門請來一家色彩顧問公司協助，對方提出一個很好的建議，要設計團隊別把焦點放在電腦本身的顏色，應該取決於電腦周遭環境的顏色才對。為了找到最適合的顏色，顧問公司用了布料、木頭、皮革、地毯等材質測試，代表一般住家經常會出現的色系。他們把幾台原型機上色，在不同燈光下與每個材質的色系進行比較。最初的十二個選項逐一淘汰後剩下三個，最後選定金屬金綠色。金綠色散發金屬光澤，有如變色龍一樣，會依據周遭環境的顏色改變，擺在任何房間都不突兀。黑色皮革亦取代桃花心木成為邊框材質，可望更耐磨。

設計部門起初對完成品喜愛有加，覺得這台多功能電腦兼具優異的娛樂系統，擺在市場是屬於高階、高品質的產品。最新機種有電視／廣播調鈕，可以在電腦、音響、電視三者中轉換。帕西總結它的功能與品質時說：「它的外型結構很複雜，看起來卻如行雲流水。前端看上去很簡單，卻能讓使用者感受到它所蘊含的威力；機身極為輕薄，但看背後就知道它能輕鬆撐起重量，每個曲線、每個細節都有設計底蘊。」

強尼看到的層面更深。他說：「這款產品徹底挑戰了我們的觀點。」

1996 年 8 月，第三代原型機總算進入生產線，證明它可以量產。9 月，模具開發完成，最終設計於 12 月拍板定案。距離布蘭諾當初提出

Twentieth Anniversary Mac

Another of Jony's early major projects, the Twentieth
Anniversary Mac was Apple's first flatscreen computer.

20 週年紀念機是強尼早期的重大設計，也是蘋果第一款平面螢幕電
腦。雖仍以家用機種為訴求，但礙於定價與行銷策略不佳，最後草草
下市。
© Rick English Pictures

設計概念已過了四年多。

隨著眾所矚目的麥金塔 20 週年紀念即將到來，蘋果決定把斯巴達克斯機定調為紀念機種，並正式取名為「麥金塔 20 週年紀念機」，限量 20,000 台。蘋果於 1997 年 1 月公布這款產品，前兩台贈送給剛回鍋擔任顧問的賈伯斯與沃茲尼克（Steve Wozniak）。

為了創造記憶點，蘋果請經過特訓的「產品總管」親自送達顧客家裡，負責架設機器、安裝擴充卡（與那個其貌不揚的後置裝置），並教顧客使用方法。

「我覺得市場很久沒看到這麼聰明的電腦設計了。」香港平面設計大師亨利・史坦納（Henry Steiner）說：「外型漂亮又迷人，擁有它就像開保時捷（Porsche）一樣有地位。電腦、電視、音響三合一的功能，讓人驚艷。」

跟牛頓機一樣，麥金塔 20 週年機追隨牛頓機的腳步，不但市場一片叫好，也贏得許多獎項，包括《工業設計》年度回顧的產品類別大獎。

沃茲尼克覺得這款產品「結合電腦、電視、廣播、CD 播放器等功能（甚至可看影片），全都集中流線型的機身」，是最完美的大學生機種。他自己就有好幾台放在矽谷洛斯加圖斯區（Los Gatos）的山上住宅。但到最後，沃茲尼克似乎是這款電腦的唯一擁護者，產品推出一年後便草草下市。

紀念機在市場慘遭滑鐵盧，表現遠低於當初預期。原本定價 9,000 美元，不到一年便跌至 2,000 美元以下。紀念機原本是設計部門眼中的主流產品，卻被行銷部門推成高價紀念機。這成了布蘭諾的最後一根稻草，他千辛萬苦把紀念機從概念提攜到產品，卻被蘋果毫無章法的企業文化糟蹋，於是心生退意。

再見了，布蘭諾

紀念機即將上市之際，布蘭諾選擇離開了蘋果，加入幾個月前不斷向他招手的國際著名設計公司：五角設計（Pentagram）。

布蘭諾的離職醞釀了好幾個月。1996 年初，他開始放長假，雖然在秋季重回工作崗位，但蘋果與設計部門的情況每況愈下，大家都很氣餒。布蘭諾於當年 12 月離職，其他兩名資深設計師甚至早他一步離開。

促使布蘭諾離職的關鍵無疑是紀念機。他千辛萬苦將產品推出上市，市場表現卻一塌糊塗，他認為是產品定位出錯與定價過高所致。「它打從一開始就不應該定位成紀念機種。」布蘭諾說：「應該屬於中高階的主流產品才對……它的設計挑戰了既有觀念、有前瞻性，預示了六、七年後才會出現的產品。」

更重要的是，設計部門在過程中倍感壓力，也不斷為理念發聲，力求要從這個產品開始改造蘋果的企業文化。他說：「我們設計部門在那時決定不要聽命於其他部門，要提出並落實自己的概念，把很多人惹毛了，但也讓很多人開了眼界，終於知道產品開發若以設計為導向，可以做出多好的成品。」

從紀念機的下場可看出，蘋果已經變成亂無章法的企業。產品推出不易，工程師與主管也經常爭執不下。

「我會離職有兩個原因。」布蘭諾解釋說：「一個是工作變得很無趣，講一句實話，我已經沒興趣了。我耗在主管會議的時間愈來愈多，只要半小時的會卻常常搞了八個小時。我覺得自己愈來愈渺小，在浪費自己的人生。我這個人如果討厭一份工作，就沒辦法像行屍走肉一樣硬撐下去。」

隨著布蘭諾離職，蘋果內部愈來愈混亂。內部再度傳出應該再找知名設計師來增加光環的聲音，就像五年前把布蘭諾找來助陣一樣。但布蘭諾反對空降部隊，認為這樣會逼走大多數的團隊成員。再說，蘋果已經有明星級的設計人才了，主導權應該交棒給他的副手──強尼。

「他的領導風格很低調，大家也很敬重他。」布蘭諾說：「我不是不看好其他人，但強尼是我心目中的唯一人選。」

有些蘋果人覺得強尼太年輕，經驗也還不成氣候。他當時才 29 歲，但默默付出的作風深受布蘭諾賞識，因此受到他的推薦。

「他固定有高水準的表現，而且非常有企圖心。」布蘭諾說：「他不像很多人把野心寫在臉上，但對於目標同樣有極大的堅持，要做就要做到好。」

最重要的一點是，強尼具有布蘭諾所謂的「全方位思維」，能看到大局，也能注重細節。

「強尼是個手工很巧的人。」布蘭諾解釋說：「他喜歡看到全貌，但也欣賞細微之處，會到工廠去瞭解每一個螺絲的確切位置……我打從心底知道他有成功的特質。」

換句話說，強尼具備在企業環境裡闖出一片天的能耐。為了做出成品，他願意參加一個又一個的會議，跟中階經理人力抗到底。

「如果蘋果請獵人頭公司找來一個大設計師，給他一大筆薪水，肯定會很慘。」布蘭諾說。

強尼最後升官成功。「那算是我當時的設計生涯中，做過最好的推薦之一。」布蘭諾說。

布蘭諾留下的設計文化，適足以幫強尼更上一層樓。「回顧蘋果的設計史，布蘭諾時代（1990 年至 1995 年）是最多產、最有趣的一段時

期。」康可在《蘋果設計》寫道:「設計部門成為全球能見度最高、最著名的企業內部設計部門。得獎數目比整個電腦產業的總和還要多,設計水準已達無人能敵的境界,唯有自我追求突破才能更進步。」蘋果一連串技術領先、深獲市場迴響的產品,等於是在為未來的產品藍圖鋪路,例如 PowerBook 是 MacBook 的前身,20 週年紀念機催生出平面螢幕的 iMac,而牛頓機則相當於 iPhone 與 iPad 的原型。

或許更重要的一點是,布蘭諾打造了設計工作室,找來優秀人才,奠定了設計文化。「布蘭諾不只是幫強尼的設計團隊打地基而已,他根本是建造了堡壘。」葛林爾說:「多虧他的功勞,企業內部的設計團隊變成一種很酷的組織。」[32]

布蘭諾自己在設計路上也沒鬆懈。1996 年成為五角設計舊金山分公司的合夥人,曾幫亞馬遜(Amazon)設計出第一款 Kindle;也曾與耐吉(Nike)和 HP 等眾多大企業合作。2007 年,布蘭諾協助 Beats by Dr. Dre 品牌設計耳機,在市場掀起一陣旋風。2007 年年中,他在舊金山成立設計公司 Ammunition,客戶有邦諾書店(Barnes & Noble)、拍立得(Polaroid)和居家用品零售商 Williams-Sonoma 等等。他個人也贏得許多設計大獎,作品更被列入紐約現代藝術博物館與舊金山現代藝術博物館的永久收藏。

但布蘭諾總愛開玩笑說,日後人們如果記得他,只會因為他是把強尼帶進蘋果的人。「等我死後墓碑上要寫著:『雇用強尼・艾夫的那個人!』」

亂象叢生

布蘭諾離職的正是時候。強尼接棒不過幾天,蘋果便提出預警,該年(1995 年)聖誕假期的買氣會大幅低於預期,原因是市場充斥大量的低價低階機種,但高毛利的 PowerBook 與高階桌上型電腦機種卻供貨不足。

「人人都在買賓士,但我們的倉庫卻塞滿了 Yugo 國民車。」時任行銷部門副總的薩吉夫・卡利爾(Satjiv Chalil)說。[33]

在此之前的蘋果,業績紅不讓。但經過了那年第四季的淒慘表現之後,營運表現連續兩年直直落。不只營收大跌,股價急轉直下,執行長更因表現不佳而頻頻換人。蘋果這一跤,跌得又快又慘。1994 年,蘋果在市值高達數十億美元的個人電腦市場裡,市占率逼近 10%,是全球第二大電腦製造商,僅次於市場龍頭 IBM。

但在 1995 年,微軟公布了最新版作業系統 Windows 95,一推出便在市場造成轟動。微軟抄襲 Mac 作業系統已非頭一回,最明目張膽的剽竊之作就屬 Windows 95 了。一旦電腦安裝了這套作業系統,功能與 Mac 便相差無幾。於是搭配 Windows 95 的電腦以實用為訴求,在市場狂賣;而蘋果的機種高貴又與主流不相容,反而乏人問津。

微軟將作業系統授權給數十家硬體製造商,後者在競爭激烈的市場中紛紛壓低電腦售價。為了逆境求生,蘋果不得已把麥金塔作業系統授權給幾家電腦製造商,包括 Power Computing、摩托羅拉、Umax 等等,但 Mac 的市占率依舊沒有起色。

1996 年第一季,蘋果虧損高達 6,900 萬美元,1,300 名員工遭到資遣。2 月,董事會開除之前接任史卡利的執行長麥可・史賓德勒(Michael

Spindler），接替人選為晶片產業老將、善於將企業起死回生的吉爾‧艾密里歐（Gil Amelio）。

但艾密里歐掌舵一年半，不但沒有功績，而且還到處顧人怨。蘋果虧損 16 億美元，市占率從 10% 進一步大跌至 3%，股價更是一瀉千里。艾密里歐任內裁掉數千名員工，但根據《紐約時報》報導，他自己的薪資與福利卻約有 700 萬美元之譜，股票市值達 2,600 萬美元。他砸下重金翻修主管辦公室，不久後更被人發現，他離職後還能拿到大約 700 萬美元的補償金。《紐約時報》指出，員工認為當時是蘋果的治理「腐敗期」。

蘋果內部各自為政，下分為數十個部門，各有各的算計，且常常互相衝突。更糟糕的是，蘋果這時走的是極端民主的路線，或多或少是為了避免賈伯斯的極權作風；蘋果不再是上面說了算，轉型為由下而上的管理方式。

每個決策必須取得每個相關部門的共識才能落實。另外還成立了指導委員會，負責輔導新產品從研發到上市的過程。產品設計師泰瑞‧克利斯坦森（Terry Christensen）這麼說：「很多人覺得賈伯斯的作風過於霸道偏頗，整個專案都由一個人主導。不管掌權的是賈伯斯或哪個有遠見的領導人，難免會導致產品顧此失彼，創作者的優缺點從中顯露無遺，第一款 Mac 就是明證。如今有了指導委員會，專案的所有環節，舉凡工程、軟體、行銷、產品設計、工業設計、製造等等，都能受到全盤考量，每個開發階段需要各方討論、凝聚共識。」[34]

事後證實，產品開發講究共識是一個非常疊床架屋的過程。每次提出新產品的構想，必須要擬定行銷、工程、使用者經驗等三份需求報告書。青蛙設計創意部門資深副總馬克‧羅斯頓（Mark Rolston）一言以蔽之：「行銷是看消費者想要什麼，工程是看我們能做出什麼，使用者體驗是

看消費者想要怎麼做。」[35]

　　三份需求報告書備妥後，上呈由各主管組成的指導委員會審查。通過的案子會委派一名小組負責人，而設計部門會取得一筆預算。之後再送回行銷、工程與使用者體驗部門進一步規劃。諾曼說：「小組會以這三份需求報告書為基礎，再加入自己的計畫，說明會如何因應行銷、工程與使用者體驗的需求，包括上市日期、廣告週期、價格細目等等。」[36]

　　諾曼說，從某個程度來看，這是一個「結構完整的流程」，但他也承認有缺點。這個流程不僅緩慢繁瑣，勢必也造成各方的妥協折衷。每個小組都有自己想做的方式，功能愈加愈多，結果導致產品四不像。

　　「做生意的人想製造出迎合每一個人的產品，導致產品高不成低不就。」布蘭諾說：「什麼都要講共識，難怪很少有一等一的作品。」[37]

　　就算有絕佳的好點子，要做出成品也根本是不可能的任務。諾曼舉了一個例子。

　　「我印象很深刻，有一天強尼來找我。」諾曼說：「那時購買高階蘋果產品的顧客喜歡把機器拆開，加裝記憶體、繪圖卡或另一個處理器等等。但拆開主機很麻煩，還得拆下一些零組件才能看到記憶體。強尼想出了解決之道，將桌上型電腦以兩個扣件固定，拆解容易，增加或更換記憶體變得更輕鬆。我覺得很棒。

　　但問題是，硬體部門拒絕製造這個設計。於是強尼和我找遍全公司的每一個副總，希望能說服他們。如果他們說這個設計的成本太高，強尼會拿出價格分析表，說明製造成本其實不高；如果他們說製造與出貨時間太長，強尼則會指出他已經跟工廠談過，對方願意挪出時間配合生產。這樣的攻防過程持續了幾週，執行長最後才決定採納強尼的構想。但那是蘋果以前的做法，現在不可能這樣了。」

　　輕鬆就能拆卸主機的構想，最後催生出 Power Mac 9600 系列，於

eMate

The eMate was Apple's first translucent product.
Jony felt that translucency made a product less mysterious and more accessible.

eMate 是蘋果第一款半透明產品，
強尼認為半透明機殼能增加產品的親和力。
© Rick English Pictures

1997 年 8 月推出，之後更成為麥金塔塔型機種設計的主軸。

縱使構想再新再好，有時也會被各自為政、層層上報的企業文化所糟蹋。設計部門在 90 年代末發想出的產品中，最有趣的當屬 eMate 了。這款以學童為目標市場的小筆電，售價低廉，外型為貝殼狀的圓弧曲線，機殼則以半透明的綠色塑膠製成，可以看到內部結構，也是後來第一款 iMac 的靈感來源。eMate 讓人看了愛不釋手，每個人都想要一台，但市場表現奇慘。

「這個設計雖然是由設計部門主導，卻得不到市場認同，原因在於沒有找到適合的負責人。」諾曼說：「各部門之間吵個不停，是要跑牛頓機的軟體，還是跑蘋果 OS 軟體？它在市場上的競爭產品是哪一個？就是沒有人站出來說：『這是一款很適合學校市場的好電腦。它應該採用哪一套軟體？小孩子應該怎麼用？』沒有人從孩子的角度來思考它的使用方式，再看看應該有什麼樣的功能。在內部缺乏一致戰線的情況下，eMate 只好失敗收場。」

eMate 雖然是獨一無二的產品，但它算是布蘭諾離職後那段過渡時期的特例。大多數產品都跟其他企業的差不多，了無新意，可看出工程導向的企業文化依舊深植在蘋果，設計部門只是幫忙做出外殼罷了。

在日益惡化的工作環境下，還得想辦法做出好的設計，讓強尼開始大感吃不消。接手設計部門才幾個月，他也萌生退意。

「當時的蘋果一點創造力也沒有。」強尼說：「我們找不到自我，反而是在看競爭對手怎麼做。」[38] 艾密里歐不懂設計，「公司想盡辦法要把毛利拉高，讓人感受不到對產品的細心呵護。他們只是要我們這些設計師做個模型，讓產品有個外觀罷了。然後再交給工程師，製造成本拉得愈低愈好。我差點就要走人了。」[39]

所幸，新老闆強恩・魯賓斯坦（Jon Rubinstein）及時慰留他。剛加入蘋

果擔任硬體部門主管的魯賓斯坦（他在賈伯斯的 NeXT 也擔任同一個職位）幫強尼加薪，還保證情況一定會有改善。

「我們告訴他，在改革公司的舊習時會出現陣痛期，一旦撐過去，我們會締造歷史。這是我們把他留在蘋果的說法，另外還跟他說，設計日後將是公司的核心價值。」[40]

魯賓斯坦的承諾確實成真，那個花三年才能把產品推出上市的年代總算落幕了。之後幾年，新產品與新構想的執行程度只能以令人咋舌來形容，許多都是出自強尼那副創意無限的腦袋。

reference

1. John Markoff, "At Home with Jonathan Ive: Making Computers Cute Enough to Wear," http://www.nytimes.com/1998/02/05/garden/at-home-with-jonathan-ive-making-computers-cute-enough-to-wear.html, published Feruary 05, 1998.

2. Paul Kunkel, AppleDesign, (New York: Graphis Inc., 1997), p. 81.

3. Interview with Robert Brunner, March 2013.

4. Ibid.

5. Ibid.

6. Interview with Rick English, December 2012.

7. Ibid.

8. Paul Kunkel, AppleDesign, 229–30.

9. Ibid.

10. College of Creative Arts, Massey University, http://creative.massey.ac.nz.

11. Kunkel, AppleDesign, 253.

12. Interview with Robert Brunner, March 2013.

13. Ibid.

14. Ibid.

15. Kunkel, AppleDesign, 253–56.

16. Ibid.

17. Ibid.

18. Ibid.

19. Ibid., 256.

20. Ibid.

21. Ibid.

22. Kunkel, AppleDesign, 258.

23. Interview with Rick English, December 2012.

24. Poornima Gupta and Dan Levine, "Apple Designer: iPhone Crafters Are 'Maniacal'," http://www.reuters.com/article/2012/08/01/us-apple-samsung-designer-idUSBRE87001O20120801, July 31, 2012.

25. Kunkel, AppleDesign, 266.

26. Ibid., 265.

27. Interview with Don Norman, September 2012.

28. Paul Kunkel, AppleDesign, 272.

29. Ibid., 274.

30. Ibid., 275.

31. Ibid., 272–77.

32. Interview with Clive Grinyer, January 2013.

33. Jim Carlton, Apple: The Inside Story of Intrigue, Egomania and Business Blunders (HarperBusiness, 1997), p.412.

34. Kunkel, AppleDesign, p.65.

35. Daniel Turner, MIT Technology Review 2007, http://www.technologyreview.com/Biztech/18621/, May 1, 2007.

36. Ibid.

37. Ibid.

38. Rachel Metz, "Behind Apple's Products is Longtime Designer Ive," Associated Press, http://usatoday30.usatoday.com/tech/news/story/2011-08-26/Behind-Apples-products-is-longtime-designer-Ive/50150410/1, updated 8/26/2011.

39. Isaacon, Steve Jobs, Kindle edition.

40. Interview with Jon Rubinstein, October 2012.

第五章
賈伯斯重返蘋果
——燃燒的設計魂

jobs returns to apple

要做得不同很簡單，要做得更好卻很困難。

—— 強尼・艾夫

1997 年 7 月 9 日清早，蘋果召集數十名高階主管在總公司禮堂開會。只見擔任執行長一年半左右的艾密里歐，拖著沉重步伐走上台說：「本人在此宣布即刻離職。」語畢隨即黯然離開現場。蘋果董事會剛朝他開鍘，請他走人。

臨時執行長傅瑞德・安德森（Fred Anderson）講了幾句話後，請賈伯斯上台。賈伯斯的軟體公司 NeXT 在經營不善時被蘋果買下，進而延請賈伯斯擔任公司顧問。如今董事會送走了艾密里歐，再度請他回鍋擔任執

行長。

台上的賈伯斯穿著短褲、布鞋，臉上是留了好幾天的鬍渣，一副流浪漢模樣。距離他當初遭到罷黜，轉眼已經過了十二年，那一天是 7 月 4 日。

「蘋果到底出了什麼錯？」他對著大家說。但沒等眾人回話，他就說：「是產品！我們的產品太爛了！完全沒有吸引人的地方。」

強尼坐在後排，已萌生退意的他正想著跟妻子搬回英國，但思緒突然被賈伯斯的一句話打斷。那句話是：蘋果將回到初衷！「我記得很清楚，賈伯斯說我們不能只是向錢看而已，更要製造出一流的好產品。」強尼日後回憶說：「抱持這樣的理念，決策自然會跟過去大不相同。」[1]

蘋果的改革之路從產品陣容開始。賈伯斯重掌蘋果時，公司旗下共有 40 種產品，包山包海，產品策略讓人摸不著頭緒，光從電腦產品就能看出端倪。

電腦產品涵蓋 Quadra、PowerMac、Performa、PowerBook 四大系列，每個系列有十幾個型號，每個型號又有讓人有看沒有懂的名字，例如 Performa 5200CD、Performa 5210CD、Performa 5215CD、Performa 5220CD 等等，活像是新力的產品型錄。這還只是電腦而已。蘋果還把觸角延伸到各個產品領域，舉凡印表機、掃描器、顯示器、牛頓掌上型電腦等等，什麼都賣。

賈伯斯覺得這樣沒有意義。

他接著說：「我剛到蘋果時發現產品多到數不清，太誇張了。我問其他人：為什麼要向顧客推薦 3400，不推薦 4400？什麼時候應該升級到 6500，而不是 7300？摸索了三個禮拜，我還是搞不清楚產品線。我都搞不懂了⋯⋯消費者怎麼會懂？」[2] 有鑑於產品線錯綜複雜，蘋果只好印製詳盡的流程圖，以便向顧客解釋產品的區別（也是員工的小抄）。

　　產品陣容一團亂，公司組織更呈現無政府狀態。此時的蘋果已成了大而無當的財富五百大企業，工程師多達數千人，經理人人數更多，職責重疊的情況並不少見。大多數員工都是極為優異的人才，卻缺乏一個發號施令的中心。「賈伯斯之前的蘋果優秀又有活力，同時卻又混亂、群龍無首。」諾曼回憶說。

　　事實上，重整過程在賈伯斯回鍋前已經展開。他趁勝追擊，針對產品設計、行銷和供應鏈等逐一檢視。為了徹底檢討產品線，他把產品團隊逐一叫進大會議室裡討論。產品團隊通常由二十或三十人組成，先針對負責產品提出說明，並回答賈伯斯與其他主管的提問。起初他們想做投影片簡報，但賈伯斯覺得這樣只是照唸，沒有意義，立刻嚴禁使用投影片。他比較喜歡聽人介紹，邊聽邊提問題。這些會議進行了幾次，賈伯斯很快便發現：蘋果是艘缺乏方向舵的大船。

　　過了幾週，一場大型策略會議開到一半，賈伯斯再也受不了。

　　「夠了夠了！根本是胡亂一通！」他大吼。

　　他從椅子上跳起來，在白板上簡單畫了年營收的圖表，數字從 120 億美元一路降到 100 億美元，又跌到 70 億美元。賈伯斯解釋說，蘋果的營收在 120 億或 100 億時會虧損，但如果年營收 60 億美元，反而有機會獲利。

　　言下之意，產品線必須徹底瘦身。但該怎麼做呢？賈伯斯把白板擦乾淨，畫了一個四宮格，上面兩格分別寫下「一般消費者」和「專業人士」，下面兩格則寫下「可攜式電腦」和「桌上型電腦」。

　　他說，這就是我們全新的產品策略。蘋果以後只銷售四款產品，兩款筆記型電腦，兩款桌上型電腦，又分專業人士與一般消費者機種。

　　他大刀一揮，把蘋果砍得只剩皮包骨。艾密里歐掌權下的蘋果，產品線的規劃愈多愈好，但賈伯斯卻反其道而行，一個動作便把數十個軟

體專案打入冷宮，硬體產品幾乎全數淘汰。接下來一年半，他總共解雇了四千兩百多名全職員工。到了 1998 年，員工數量下降至 6,658 人，相較於 1995 年的 13,191 人，腰斬一半。[3] 精簡手段雖然激烈，但總算把公司財務救回可控制的範圍。

1997 年底，賈伯斯淘汰了牛頓掌上型電腦，是他重掌兵符才幾個月裡最受爭議的決策。牛頓機這時已來到第七代，但艾密里歐考量它打從一開始就賠錢，想把它出脫自成一個部門，卻在最後一刻收手。賈伯斯擔任公司顧問時，就曾說服艾密里歐停產牛頓機，因為這款產品怎麼用還是不順手，而且還有他最討厭的觸控筆。儘管牛頓機擁有一小群粉絲，市場普及度卻始終不高；更何況在賈伯斯眼中，牛頓機是史卡利的心血，就算它是史卡利於執行長任內唯一的創新之舉，依舊有如芒刺在背，除之而後快。

要淘汰高人氣商品，大多數主管都會考慮再三。消息傳出後，牛頓機的粉絲高舉標語（其中一條寫著「牛頓牛頓我最愛」），手持擴音器，湧進蘋果總公司的停車場。受惠於 Palm Pilot 等手持式裝置的成功，掌上型電腦愈來愈受歡迎，但賈伯斯認為牛頓機會導致營運失焦，他希望把火力集中在核心產品──電腦。

賈伯斯重新聚焦於創新產品，但他不想搶食個人電腦的紅海市場。那塊大餅已經被許多電腦製造商拿下，大量生產搭載微軟 Windows 作業系統的電腦，看起來大同小異。這些企業打的是價格戰，不管產品特點或好不好用，在賈伯斯心中，這是一條向下沉淪的不歸路。

他認為，精心設計與製造的電腦好比豪華房車，也有屬於自己的利基市場與獲利空間。開 BMW 和雪佛蘭都能到達目的地，前者售價雖然比後者高出一倍，但還是有人願意花大錢買，感受更好的乘車體驗。與其生產大眾化機種，跟戴爾、康柏和捷威（Gateway）等企業短兵相接，還

不如生產出一流的高毛利產品，把獲利投入研發更好的一流產品。與其銷售500美元的電腦，不如集中銷售3,000美元的電腦。即使銷量比較少，獲利卻高出許多，對蘋果何樂而不為。

高階化策略明顯對公司財務是一大助益。產品線愈少，庫存數量就愈少，立刻顯現在獲利上。短短一年，庫存金額就省下了3億美元，倉庫更不用堆滿滯銷的產品，等著日後打消。

賈伯斯的設計魂

賈伯斯的蘋果大計不僅照顧到財務面而已，他還計畫提升工業設計的地位，讓蘋果藉此捲土重來。回顧1976年到1985年賈伯斯執掌蘋果時期，不難發現設計從那時起便深植於他的人生。

賈伯斯不像強尼曾接受正規設計訓練，但他從小就對設計很敏銳，也發現好設計不只是外型而已。強尼從小受父親薰陶，賈伯斯的設計觀也來自父親的影響。

「我的父親喜歡把事情做到好，對於看不見的地方也同樣在意。」賈伯斯回憶說。如果他的父親要築一個圍欄，那麼正面、背面都得一致。「若想在夜裡睡得安穩，美學、質感必須裡外一致。」[4]

賈伯斯的童年老家有知名建築商約瑟夫·艾克勒（Joseph Eichler）的風格。艾克勒是戰後的建築商，於50、60年代將現代建築美學引進加州，蓋了許多風格獨特的房子。賈伯斯當時的住家雖然只是模仿艾克勒建築的風格，卻在他心中留下深刻印象。他曾如此描述童年的家：「它設計很出色，功能簡便，同時價格又平民化。這正是蘋果的初衷。」[5]

賈伯斯眼中的設計，不能只是虛有其表。他有句經典名言：「大多

＊譯註：早期的汽車需要搖動引擎的曲柄才能發動，麻煩又危險。

數人誤以為外觀做得好就是設計，一切都看表面，設計師拿到產品只要把它做得漂漂亮亮就好。但我們心目中的設計並不是這樣。設計不只是外觀跟觸感而已，也要講究使用經驗。」[6]

研發麥金塔電腦時，賈伯斯開始認真考慮人性化的工業設計，希望使蘋果更貼近消費者，開箱立即可用，與早期競爭者（如 IBM）那種華而不實的電腦有所區隔。

1981 年，個人電腦革命未滿五年，美國只有 3% 的家庭擁有個人電腦（包括 Commodore 與 Atari 等以遊戲為主的電腦），只有 6% 的美國民眾在家中或工作場合碰過電腦。這看在賈伯斯眼中，無疑是家用電腦的龐大商機。他說：「IBM 大錯特錯。他們把電腦當成資料處理機銷售，電腦應該定位成個人工具才對。」[7]

賈伯斯和旗下首席設計師傑瑞・馬諾克（Jerry Manock）投入麥金塔電腦的研發工作，限定必須遵守三條設計原則。為了降低售價與生產容易，賈伯斯向偶像亨利・福特（Henry Ford）的 T 型車（Model T）取經，堅持麥金塔只能有單一構造，要成為一款「沒有曲柄的電腦」*。照理說，使用者應該把電腦插上電源、按鈕一按，電腦就能運作。他心目中的麥金塔是全球第一台一體化電腦，螢幕、磁碟機和電路系統全部裝在同一個機殼，還配備有可插拔的鍵盤和滑鼠，插在機器後頭即能使用。此外，電腦不能太佔桌面空間，故賈伯斯與設計團隊認為麥金塔應該垂直延伸，把磁碟機裝在顯示器下方，跟當時其他電腦習慣安裝在側邊的做法不同。

設計過程長達好幾個月，原型機做了一個又一個，討論也似乎無止無盡。評估機殼材質之後，決定採取用於樂高積木的 ABS 塑料，不僅堅固，也能呈現細緻、防刮的觸感。考量之前的 Apple II 日曬太久會變成橘黃色，馬諾克把麥金塔做成米白色，為日後二十年的蘋果產品色系揭

開序幕。

跟日後的強尼一樣，賈伯斯對每個設計細節非常要求，甚至連滑鼠形狀也做得跟電腦本身相似：不但比例一致，上面的方形按鈕也與顯示器的形狀和配置互相呼應。電源開關設在機身後方，避免不小心被關掉，尤其小孩子好奇心旺盛，特別喜歡按來按去。體貼如馬諾克，還在開關附近留下一片光滑區域，方便使用者摸一摸就能找到位置。「如何把普通的產品做成工藝品，就是要靠這樣的細節。」馬諾克說。[8]

麥金塔正面看似一張臉，磁碟槽開口彷彿嘴巴，鍵盤剛好可以卡進螢幕下方，有如下巴，賈伯斯看了愛不釋手。麥金塔就像掛著一張笑臉，看起來更「親民」。「賈伯斯雖然沒有在這個設計裡動筆畫過一條線，但他的構想與靈感卻是最大功臣。」設計師泰瑞‧歐亞瑪（Terry Oyama）日後說：「老實說，直到賈伯斯跟我們提點後，我們才知道電腦為什麼要『親民』。」[9]

麥金塔的概念從 1979 年萌芽，直到 1984 年 1 月才上市，設計過程耗時五年，卻是賈伯斯展現設計理念的處女作；無奈，竟成了他的告別之作。1985 年 9 月，麥金塔推出大約一年半後，賈伯斯在董事會鬥爭失利，繼任的執行長是前百事可樂行銷總裁、被賈伯斯延攬到蘋果的史卡利。但即使人不在蘋果，賈伯斯的設計理念依舊有潛移默化的作用。

賈伯斯下台前曾提到，70 年代工業設計的全球霸主是義大利的奧利維蒂（Olivetti），蘋果在 80 年代要做到同樣的境界。設計是 80 年代的顯學，在歐洲更是百花齊放，由建築師與設計師組成的團體如「孟菲斯幫」（Memphis Group）[10]，以大膽鮮豔的作品贏得不少掌聲，有人甚至形容他們是包浩斯學派與玩具品牌費雪（Fisher-Price）的結合，功能與玩心兼具。[11] 1982 年 3 月，麥金塔上市兩年前，賈伯斯認為蘋果若要有一致化的設計語言，必須請世界級的工業設計師助陣。

蘋果當時的硬體產品一團亂，Apple II 部門、麥金塔部門、Lisa 週邊產品各有設計師，理念亦不相同，導致產品沒有統一的風格，彷彿來自四家不同企業，讓賈伯斯大為光火。

賈伯斯要馬諾克籌辦一場設計大賽，參賽者必須設計出七款產品，各以白雪公主故事裡的七矮人命名。會想到這個點子，是馬諾克有次讀白雪公主給小女兒聽時的靈感。賈伯斯很喜歡，因為這些名字會讓人聯想到畫面，覺得產品很有特色、有親切感，也極具個性。

打從一開始，艾斯林格就從參賽者中脫穎而出。這位 35 歲左右、來自德國的工業設計師，跟賈伯斯同樣是大學中輟生，參賽前已因設計電視機與其他消費性電子產品而小有名氣，客戶包括新力與 Wega（德國家電品牌，後經新力收購）。他為 Wega 設計的一款電視機採亮綠色塑膠機殼，被 Wega 執行長暱稱為「青蛙」。想必也是這樣的淵源，艾斯林格之後創業才把公司命名為青蛙設計；而青蛙「FROG」，正好也是德意志聯邦共和國（Federal Republic of Germany）的縮寫。

1982 年 5 月，艾斯林格飛抵庫帕提諾市與賈伯斯碰面。兩人都是天生的創業家、性子急，又固執己見，也都喜歡百靈與賓士，討論起來不亦樂乎。賈伯斯對艾斯林格曾幫新力設計產品的經驗很佩服，因為新力向來講究設計，是賈伯斯希望蘋果仿效的對象。

善於說明設計構想與理念的艾斯林格，工作起來也絲毫不馬虎。他的設計團隊在比賽四大階段過關斬將，經過幾個月的努力後，成果讓蘋果管理層嘆為觀止。

其他參賽者只做了幾個模型，但艾斯林格的團隊卻交出 40 個製作精美的模型，針對每個產品做出兩、三種僅有些微差異的版本。其他參賽團隊使用線條生硬的黑色塑膠機殼（類似 80 年代新力的音響零組件），但艾斯林格的設計精簡細緻，材質採略帶顆粒感的乳白色塑膠。

艾斯林格希望蘋果跳脫 80 年代電子產品的陽剛設計，反覆運用某幾種元素，勾勒出設計語言，正好可以呼應麥金塔軟體開發的一致性。

1983 年 3 月，艾斯林格的正式簡報讓賈伯斯很滿意，最後贏得「白雪」的設計比賽。不久後，艾斯林格更搬到加州、成立青蛙設計，與蘋果簽下獨家設計合約，每月可拿到創紀錄的 10 萬美元獨家合作費用，且收費時數與支出另計。帳單金額迅速累積，每年甚至可達 200 萬美元，遠超過其他設計公司。

從蘋果人的角度來看，艾林斯格即使地位特殊，但畢竟是個外人。賈伯斯卻要馬諾克與其他內部設計師聽從他的指揮，態度強硬。為了設計第一款麥金塔，馬諾克可說是鞠躬盡瘁。如今卻跟其他設計師成了冤大頭，因為賈伯斯說他們能向艾斯林格這位設計鬼才學習，應該覺得幸運才對。賈伯斯的這一著棋，導致很多設計師開始擔心工作不保，甚至間接造成馬諾克選擇離開蘋果。

隨著艾斯林格的「白雪」系列愈來愈受重視，蘋果之前的設計顯得笨拙又過時。「白雪」系列後來橫掃重要工業設計大獎，還被廣泛複製，幾乎成了整個個人電腦產業的設計語言。

麥金塔電腦當時已砸下大筆成本開模，來不及重新設計；所以青蛙設計以「白雪」風格為蘋果設計的第一款產品是 Apple IIc，亦即 Apple II 四代機，也是蘋果第一款可攜式電腦（c 代表 compact，小型之意）。更有意義的是，它是蘋果第一款設計取向的產品，從外觀而非內部開始設計。換言之，賈伯斯後來雖然離開蘋果，但在任內已經點燃了一場設計革命。

產品重點轉移到設計，連其他部門也全力配合，工程師不再反對艾斯林格旗下設計師拋出的構想，反而開始與對方合作。這個轉變小而細微，算是蘋果早期產品往設計取向、而非工程取向的一次嘗試。但等賈

伯斯回任執行長時，工程師坐大的企業文化已重新抬頭，而強尼身陷其中。

一流團隊不外求

賈伯斯回到蘋果後，很清楚要怎麼將產品線瘦身，對於整頓各部門團隊也有明確計畫。他精簡產品陣容，讓公司最優秀的設計師、工程師、程式設計師和行銷人員等，能專心打造創新產品。

除了有同樣來自 NeXT 的主管值得信賴之外，賈伯斯還積極拔擢內部人才。他做了一次員工調查，最後精簡人事編制，堅持要有清楚的指揮鏈，每個員工都明確知道直屬上級是誰，而自己的職責又為何。

正如賈伯斯接受《商業週刊》（BusinessWeek）訪問時說的：「每件事都變得簡單了。專注與簡單，向來是我的座右銘。」[12]

在檢討產品和人事的過程中，賈伯斯主動召開說明會，邀請六名重要的產業分析師和報導蘋果的記者與會，說明新的規劃。

「他特別強調要重新聚焦於核心客戶，還說蘋果會流失市占率，是因為什麼產品都布局、想迎合每個人，忘了客戶真正的需求。」當時在場、服務於創意策略（Creative Strategies）顧問公司的分析師提姆・巴加林（Tim Bajarin）回憶說：「他還指出，蘋果已經有新的突破，Mac OS 有獨創性，硬體設計也有很好的表現，未來要將工業設計作為策略核心。」[13]

如此做法引起不少人的質疑，巴加林也不例外。

「我剛聽到的感想是，蘋果的問題一大堆，他要怎麼挾工業設計的優勢起死回生。」巴加林回憶道：「另外讓我擔心的一點是，蘋果當時的財務狀況岌岌可危，不管他祭出什麼策略，都得經過深思熟慮，而且

必須立刻收效，否則就白搭了。」

巴加林又說：「但我也記得自己當時跟身邊的人說，賈伯斯的能力絕對不能小看。唯一能拯救蘋果的人，就只有賈伯斯了。」[14]

雖然賈伯斯誓言重新聚焦設計，卻沒有立刻去視察設計部門。布蘭諾當初決定把工作室設在總公司園區之外，差點聰明反被聰明誤，害賈伯斯沒意識公司內部已有不可多得的人才，轉而對外尋找世界級的設計師。

賈伯斯認真想過把青蛙設計的艾斯林格找回來，畢竟兩人之前就在蘋果合作過，艾斯林格也一直幫 NeXT 設計。賈伯斯還拜訪了為 IBM 設計 ThinkPad 筆電的理查．薩帕（Richard Sapper）；就連曾與蘋果合作過幾年，但成果不彰的汽車設計師喬治亞羅，賈伯斯也親自拜訪了。另一個人選則是名氣響亮的義大利建築師和設計師艾多勒．索薩斯（Ettore Sotsass），他是 60 年代奧利維蒂公司引領工業設計潮流的推手。[15]

在對街的工作室裡，強尼意識到設計團隊的前途岌岌可危，必須讓新老闆看到大家的能耐。他把團隊最好的作品整理成精美的小冊子，從中可看到蘋果的設計語言正在轉型，朝更大膽的方向前進；才剛推出幾個月的半透明 eMate 正是起點。「我們做了許多小冊子說明設計團隊的實力。」一名前團隊成員說：「我認為這個舉動發揮了作用，讓賈伯斯能看到我們部門。」

賈伯斯最後終於到設計工作室走了一回，這一看，對眾人的創意與嚴謹大吃一驚。放眼工作室，到處是吸睛的實體模型，都是賈伯斯還沒回任的蘋果所不敢做的概念。同樣吸引賈伯斯目光的，還有程控銑床（CNC）與漸具規模的 CAD 小組。

最重要的是，他跟說話慢條斯理的強尼有機會溝通交流。強尼後來說，他們兩人一拍即合。「我們討論了怎麼做產品的外型與材質。」強

Jobs and Jony

Almost as soon as Steve Jobs returned to Apple in 1997,
he formed a deep and productive bond with Jony.

賈伯斯 1997 年回任蘋果執行長，與強尼一見如故。
兩人都對產品與設計有無比熱愛，更激盪出許多叫好又叫座的產品。
Copyright © LANCE IVERSEN/San Francisco Chronicle/Corbis

尼回憶道：「我們的磁場相同。跟他一席話，我突然瞭解我愛上蘋果的原因。」

賈伯斯決定留下設計部門，由強尼領軍。起初安排硬體部門主管魯賓斯坦擔任強尼的直屬上司（後來設計部門則獨立出來），但儘管如此，強尼接下來的幾個月常去找賈伯斯吃午餐，賈伯斯也常在下班時繞去設計部門看看。[16]

一名前設計團隊成員回憶說：「他常常會過來，主要是來找強尼，但也關心我們在做什麼。」久而久之，賈伯斯幾乎就像在設計部門工作一樣。

賈伯斯為設計定調

賈伯斯重新掌舵後，蘋果的營運不但有了方向，設計部門也找到了重心。

設計部門雖然表面上由強尼負責，卻是一輛多頭馬車。身為菜鳥主管的強尼，對團隊成員沒有太多要求，也看不出領導能力。團隊雖然創意十足，但跟其他部門一樣混亂。設計師個個有才氣，卻又各持己見，大家埋頭進行自己的專案，缺乏彼此協調。

「每位設計師都有自己的意見跟靈感，做什麼完全沒有人管。」設計師薩茲格說：「有人覺得筆記型電腦該這樣設計，有人覺得印表機該那樣設計；下一代 Power Mac 該怎麼做，也沒有一致的想法。設計部門的建置不適合團隊合作，大家獨立運作，自我設計意識強烈，彷彿是在不同的公司工作一樣。」

薩茲格說，當時有三個人負責新一代的 Power Mac（鎖定專業人士的

塔型電腦），卻各自想出不同的設計。「看不出彼此關連。」薩茲格說：「戴尤里斯設計出一個裝有輪子的立方體造型，體積不小；科斯特做出由不同方塊堆起的模型；湯瑪斯‧梅爾霍夫（Thomas Meyerhoffer，另一名團隊成員）的設計呢，一體成型的模型上佈滿線條，根本稱得上是藝術品了。設計部門不是選一個來做而已，是三個都做。」[17]

不管是艾斯林格時期還是布蘭諾時期的設計部門，成員都能盡情探索不同的設計方向。布蘭諾特別喜歡把設計過程剛開始的階段當成比賽，但最後還是會選出最好的概念。艾斯林格也會把幾個好構想化繁為簡，定出一個方向。強尼在這樣的環境中工作多年，卻似乎不願意或沒有能力站出來強勢領導。

賈伯斯適時介入。為了落實四宮格產品策略，他停掉沒有前景的設計案，也精簡了產品陣容。薩茲格還記得賈伯斯有次走進工作室，告訴大家公司以後只會專攻四種產品，其中最迫切的是桌上型電腦消費機種。「賈伯斯說：『我女兒要讀大學了，我看過市面上所有的產品，都很爛。這對我們來說，是千載難逢的機會。我們要想辦法設計出一款網路電腦。』他心裡想的正是 iMac，蘋果新的設計重心。」

拜網景（Netscape）Navigator 瀏覽器與便宜的數據機之賜，加上 AOL等網路供應商如雨後春筍般冒出，紛紛提供廉價網路服務，上網開始成為新興的全民運動。賈伯斯看到這個趨勢，希望推出一款低價電腦，鎖定想上網的主流消費者。但他沒有等待的餘裕。在他努力精簡下，蘋果雖然爭取到喘息的空間，但必須盡早推出新產品以填補大幅下跌的營收。他把蘋果的轉機賭在這款新產品上。

蘋果當時最便宜的電腦機種售價為 2,000 美元，比搭載微軟系統的一般電腦高出 800 美元。為了在價格上取得競爭優勢，賈伯斯起初推動沒有多餘裝置的電腦，即當時在矽谷正夯的「網路電腦」（network computer），只有廉價的低階終端機，透過網路連接中央伺服器，沒有硬碟也沒有光碟機，只有螢幕與鍵盤。網路電腦用於學校和工作場合再完美不過了，而且乍看之下，也很適合想要上網的消費者。

1996 年 5 月，賈伯斯尚未回任前的蘋果，連同甲骨文與 30 家軟硬體公司，一起加入網路運算聯盟（Networking Computing Alliance），攜手為以共同網路平台為主的無碟低價電腦制訂標準。賈伯斯的富商好友賴瑞・艾立森（Larry Ellison）尤其看好網路電腦，認為它是電腦產業的未來。甫進入蘋果董事會的艾立森，向媒體表示蘋果正在開發網路電腦。為了迎接這塊新市場，他自己也剛剛成立了網路運算公司（Network Computing Inc.）。

一方面受到艾立森的影響，一方面也是想跟他較量，賈伯斯也把網路電腦的概念炒熱。「我們要在艾立森的場子把他打垮。」他半開玩笑地對同事說。[18] 賈伯斯秉持第一款麥金塔電腦的做法，先訂出產品規格，把網路電腦規劃成一台一體化電腦，開箱即能使用；設計上富有品牌特色，售價訂在 1,200 美元左右。「他要大家往 1984 年尋根，向同樣也是一體化電腦的原始麥金塔找尋靈感。」蘋果行銷長菲爾・席勒（Phil Schiller）回憶說：「也就是設計與工程必須一起合作。」[19]

1997 年 9 月，魯賓斯坦請強尼依照賈伯斯的規格要求設計，並製作一打泡棉模型。

強尼把設計團隊找來工作室一起腦力激盪，先是討論這款網路電腦的目標市場為何。「我們最先考慮的不是工程需求，而是從消費者的角度發想。」強尼說。

「我們把 iMac 的晶片速度與市占率放在一旁，先問幾個虛無飄渺的問題，像是『我們希望消費者用了有什麼感受？』和『它會觸動什麼樣

的心情？』」強尼日後接受《新聞週刊》（Newsweek）訪問時說。[20]

強尼要幫這台電腦找到「設計故事」。從小父親便灌輸他一個觀念──想打造出全新的產品，先思考出背後的故事是很重要的第一步。「工程設計師不再只是設計物品而已，」強尼說：「我們設計的是使用者對它的觀感，以及物品的形體、功能、可能性所融會出的意義。」[21]

設計團隊討論「能散發正面情緒的物體」等等主題；有人提出透明的糖果機就有這樣的效果。大家還討論到，如果是時尚業等領域遇到這個問題，又會如何處理。「我們聊到 Swatch 那些願意打破成規的企業，他們認為科技應該因人而生，而不是讓人去屈就科技。」強尼說。

強尼日後在解釋他的思維時說，電腦產業「在設計上變得太保守了，只是一味執迷於能用數字衡量的產品功能。例如速度有多快？硬碟有多大？CD 跑得有多快？要比這些很容易，因為大家總是會說，數字愈高愈好。」[22]

但強尼也一針見血地說：「這樣卻失去了人性，冷冰冰的。電腦產業執著在絕對數字，往往會忽略了不容易衡量或討論的產品特性，所以不會往更有感情或更抽象的特性去鑽研，很可惜。對我來說，當初會買蘋果電腦、會來蘋果工作，正是因為我一直覺得蘋果想做得更多，不甘於只是做出功能與使用經驗及格的產品。我從早期的軟硬體中感覺得到蘋果對細節的用心，但這些細節卻可能是消費者永遠看不到的。」[23]

強尼與其他團隊成員圍坐桌旁，塗鴉起來。薩茲格還記得桌面被複印紙、彩色鉛筆、百樂原子筆給佔滿了。大家合作把想法畫在紙上，這個人畫完就傳給下一個。他們希望 iMac 能洋溢正面情緒，正在聯想有什麼產品有類似效果。史清爾這時畫出一個色彩繽紛的糖果機。

曾幫湯姆森消費性電子設計電視的薩茲格，依據以前的設計，幫iMac 想出雞蛋般的外型。「雞蛋從哪一面看上去，輪廓幾乎都一樣。」

整個團隊都喜歡雞蛋的概念，當下決定以此作為設計主軸。

iMac 必須在幾個月後上市，否則蘋果可能關門大吉。為了加快速度，強尼把設計過程大為修正、整合，徹底顛覆了蘋果開發產品的流程；且一直沿用至今，幾乎沒有變動過。

設計部門需要新的設備，一來能簡化複雜的設計流程，一來可以製作出 3D 設計，方便外部模具廠做出機殼模具。為了讓新設備能如虎添翼，產品設計部門的瑪姬‧安黛森（Marj Andresen）幫強尼找到符合需求的高階 CAD 軟體。這套強尼帶頭開發的 CAD 模型流程，整合了不同的運算系統，使用精密軟體將不同檔案轉換成可互相操作的資訊。

在設計師飽受精神壓力之下，安黛森常在一旁扮演支援的角色，所以她自稱是「CAM/CAM 治療師」。她回憶道：「他們只給我九個月的時間，要我把新設備備妥開工。從設計到生產只有九個月時間，太短了，用畫圖的方式根本不可能。唯一的方法，就是直接用設計圖檔。但雖然工具有了，但這個流程還沒有在工程或開模的環節測試過。那段時間忙得人仰馬翻，卻很熱血。」

iMac 之前的產品，設計過程皆由硬體工程部門（電路設計）與產品設計部門（機械工程）所主導。「他們依照工程面的限制，設計出機殼大小，再由工業設計部門做出『外皮』。」蘋果前 CAD 主管保羅‧鄧恩（Paul Dunn）說：「賈伯斯回來後，跟強尼聯手顛覆了這樣的流程。」

儘管設計部門設有一個小型 CAD 團隊，但當時的電腦輔助設計還處於啟蒙階段，設計師大多仍以手繪草圖與簡單的平面 CAD 軟體為主。但這次卻不同，大家必須做出立體設計圖。

他們最後找到了 Alias Wavefront 這個軟體。這款立體繪圖套裝軟體用於航太產業、汽車產業，以及新興的電腦動畫產業。由賈伯斯另一家公司皮克斯製作、1995 年發行的電影《玩具總動員》，就曾以這套軟體製

作特效。

　　「蘋果當時的設計比電腦產業其他對手複雜許多。」鄧恩說：「iMac 的曲面設計已經超越電腦產業的標準了，可以跟航太與汽車產業媲美……我們努力在突破框架。」[24]

　　說穿了，Alias Wavefront 就是一種雕塑工具，決定了產品的外觀輪廓，好比雕刻師傅刻鑿黏土成型一樣。設計團隊一旦畫出有後續發展潛力的設計，立刻交由 CAD 小組做出曲面設計。當時的 CAD 小組僅寥寥數人，如今已擴編到 15 人左右，建置在設計部門裡。他們用高階蘋果電腦與 HP 工作站跑 Alias（今稱 Autodesk Alias）。在設計師的監督下，畫出設計圖的立體輪廓，務求形狀與比例正確。

　　這個過程往往需要好幾天，設計師與 CAD 小組最終訂出一個大家都滿意的形狀，再將設計圖檔傳到工作室裡的 CNC 銑床，製作出實體模型。前幾個模型由泡棉製成，之後要做出更多細節的「硬式模型」，則採用 ABS 塑膠，或切割起來如木頭、適合用於呈現產品曲面的 RenShape（高密度的紅色泡棉）。

　　當時工作室裡還有一台早期的 3D 列印機，造價相當昂貴。鄧恩說：「蘋果引領模型技術很多年。自 90 年代初期以來，蘋果的模型小組就有光固化（stereolithography, SLA）列印機，可以在幾個小時內製作出複雜的 3D 模型。使用的化學材料毒性極高，但看到成果後，過程中的麻煩都是值得的。」

　　強尼讀大學時就發現，製作出精細的模型對設計過程很重要，現在更是如此。「一個設計從原本的抽象概念到大家稍微能開始實質討論，這個轉變是很戲劇化的。」強尼說：「如果做出 3D 模型，就算還很粗糙，但虛無飄渺的構想就有了形體，設計過程又進入全新階段，大家因此更有動力、更有重點。很精彩。」[25]

　　調整了設計流程之後，強尼把原隸屬於產品設計部門的模型工場併入自己的工作室。安黛森認為此舉對公司結構、對實際運作都有好處。「模型工場讓設計師能在第一時間看到、摸到設計，只做出幾個模型看個大概。很酷！」[26]

　　模型師是設計過程中的重要一環。「我們的模型師都是手藝一流的專家。」安黛森回憶說：「他們什麼都做得出來，但還是得學習如何使用新的電腦工具，接收工程師寄來的設計圖檔。」

　　還有一個軟體對設計過程也有改革之效，那就是麥唐納‧道格拉斯（McDonnell Douglas）研發、用於航太產業的 3D 工程軟體 Unigraphics。安黛森與她旗下團隊開發出一套軟體，可讓 Alias 製作出的 3D 模型匯出到Unigraphics。產品設計部門拿到設計師的曲面設計圖後，再用 Unigraphics做出實體產品。工程師製作出產品零組件的 3D 模型後，會拿來設計部門，讓大家看零組件是否裝得下去，原本的形狀又是否可行。

　　「設計師會跟 CAD 小組的人說：『我們想看映像管。這裡要騰出空間放電路版，這裡要放連接器』等等。」薩茲格說。「開發出流程和介面後，我們可以把曲面設計匯進 Unigraphics 軟體……產品設計部門再拿來開發可生產的實物與零件。」鄧恩說。

　　這個過程冗長反覆。設計師、CAD 專家與工程師經常一起合作、不斷修改，直到外殼與內部零件配合得剛剛好才肯罷休。「聽起來很簡單，但其實很困難，過程反覆又耗時。」參與 iMac 工程的前設計師羅依‧艾克蘭（Roy Askeland）說：「微調的幅度是以公厘計算。」[27]

　　設計過程的最後一關，是將詳細的 3D CAD 圖檔寄給模具廠。模具廠原本只能看手繪草圖與看起來像藍圖的平面 CAD 圖，雖然有自己的CAM 開模系統，但未必和設計師的系統相容。因此要把設計部門的圖檔與模型轉換成工廠裡的模具，仍須使用手工，時間動輒好幾個月。多虧

了安黛森協助開發的軟體，所有系統能共享圖檔，大幅簡化與加速流程。

有了以上種種的改善，平行設計流程的時間大致都有縮短，但系統運作並不順暢。安黛森說：「難度很高。跟我們內部或供應商的 CAM 系統有落差。做到曲面模型的階段，我們的進展會被軟硬體的限制拖累很多。電腦原本都是四四方方的形狀，現在有圓角圓邊，要製作成模型很不容易，供應商接收圖檔也有問題⋯⋯我們有許多不同的系統，系統之間的轉譯更是複雜。」

雖然困難重重，但大家終究解決了電腦問題，徹底改造了設計流程，甚至到現在仍是設計部門的準則。「設計過程主要圍繞在 Wavefront 與 Unigraphics 這兩個主要系統。」鄧恩說：「當然，過程中需要開發出許多介面與後處理器，而且有些還很複雜。但整個過程一旦確定，運作起來並不難。」[28]

安黛森說，蘋果在 90 年代末、21 世紀初的創新設計，不斷在挑戰 CAD 工具的極限。「想到就好笑，現在我用 iPad 也可以做 3D 模型⋯⋯但在以前，怎麼可能立刻用軟體畫出模型，看看鋁殼的電腦長什麼模樣，甚至還能設定光線照在機殼的樣子。我們的要求太先進，CAD 軟體商趕不上，還被我們請到工業設計與產品設計部門的實驗室，實際察看我們的需求。受到我們這些電腦企業和車廠的壓力，CAD 產業那時開發出許多新軟體。」

網路電腦專案起跑第一個月，設計團隊至少做了 10 個模型，但沒有每個都拿給賈伯斯看。雞蛋外型是設計團隊一開始便底定的，所以他們只交了雞蛋外型的不同版本而已。向賈伯斯展示模型時，我們只會挑過得了我們自己這一關的。」薩茲格說：「可不可以用，由賈伯斯決定。他很多次都一口回絕，但我們不希望他挑的，就絕對不會拿出來。」

強尼在工作室裡第一次把蛋型電腦秀給賈伯斯看時，立刻被否決了。但強尼不死心，表示他同意賈伯斯的看法，產品確實是還沒到位，但卻蘊含了童趣。「感覺好像剛剛有人把雞蛋放在桌上，也好像有小雞要跳出來一樣。」他向賈伯斯說。[29]

強尼第二次再拿給老闆鑑定時，賈伯斯喜歡得不得了。他在園區內到處拿著這個發泡塑料做的模型，碰到誰就拿給他們看，想知道大家的反應。此外，原本還積極想開發陽春型的網路電腦，賈伯斯此時的興頭也已降溫。市面上已有其他網路電腦機種，例如微軟的 WebTV 與蘋果本身的 Pippin 遊戲機（由日本玩具供應商萬代銷售，稱為 @Mark），始終凝聚不了人氣。

賈伯斯下令將網路電腦升級成正規電腦產品，要加入光碟機與更大的硬碟等規格。唯恐產品上市遞延，魯賓斯坦建議採用 Power G3 的硬體──G3 為專業人士機種，在賈伯斯回任前就已開發完成，此時剛推出不久。考量增添了硬碟與光碟機，蛋型機殼勢必要再加大，但所幸並不難執行。強尼指派科斯特（Danny Coster）為主要設計師。

iMac 計畫採用塑膠機殼，套句強尼的話，它會是一款「大膽使用塑膠到不行」的產品。但塑膠機殼也有傷腦筋的地方。「我們不希望成品看起來很廉價。」強尼日後解釋說：「親民與廉價只是一線之隔。我們的目的，是讓產品看起來有親和力；讓人們明白，很多人至今仍敬謝不敏的電腦，其實並不可怕。」[30]

設計團隊做了兩個顏色的模型，一個是接近紫色的紅藍色，一個是橘色。但有色機殼看起來就是廉價，所以有人建議把機殼做成半透明狀，立刻得到強尼的認同。他說：「半透明的機殼讓電腦看起來有點淘氣，我們很喜歡。」[31] 半透明機殼並非創新之舉，蘋果很多產品都已採用，例如印表機的進紙匣與上蓋等等；此外，梅爾霍夫設計的貝殼形

eMate，全機更是半透明機殼。梅爾霍夫當時接受《Mac 週刊》（Macweek）訪問時說，半透明設計讓使用者能一窺電腦內部，增添親和力。[32]

iMac 的半透明機殼一旦底定，強尼知道既然內部零件會一覽無遺，因此也得用心設計。他特別擔心包覆在部分零組件外圍的電磁波遮蔽（electromagnetic shielding），這在傳統不透明的金屬機殼能眼不見為淨；但機殼若採半透明，表示電磁波遮蔽會被看光光。

強尼要每個設計師去找市面上有哪些半透明機殼的產品，帶到工作室裡大家一起腦力激盪。「我們找到 BMW 的尾燈。」薩茲格說：「許多廚房用品、一台老舊的半透明保溫瓶、便宜的野餐餐具。整個架上全部擺了半透明產品。我們研究產品的品質、深度、內裡的觸感。那個保溫瓶給了我們很多啟發，它的外殼是亮亮的深藍色，可看到內膽將光澤反射出來。」[33]

定案後的 iMac 透過半透明機殼，裡面的銀色電磁波遮蔽若隱若現，正是結合了半透明保溫瓶與汽車尾燈的設計。

有名設計師拿了一小片藍中帶綠的海玻璃，表面略微霧狀。玻璃可能來自加州的半月灣（Half Moon Bay），也可能來自雪梨的邦代海灘（科斯特以前喜歡在這裡衝浪）。強尼拿給賈伯斯看的三款模型中，一個橘色，一個紫色，最後一個就是這藍中帶綠、設計團隊稱為「邦代藍」的顏色。賈伯斯選了邦代藍。

半透明的機殼讓 iMac 不再冷冰冰。但為了提高它的親民程度，設計團隊另外在機身頂端加裝把手。強尼認為目的倒不見得是考量搬動方便，主要是鼓勵消費者伸手觸碰，跟電腦建立起人機關係。這個重要卻幾乎看不到的創意，日後將改變使用者與電腦的互動模式。

「那時候的人看到科技產品會不自在。」強尼解釋說：「心裡有疙瘩，自然就不會想碰。我能想像我媽不敢碰電腦的畫面，所以有了增加

把手的構想，拉近人跟機器的距離，電腦變得更親近、更直覺，允許你上前去摸摸，感覺就像順從你一樣。」[34]

但強尼也說，把手設計有一個缺點。「事情有利就有弊，製造內嵌式的把手要花很多錢。要是在以前的蘋果，我可能爭取不到。但賈伯斯很棒的地方就在這裡，他看了模型直說很酷，完全不需要我解釋設計的來龍去脈，他打從心裡就懂，知道這是把 iMac 做到親民又好玩的一個關鍵。」

這款 iMac 代表新世界，故代號取為「哥倫布」（Columbus）。強尼之後曾說：「第一代 iMac 不求外觀與眾不同，我們主要是想設計出一款最優異的整合消費型電腦。如果設計下來剛好有個不一樣的外型，當然是好事。但事實上，要做得不同很簡單，要做得更好卻很困難。」

科技產業日新月異，蘋果長年下來也收購了不少即將壽終正寢的科技，例如各式各樣的並列埠與序列埠，用於連結滑鼠、鍵盤、印表機等週邊產品。跟大多數的電腦企業一樣，蘋果希望產品能與愈多過時技術相容愈好，深怕電腦少了一個連接器，導致消費者覺得無法連接到舊型印表機而不買，那豈不妙。

但賈伯斯決定要把 iMac 打造成第一台「擺脫舊技術」的電腦。他拋棄傳統的 ADB 埠、SCSI 埠與序列埠，只採用乙太網路埠、紅外線埠與 USB 埠。他還決定不用軟碟機，是爭議性最高的一項改變。上述幾個改變體現出賈伯斯的簡單美學，不久也成了許多產品的設計主軸。而強尼自己日後也變成極簡大師，深深認同賈伯斯時常掛在嘴邊的一句話：「簡約就是細膩的極致。」[35]

USB 如今雖是連接週邊設備的標準技術，但在 90 年代還處於萌芽階段。蘋果決定投入，特別需要膽識。USB 1.1 標準由英特爾開發，當時甚

至尚未定案（直到 1998 年 9 月才確定，iMac 已上市一個月），在科技產業並不普及。但賈伯斯卻對它有信心，認為它能解決 Mac 平台需要搭配專屬配備的問題。隨著 Mac 市占率逐漸萎縮，週邊設備廠商愈來愈不願意生產只能搭配 Mac 的特殊連接器，但採 USB 的週邊設備就能與 Mac 相容，只要有驅動程式就可以；有必要的話，蘋果自己寫這些程式也沒問題。

為了插拔週邊設備更方便，強尼把連接埠設在電腦後方。「大部分的電腦轉到後方，設計都很隨便，有一堆纜線冒出來。」強尼說：「我們把連接埠改到機身側面，使用起來方便許多，電腦後端也更加清爽，可以跟電腦正面媲美。」

做事一向講求細節的強尼，這次也不例外，他想做出一款透明的電源線。「淋浴完畢後，玻璃門不是都會有水氣，變得霧濛濛的嗎？我們希望把電纜線做出同樣的精緻毛面效果。」[36]

強尼對於半透明滑鼠特別覺得神氣。他說：「滑鼠的運作原理很妙。上頭有個蘋果商標，彷彿是一個小窗戶，可以一窺裡面的迷你工廠。看到滾球在雙軸滑動……其實除了滾球之外，滑鼠其他細節也都是大學問。我們花了很多苦心安排每個零件的疊法。如果是大部分的滑鼠，使用者頂多只能猜猜用的是什麼反光材質、裡面的零件大概又是什麼形狀。但這款滑鼠很特別，讓人可以真正看見裡面的構造。」[37]

但這款滑鼠不是沒有缺點，正圓形的外觀完全不符合人體工學。在桌面滑動時有點不穩，且方向不容易控制，指標總是擺不對地方；並且對很多成人的手掌而言也太小了，指頭必須縮起來才能使用，用久了會抽筋。賈伯斯也知道滑鼠有問題，但趕著上市，他沒把大家的意見聽進去。

已是設計部門工作室常客的賈伯斯，看著哥倫布機一次又一次大幅

度更動，心情也隨之振奮。CAD 專家安黛森說，大家都感染到設計部門的樂觀與遠見。「工程師看的是今天。」她說：「工業設計師看的是明天跟未來，差別很明顯。」

蘋果在南韓成立特別工廠，與 LG 合作組裝 iMac，但製造工程師這時卻提出生產成本可能過高。薩茲格說，機殼模具很複雜，「那是我們第一次覺得開模與射出成型的既有標準可能還不夠。」

身為工程部門主管的魯賓斯坦，必須統整每一方的顧慮，找到折衷辦法。他雖然傾向於工程師那一邊，但賈伯斯通常會幫強尼與他的設計團隊撐腰。

「把機器拿給工程師看時，他們竟然想出 38 種不適合生產的理由。」賈伯斯回憶道：「我說：『不行不行，這款電腦我們做定了。』他們回說：『為什麼？』我這時說：『因為我是公司執行長，我說做得到就做得到。』所以他們做得有點心不甘情不願。」[38]

蘋果行銷長席勒如此形容兩派人馬的拉扯：「在賈伯斯回歸蘋果之前，工程師會準備好這台電腦的零組件，包括處理器、硬碟等，然後要設計師想辦法把零組件都塞進機殼裡。這種做法當然只會做出糟糕的產品。」[39] 但賈伯斯與強尼把重心慢慢移到設計師身上。

「賈伯斯一直灌輸我們一個概念，那就是設計做得好，蘋果才有辦法成為偉大的企業。」席勒說：「設計再次決定了產品工程的方向。」

「賈伯斯不願意妥協。」諾曼說：「他只在意做出產品的完美版本，反對意見一概不聽。當然啦，他會先廣納意見之後才做決定，但一旦打定主意，就會貫徹到底。在賈伯斯回任之前，各部門常常會妥協，導致產品沒有一致性，生產時間遞延。」[40]

並肩作戰久了，強尼開始學到賈伯斯的領導能力。「工作室裡可以感受到金字塔的管理結構，很明顯……早期就能很清楚看到強尼是領導

人，其他設計師都以他為依歸。」安黛森回憶說。她指出，設計部門雖然在布蘭諾當主管時已經是人才濟濟，但強尼接手之後，大家的「創意更是取之不盡、用之不竭」。

安黛森很懷念那段時光。「步調很快，氣氛很熱血，做什麼都覺得是很重要的大事。大家心心念念都是上市時間，想盡辦法要縮短從概念到消費者手上產品的時間。強尼跟設計部門是這一切的起點。」

隨著 iMac 接近設計尾聲，設計部門工作起來沒日沒夜，要把每個細節做到完美。薩茲格想到當時，邊搖頭邊說：「我們那時候 24 小時輪班工作。」

命名學問大

為了幫電腦取名，賈伯斯請來在洛杉磯 TBWA\Chiat\Day 廣告公司工作的老友李克羅（Los Clow），同行的還有他底下的一名廣告主管——肯恩・席格（Ken Segall）。賈伯斯把兩人帶到私人房間，會議桌正中央擺著以布遮住的一大塊東西。

賈伯斯掀開遮布，秀出採用半透明機殼、水滴外型的第一代邦代藍iMac。李克羅與席格從沒見過這樣的產品，頓時語塞。

「我們都很震驚，但不敢說出心裡的話。」席格回憶說：「我們的態度有所保留，一方面很客氣，但一方面又在想：『我的媽啊，他們在搞什麼名堂？』這款設計太顛覆傳統了。」[41]

賈伯斯向兩人說明，他把這台電腦視為蘋果東山再起之作，所以需要幫它選個響亮的名字。他自己想到的是「MacMan」，但席格覺得「聽了就全身不舒服。」[42]

　　賈伯斯說，這台電腦屬於 Mac 系列，所以命名裡要提到。產品名稱除了要明確指出它是一台專為網路設計的機種之外，還要讓消費者知道它能與未來幾款產品相容。考量一週後必須開始包裝工作，命名刻不容緩。

　　席格後來想出五個可能名稱，他最愛的是「iMac」，其他四個則是他想出來陪榜的。「iMac 裡有 Mac 的字眼，i 則是代表網路（internet）。」席格說：「但 i 同時又代表個人（individual）、想像力（imaginative）等等正面聯想。」

　　雖然五個名稱都被賈伯斯回絕，但席格說什麼都不肯放棄 iMac，後來又想到三、四個新名稱，但還是繼續大推 iMac。賈伯斯這次說：「它這個禮拜聽起來不討人厭，但我還是不喜歡。」[43]

　　席格之後沒再跟賈伯斯談到這個名稱，但從朋友那邊得知，賈伯斯把 iMac 的字樣絹印在原型機上，看自己喜不喜歡。

　　「iMac 被他拒絕兩次，現在卻突然印在電腦上。」席格回憶說。他認為賈伯斯之所以回心轉意，是因為小寫的 i 印在產品上很好看。[44]

　　「超酷的。」席格談到那次經驗很快樂：「我們能全權取名的產品不多，也不是每一個都獲得廣大迴響。那次案子真的很讚，我做得很開心。iMac 變成其他許多產品的命名主軸。好幾百萬消費者都能親眼看到。」[45]

　　席格指出，近年蘋果內部有幾次在討論是否拿掉字母 i。「他們在思考有沒有必要把 i 拿掉？但大家又希望能維持產品的一致性，延續 iMac、iPod、iPhone 的命名風格。加了個 i，雖然不夠精簡，卻很有效。」

微調再微調

iMac 主機板在蘋果的新加坡廠生產，但包括蛋型機殼在內的其他零組件則與 LG 合作，在南韓特別成立一家工廠進行生產與組裝。

為了細部修正機殼模具，強尼、科斯特與產品設計部門的幾位工程師到工廠檢視好幾次。到工廠監工是業界的標準流程，但強尼的設計團隊更用心，待在工廠的時間比其他人多很多，非要把 iMac 做到完美不行。大多數廠房工人住在工舍裡，吃飯則到工廠內的大型自助餐廳。強尼與科斯特也常在自助餐廳吃飯，但住在附近的一家小飯店。iMac 上市前最後一次巡視工廠，兩人在那裡待了兩個禮拜。

「我們大部分時間都待在工廠裡，早上 8 點報到，一直到晚上 8、9 點，甚至半夜 1、2 點才收工。」產品設計團隊主管阿米爾・霍梅恩發（Amir Homayounfar）說：「基本上，他們把樣品帶過來，CAD 人員與模具工程師會做進一步調整，然後我們再試產幾個。」[46]

起初試產的機殼有許多毛邊與銳邊。「為了把樣品做到盡善盡美，」霍梅恩發說：「我們會一直不斷修正，直到強尼與科斯特都滿意為止。一定要做到無可挑剔。」

隨著上市日期逐漸逼近，強尼與科斯特再度回到工廠，這次隨行的還有 28 位工程師。大家沒日沒夜沒週末地工作，全力要把樣品準備妥當。「每個人都拿著砂紙在磨塑膠機殼，要把 30 台 iMac 帶回美國，準備好 iMac 的上市盛會。」霍梅恩發說：「30 個蘋果人還有 LG 廠的所有工人，大家拼了。」

強尼需要有 30 個自己人，是因為每個人都要各自把一台 iMac 帶上飛機回美國。「我們從首爾直飛舊金山，一出機場，就有一輛蘋果專車

把產品運走。從工廠到機場，然後又到庫帕提諾市的蘋果總公司，一路沒有停留。」霍梅恩發說：「大家把電腦打開，讓賈伯斯檢視。他挑出幾台最好的，一切就等產品發表會了。」

但產品運到了，不代表沒有問題。發表會前一天，賈伯斯對著一台急就章組裝起來的原型機練習簡報，按了一下光碟機按鈕，沒想到拖盤卻滑出來。

「他媽的，搞什麼東西？」賈伯斯一直認定 iMac 會搭配吸入式光碟機，就跟高階音響設備開始流行的一樣。[47]

全場沒人敢吭氣，賈伯斯一陣大罵。魯賓斯坦當初選擇用托盤式光碟機，是考慮到 CD 技術日新月異，市場不久後可能出現可寫入式的光碟機，如果採用吸入式光碟機，可能會導致 iMac 慢了一個世代。他堅持賈伯斯知道這件事，但賈伯斯這時已經氣炸了，差點要取消產品發表會。

「這是我第一次跟賈伯斯合作的產品發表會，也是我第一次看到他對產品的心態——『做得不對就不推出。』」席勒回憶說。後來是魯賓斯坦承諾下一代的 iMac 會採用吸入式光碟機，賈伯斯的心情才稍稍平復。[48]

隔日，即 1998 年 5 月 6 日，賈伯斯正式發表 iMac，現場人山人海。發表會地點選在庫帕提諾市的佛林特中心（Flint Center），正是十四年前蘋果推出第一代麥金塔的地點。

現場來了許多媒體，大家魚貫入座的同時，禮堂內有顆巨大的海灘球蹦過來蹦過去，把氣氛炒熱。「我從 1989 年之後就沒看過蘋果這麼有活力了。」數月前受賈伯斯之邀出席設計會議的分析師巴加林說。[49]

一開場，賈伯斯先秀出新的電視廣告，朝英特爾開刀。螢幕上，一輛壓路機把幾台搭載 Pentium 處理器的筆記型電腦壓得稀巴爛，同時播著偵探懸疑影集的主題曲。現場陷入一片瘋狂。

賈伯斯一一列出個人電腦的缺點，比如說速度慢、使用麻煩、外型不好看等等。「現在的電腦是這樣。」賈伯斯說，後方螢幕這時出現一台米白色的電腦。「今天我很榮幸能為各位介紹從今以後的電腦。」[50]

他走到舞台中央的小台子，掀開黑布，秀出一台 iMac，在聚光燈照射下，閃閃發光。賈伯斯的神情似乎在等大家鼓掌，但現場卻少了之前的興奮氣氛，反而鴉雀無聲，不知該如何反應。

「整台電腦呈半透明。」賈伯斯繼續說下去：「可以看到裡面的構造，酷到不行！……背面的設計比其他公司的電腦正面更好看。」

台上的攝影師繞著 iMac 秀出每個角度，觀眾這時開始有反應了。「它看起來就像從外星球來的產品，」賈伯斯驕傲地說，引來台下一陣笑聲。「是好的外星球，一個設計師更厲害的外星球。」

強尼和大部分的設計師都坐在台下。「我對那次 iMac 發表會很自豪，因為我有機會提供很多想法，也在許多零件花了很多心思。」薩茲格說：「賈伯斯秀出 iMac 的時候，我跟一大群蘋果員工坐在一起，大家對產品都又驚又喜。我這下才發現，這是他們第一次看到成品。他們負責的部門有些是法務、有的是銷售、有的是日常營運，甚至軟體人員，之前都沒有機會看到 iMac 的模樣，也規定不能看。我很驚訝。」[51]

1998 年 8 月 5 日，身負蘋果化險為夷之責的 iMac 開始出貨。正式上市前的那個暑假，蘋果砸下一億美元重金做廣告。為了透過媒體聚集人氣，公關部門對記者說這是蘋果史上最盛大的產品發表。

鮮豔色調再加上風趣的文案，一時間佔據了電視、報章雜誌與大看板，內容強調 iMac 的新潮設計與便利。有支電視廣告特別搞笑，讓 7 歲小男生跟一隻小狗組裝 iMac，另外還讓一名史丹佛大學的博士生組裝個人電腦，比賽誰最先組裝完成上網。（太好猜了！）另一支廣告則以「去PC」（Un-PC）為主題，點出大部分電腦的電源線、連接線一大堆，但

iMac 卻乾乾淨淨，沒有整線的困擾。

上市前一週，蘋果宣布預購數量達 15 萬台。公司股價暴漲到 40 美元以上，創下三年新高。蘋果還在大型電腦商店舉辦特別發表會（第一家蘋果專賣店要再過幾年才會成立），包括強尼在內的公司主管都出席了。

雖然媒體把 iMac 炒得沸沸揚揚，但沒想到起初的使用評論卻偏負面，甚至把 iMac 批評地體無完膚，說它先進過了頭。一反一般人的印象，科技評論家的態度往往很保守，試用 iMac 後，對新潮的外型讚譽有加，卻認為不含傳統接頭的決定是一大失策。科技媒體界對 iMac 沒有軟碟機更是不能諒解，大部分評論文章都在這點上打轉，很多人說沒有軟碟機的電腦根本是軟趴趴。「只有真正的蘋果迷才會想買。」《波士頓環球報》（The Boston Globe）記者海瓦沙‧布雷（Hiawatha Bray）寫道：「少了軟碟機的 iMac，無法將檔案備份，也無法與人分享資料，這個決定是賈伯斯的一大錯誤，可見他還是沒學到教訓……即使造型簡單優雅，沒有軟碟機的 iMac，命運恐怕多舛。」[52]

軟碟機的爭議讓賈伯斯不得不親上火線。「為什麼不加裝軟碟機，我沒辦法代表蘋果給一個最好的答案。」他說：「但我可以給你我個人的答案：『要往前進，就必須把一些東西拋在腦後。』軟碟機已經過時了，這點我可以一直跟你爭下去。我知道大家對這樣的設計有微詞，但往前邁進的同時，如果感受不到阻力，你的所作所為就很難真正發揮影響力。」[53]

其他不滿的聲音也逐漸冒出。例如價位偏高、與 Windows 不相容、內建軟體比微軟平台少許多。「搭載 Windows 系統的電腦往往更便宜，反觀 iMac 讓人有支援軟體不足的疑慮，消費者勢必不肯花錢捧場。」美聯社指出：「此外，蘋果在電腦市場只佔 3% 左右，這款 iMac 在許多民

iMac

Jony Ive (left) with his former boss Jon Rubinstein,
head of engineering, with some multicolored iMacs.

強尼（左）與前工程部門主管魯賓斯坦。
前方的多彩 iMac 是市場第一款帶有時尚元素的電腦產品。
© Associated Press / Susan Ragan

眾眼中只是小眾產品罷了。」[54]

專家不看好，但蘋果迷卻報以熱烈掌聲。「iMac 跟其他產品太不一樣了。」柏克萊麥金塔用戶團體（Berkeley Macintosh Users Group）執行長海爾·吉普森（Hal Gibson）也說：「蘋果敢於大膽走自己的路時，成績往往很亮麗。」[55] 零售商更是摩拳擦掌。「我們預計會有暢旺銷量。iMac 是我看過外型最迷人的電腦。」美國當時電腦零售商龍頭 CompUSA 的總裁兼執行長吉姆·哈爾平（Jim Halpin）說。

消費者也很買單。1998 年 8 月，iMac 以 1,299 美元的價格正式開賣，前六週銷量便達 27.8 萬台，當年總共賣出 80 萬台，躍居蘋果史上買氣最佳的電腦機種。正如賈伯斯原先的目標與預期，iMac 尤其受到電腦首購族的喜愛，佔整體銷售的 32%；另一個主力族群則是不滿個人電腦而投靠蘋果陣營的消費者，銷售比重達 12%。

《聖荷西水星報》（San Jose Mercury News）記者強恩·佛特（Jon Fortt）寫道，iMac 的暢銷歸功於蘋果真正貼近消費者的需求。「第一代 iMac 又酷又炫的原因，不是顏色，也不在於形狀，而是蘋果願意開啟網路電腦的可能性，讓大家不必再遷就那些電腦天才設計出來的個人電腦。」[56]

第三季末，蘋果公布當季獲利達 1.01 億美元，不但是賈伯斯回任以來連續三季出現獲利，表現也超過市場預期。蘋果捲土重來的報導一時充斥媒體。

扶搖直上

iMac 讓蘋果起死回生，也鞏固了賈伯斯身為科技先知與消費趨勢領航者的名聲。舉凡商務、設計、廣告、電視、電影、音樂各個產業，無

不蔓延著 iMac 效應。iMac 也是第一個讓各界看到強尼的蘋果作品，他在一夕之間名氣大漲，被市場視為全球風格最大膽、最獨創的設計師之一。

往後幾年，iMac 的半透明塑膠機殼形成一窩蜂流行。小至 Swingline 牌釘書機，大至 George Foreman 牌烤架，都有類似的設計。走進塔吉特（Target）等量販店，很難不看到一排又一排的產品，像是相機、吹風機、吸塵器、微波爐、電視機等，都採用圓弧形的半透明塑膠外殼。這個半透明趨勢在個人電子產品尤其明顯，例如 CD 播放器、BB Call 與音響等等。

「現在最熱門的產品設計是什麼？」2000 年 12 月，《今日美國報》（USA Today）撰文說「答案是──半透明機殼」，並說這是「電子產品偷窺癖」。[57] 許多競爭對手也推出模仿 iMac 的 Windows 電腦，蘋果不但一狀告上法院，還成功地讓 eMachines 與 Future Power 的抄襲機種停止銷售。

拜 iMac 之賜，電腦不再是委身於辦公室隔間的辦公設備，如今變得更好玩、更時尚，在客廳或公司的接待櫃臺擺上一台，頓時成為一件走路有風的事。英國設計史學家潘妮・史巴克說：「iMac……打破傳統電腦的窠臼，少了過去的陽剛味，變成人人都愛的產品，是一個很大的突破。」[58]

專攻消費者、不主打企業市場的銷售策略奏效。「拿這時的產業態勢跟 50 年代比較，兩個時期的設計動能都很充沛。」隸屬史密森基金會（Smithsonian Institution）的古柏惠特設計博物館（Cooper-Hewitt National Design Museum）公共事務處助理處長蘇珊・葉拉維祺（Susan Yelavich）說：「也都是以新科技為後盾推出全新一代的產品。但過去科技主要用於辦公室，現在則以家用為主。」她另外指出一個重大差異──iMac 的誕生等於是「把辦公室電腦的行銷目標轉向青少年族群。」[59]

iMac 徹底改變了大家聊到電腦時的內容，話題不再只是 CPU 速度

等生硬規格，而是經常繞著它的外型、好用或客製化選項等等。

　　強尼認為，iMac 改變了大家的觀念。「從市場對 iMac 的反應可以明顯看出，大家普遍都覺得科技產品太複雜了，不符合人性。」強尼說：「情感面不受重視。這樣的觀念早該改了。」

　　許多人批評蘋果故意把 iMac 設計得與眾不同，無非是要搶鋒頭罷了。比爾蓋茲就是其中一個，他說：「蘋果現在只是在顏色設計上領先而已，我有信心我們很快就能趕上。」[60]

　　強尼駁斥說，iMac 的設計宗旨並非要與眾不同，而是順著過程不斷地演進，最後才有這個獨特的設計。

　　「很多人應該都覺得設計是產品做出區隔化的主要手段，這樣才有競爭優勢。」強尼說：「我很討厭這種觀念。那是企業考量，不從客戶或消費者的立場為出發點。大家應該要知道，我們的目標不是為區隔化而區隔化，而是開發出大家日後會喜歡的產品。與眾不同，只是我們追求目標之下的一個結果。」[61]

　　在賈伯斯的推動之下，設計突然成為蘋果獨立出來的一門顯學。

　　「大多數人講到設計，經常覺得那是表面功夫。」賈伯斯重返蘋果後不久，接受《財富》（Fortune）雜誌訪問時說；「但我覺得這種想法錯得離譜。設計應該是一個物品的靈魂才對。」[62]

　　iMac 也讓賈伯斯與強尼結下不解之緣，兩人日後更是合作無間，打造出許多創意產品，成為現代設計史的佳話。在兩人通力帶動之下，蘋果的企業文化從工程導向轉型成設計導向。「賈伯斯與強尼的交集，成了設計團隊最重要的優勢。」薩茲格說：「沒有賈伯斯坐鎮，其他部門可能只會覺得我們設計的作品太誇張。」

　　「對一家以創新為成立宗旨的企業而言，最大的風險就是不創新，以為打安全牌就能一帆風順。」強尼說：「賈伯斯有明確的遠見，知道

蘋果該怎麼做才能重拾初衷、才能把基本面做好、才能打斷筋骨再造，建立起勇於創新的體質。」63

reference

1. Walter Isaacson, *Steve Jobs* (Simon & Schuster, 2011), Kindle edition.

2. Steve Jobs at Apple's Worldwide Developers Conference 1998, video, http://www.youtube.com/watch?v=YJGcJgpOU9w.

3. Apple 10K Annual Report 1998: http://investor.apple.com/secfiling.cfm?filingID=1047469-98-44981&CIK=320193; and Apple 10K Annual Report 1995: http://investor.apple.com/secfiling.cfm?filingID=320193-95-16&CIK=320193.

4. Isaacson, *Steve Jobs*, Kindle edition.

5. Ibid.

6. Rob Walker, "The Guts of a New Machine," *New York Times*, http://www.nytimes.com/2003/11/30/magazine/the-guts-of-a-new-machine.html, November 30, 2003.

7. Paul Kunkel, *AppleDesign* (New York, Graphis Inc., 1997) p.21.

8. Ibid., 24.

9. Ibid., 26.

10. Isaacson, *Steve Jobs*, Kindle edition. Named after the Bob Dylan song "Stuck inside of Mobile with the Memphis Blues Again." The group's leader was a fan.

11. Bertrand Pellegrin, "Collectors Give '80s Postmodernist Design 2nd Look," San Francisco Chronicle, http://www.sfgate.com/homeandgarden/article/Collectors-give-80s-postmodernist-design-2nd-look-2517937.php, January 15, 2012.

12. Andy Reinhardt, "Steve Jobs on Apple's Resurgence: Not a One-Man Show," Businessweek, http://www.businessweek.com/bwdaily/dnflash/may1998/nf80512d.htm, May 12, 1998.

13. Bill Buxton, Sketching User Experiences: Getting the Design Right and the Right Design (Morgan Kaufman, 2007) 41–42.

14. Ibid.

15. Peter Burrows, "Who is Jonathan Ive?" *Bloomberg Businessweek*, http://www.businessweek.com/stories/2006-09-24/who-is-jonathan-ive.

16. Isaacson, *Steve Jobs*, Kindle edition.

17. Interview with Doug Satzger, January 2013.

18. Alan Deutschman, *The Second Coming of Steve Jobs* (Random House, 2001), 251.

19. Isaacson, *Steve Jobs*, Kindle edition.

20. Jennifer Tanaka, "No More Beige boxes," *Newsweek*, http://www.thedailybeast.com/newsweek/1998/05/18/what-inspires-apple-s-design-guru.html, 05/18/1998.

21. Kunkel, *AppleDesign*, 280.

22. Delphine Hirasuna, "Sorry, No Beige," *Apple Media Arts*, vol.1, no.2: p.4, http://timisnice.blogspot.com/2011/02/interviewing-jonathan-ive-delphine.html, Summer 1998.

23. Ibid.

24. Interview with Paul Dunn, July 2013.

25. Mark Prigg, "Sir Jonathan Ive: The iMan Cometh," *London Evening Standard*, http://www.standard.co.uk/lifestyle/london-life/sir-jonathan-ive-the-iman-cometh-7562170.html, March 12, 2012.

26. Interview with Marj Andresen, December 2012.

27. Interview with Roy Askeland, July 2013.

28. Interview with Paul Dunn, July 2013.

29. Isaacson, *Steve Jobs*, Kindle edition.

30. Dike Blair, "Bondi Blue," Interview with Jonathan Ive for Purple #2, Winter 98/99, 268–75.

31. Isaacson, *Steve Jobs*, Kindle edition.

32. Benj Edwards, "The Forgotten eMate 300—15 Years Later," originally in *Macweek*, December 21, 2012.

33. Interview with Doug Satzger, January 2013.

34. Isaacson, *Steve Jobs*, Kindle edition.

35. Apple brochure from 1977, noted in Walter Isaacson, *Steve Jobs*.

36. David Kirkpatrick, reporter associate Tyler Maroney, "The Second Coming of Apple Through a Magical Fusion of Man—Steve Jobs—and Company, Apple Is Becoming Itself Again: The Little Anticompany That Could," *Fortune*, http://money.cnn.com/magazines/fortune/fortune_archive/1998/11/09/250834/, November 9, 1988.

37. Blair, "Bondi Blue."

38. Isaacson, *Steve Jobs*, Kindle edition.

39. Ibid.

40. Interview with Don Norman, September 2012.

41. Leander Kahney, "Interview: The Man Who Named the iMac and Wrote Think Different," *Cult of Mac*, http://www.cultofmac.com/20172/20172/, November 3, 2009.

42. Ibid.

43. Ibid.

44. Ibid.

45. Ibid.

46. Interview with Amir Homayounfar, April 2013.

47. Isaacson, *Steve Jobs*, Kindle edition.

48. Ibid.

49. Jodi Mardesich, "Macintosh Power Play $1,299 PC: A Combination of Techno-Lust and Fashion Envy; It'll Be Available in 90 Days," *San Jose Mercury News*, May 7, 1998.

50. Steve Jobs, Apple Special Event, introduction of the iMac, May 6, 1998. http://www.youtube.com/watch?v=oxwmF0OJ0vg.

51. Interview with Doug Satzger, January 2013.

52. Hiawatha Bray, "Thinking Too Different," *Boston Globe*, May 4, 1998

53. Matt Beer, "New Unit Built with Users, Not Engineers, in Mind," *Vancouver Sun*, August 13, 1998.

54. "Will iMac Ripen Business for Apple?" *Associated Press*, published on Cnn.com, http://www.cnn.com/TECH/computing/9808/15/imac/, August 15, 1998.

55. "Apple Computer's Futuristic New iMac Goes on Sale," Associated Press, http://chronicle.augusta.com/stories/1998/08/15/tec_236131.shtml, August 15, 1998.

56. Jon Fortt, "New iMac Friendlier, but Apple Falls Short," *San Jose Mercury News*, January 14, 2002.

57. Theresa Howard, "See-Through Stuff Sells Big: iMac Inspires Clear Cases for Other Gadgets," *USA TODAY*, December 26, 2000.

58. Interview with Penny Sparke, September 2012.

59. Howard, "See-Through Stuff."

60. CNET News.com staff, "Gates Takes a Swipe at iMac," CNET, http://news.cnet.com/Gates-takes-a-swipe-at-iMac/2100-1001_3-229037.html, July 26, 1999.

61. James Culham, "Forever Young: From Cars to Computers to Furniture, the Current Colourful, Playful, Almost Toy-like Design Esthetic Owes More to the Playhouse Than the Bauhaus," *Vancouver Sun*, February 10, 2001.

62. Isaacson, *Steve Jobs*, Kindle edition.

63. Hirasuna, "Sorry, no beige."

chapter

6

a
string
of
hits

第六章
連連告捷
——嶄新的產品開發流程

a string of hits

我們的企圖心旺盛，以傳統的產品研發方式是行不通
的。既然挑戰這麼龐大複雜，就更要整合眾人之力開
發產品。[1]

—— 強尼‧艾夫

賈伯斯很喜歡 iMac，但怎知產品一上市，他對機殼顏色就有意見了。
想法向來沒有模糊地帶的他，一旦覺得邦代藍不合自己的意，說有多討
厭就有多討厭。

「產品本身我是很喜歡，但顏色選錯了。」他告訴設計團隊：「顏
色不夠亮，還少了那麼一點活力。」[2] 強尼請設計機殼顏色與材質的正
式負責人薩茲格重新研究，給他兩週時間提出其他選擇。薩茲格在園區
裡找到一間閒置房間，延續設計邦代藍 iMac 時的做法，湊出數十個不

同顏色的塑膠製產品，有廚具、半透明保溫瓶、亮彩塑膠餐盤等等。他把產品按顏色分類，藍色放一桌，紅色放另一桌。準備就緒後，薩茲格與一名他合作的接案設計師共同展示成果，但強尼與賈伯斯看了都不喜歡。

「賈伯斯走進房間，就說這裡東西太多太雜了。」薩茲格回憶說：「他看了我一眼，說：『你未免太沒用了。』」薩茲格現在回想起來還能一笑置之，但當時在現場可不好笑。賈伯斯不滿的情緒全寫在臉上。

眼前的選擇一大堆，賈伯斯看了就氣。「我們給的資訊真的太多了，沒有聚焦於怎麼運用在 iMac 上，所以他看了看我，說：『我要看到跟 iMac 類似的產品可以怎麼配色，你何時可以交出幾個選項？』

「我說再給我三週時間。強尼看了我一眼，表情像是在說『你瘋了嗎？』」

這個任務難如登天。為了做出不同顏色又幾近成品的模型，薩茲格在短短的時間內拼了命似地工作。

「我們遇到的一個大難題是，如何把不透明的顏色變成半透明狀。」他說：「拿黃色來當例子好了。要得出半透明的黃色並不簡單，我們的做法是在試管裝滿水，加入食物色素跟其他染料，最後設計出 15 種不一樣的顏色，交給製造商做出來。我們在那天跟賈伯斯簡報後就進行了，如果製造商做不出我們要的顏色，那就找別家。」

設計團隊接著處理機殼的所有細節，包括光碟機開口、揚聲器外殼、機身背面與支腳等。有家中國工廠很快便製造出 15 台顏色各異的 iMac（內部非真實零件）。

薩茲格選了鮮明飽滿的色系，有深藍、啤酒黃、膠水藍、青葉綠四款。皇天不負苦心人，他正好在期限最後一天完工。

「哇，我的天啊。」賈伯斯看到整個房間都是五顏六色的 iMac，一

聲驚呼。

「賈伯斯走進室內，看了看所有的樣品。」薩茲格回憶說：「他拿起黃色那個，擺在一個角落，然後轉過頭說：『這個黃色很像小便的顏色，我不喜歡。』

「他挑了幾款喜歡的顏色，轉身朝著大家說：『我特別喜歡這幾個顏色，讓我想到救生牌（Life Savers）水果糖，顏色很繽紛。但還少了一個女生喜歡的顏色。我想看到粉紅色的 iMac，什麼時候可以看得到？』他一句話，我們又再度動起來，10 天內做出五種色調不同的粉紅色樣品。賈伯斯最後選了草莓色。」

賈伯斯決定顏色時速戰速決，讓強尼覺得很不可思議。賈伯斯決定 iMac 走多彩系列，一來代表工廠必須生產五種機殼，二來零售商也必須分五種品項補貨，都會牽動到物流，但他連跟其他人討論都沒有，完全只以設計面為最高宗旨。顏色先確定，物流問題之後再解決就好。

「如果換成其他大部分企業，那個決策過程可能要好幾個月。」強尼日後說道。蘋果以前也是如此，管理層會先問製造與配銷有沒有辦法配合，但現在的蘋果不吃這一套。「賈伯斯半小時就搞定了。」[3]

代號「水果糖」的五色 iMac 機種進入量產，於 1999 年 1 月正式上市。距離第一代 iMac 只有四個月的時間。五款機種各有可愛的名稱，分別為草莓紅、藍梅藍、橘子黃、萊姆綠、葡萄紫。iMac 的彩色戰術為業界首創，為向來只求速度與饋送（feed）的電腦產業，注入一股時尚元素。

iMac 在水果糖系列之後，接下來幾年更以驚人速度陸續升級改版，晶片速度更快、硬碟容量更大，還有無線網路功能。但或許最關鍵的一個改版是推出更多顏色、更多不同設計感的 iMac ──只不過眾人當時並沒意識到這個決定的重要性。第二代 iMac 的顏色增添了石墨灰、寶石紅、原野綠、冰雪白、牛仔藍的選擇，晚期甚至推出「鮮花動力」（Flower

Power）與「藍色大麥町」（Blue Dalmatian）兩款花紋機種。

　　多彩系列 iMac 一直銷售至 2003 年 3 月才功成身退，由造型更勁爆、外觀彷彿 Luxo 牌圓弧底座檯燈的 iMac G4 登場。但 iMac 上市以來並陸續改版的那四年，奠立了蘋果日後立於不敗之地的產品策略，運用在 iPod 等產品無往不利。這個策略就是：先打造出一款突破業界傳統的產品，再積極迅速地改版，把產品琢磨到更好。iMac 的改版節奏快速，不但技術規格升級，顏色與價格也不斷有新意。五年之間，蘋果共推出 32 款以上的 iMac 機種，晶片速度與其他硬體規格一次又一次增強，顏色與樣式亦有 12 種以上的選擇。

蘋果新產品流程

　　iMac 上市後幾個月，設計團隊還把新的開發產品方式改良到爐火純青的地步，並稱之為「蘋果新產品流程」（Apple new product process，簡稱 ANPP），成為蘋果未來所向披靡的關鍵之一。

　　既然是賈伯斯當權，想當然 ANPP 很快就成為分工明確的產品開發流程，每個環節都列出詳盡的細節。

　　ANPP 是橫跨內部網絡的專案，彷彿一大張檢查事項清單，鉅細靡遺地列出哪個產品的哪個環節由哪個人負責，每個部門都有各自的指示。先是硬體與軟體部門，之後又加入營運、財務、行銷等部門，甚至連負責解決與維修產品的技術支援團隊都有規定。「從供應鏈到店面的每個環節都涵蓋在其中。」一名前主管說：「有供應商，也有供應商的供應商，牽涉到好幾百家公司，小至漆料與螺絲，大至晶片等等，一個都不放過。」[4]

ANPP 一開始就動員每個部門，連產品上市後才能看到成果的行銷也得動起來。「打從產品開發過程一開始，我們就非常重視如何貼近顧客需求，如何在市場中出奇制勝。」蘋果行銷長席勒說：「有好的行銷部門，我們才能做出好產品。工程與營運團隊也一樣重要。」[5]

ANPP 流程有一部分師法 HP 與其他矽谷企業的最佳實務，其實賈伯斯還在 NeXT 時就已經開始推動，在他回到蘋果後初期便改良完成。新流程表面上死板保守，對蘋果來說卻是全新又值得的做法。當時在蘋果服務的主管這麼形容：「ANPP 是一個職務界定分明的流程，卻不會讓人有透不過氣或疊床架屋的感覺，每個人都有機會在重要環節發揮更多創意。你看成果就知道。蘋果的研發速度很有效率。」[6]

強尼的設計部門也得遵守 ANPP 流程，從初步調查、概念發想，到設計與生產的每個環節，現在都必須按部就班做到。曾與設計部門密切合作的先進科技部門前主管莎莉・葛絲黛說，ANPP 流程有系統地紀錄設計細節，是它與其他企業的開發流程最不同的地方。

「所有細項都必須記錄下來，因為零件太多了。」她說：「我還在那裡的時候，所有的流程就已經到位。所以才說蘋果是很好的工作場合，因為他們有執行手冊，研發軟硬體需要有系統，有一套執行步驟很有幫助。我後來到 Excite 或 Yahoo 等企業很不能適應，問題就出在它們沒有類似的系統，沒有寫下來。它們的想法是，哪需要什麼流程？把產品弄上市就好了！」[7]

ANPP 的另一個靈感來源是現代工程管理系統，亦稱「同步工程」（concurrent engineering），指的是每個部門並行運作。相較之下，傳統營運模式則要求設計案先由甲部門處理完畢後，再交付乙部門負責。

美國太空總署（NASA）與歐洲太空總署（European Space Agency）等規模龐大、結構複雜的工程取向機構，很早便開始鼓吹同步工程的概念。同

步工程雖然繁複卻有靈活空間，把生產過程與產品週期（從製造、維修到回收）一併考量，因此往往能及早發現問題。強尼曾說很佩服人造衛星的設計師，原因或許跟他們使用同步工程法有關。

在賈伯斯還沒回任前的蘋果，產品由工程師開發，再交給設計師打點外型。如今設計團隊的地位愈來愈重要，過去的模式不再適用。

「我們的企圖心旺盛，以傳統的產品研發方式是行不通的。」強尼說：「眼前的挑戰這麼龐大複雜，就更要整合眾人之力開發產品。」[8]

產品陣容陸續到位

iMac 拿下佳績之後，蘋果在消費性桌機市場有了產品，賈伯斯與設計團隊著手設計商用型桌機、消費性筆電與商用型筆電，要把四宮格產品規劃藍圖的其他三個空格填滿。這三款產品系列在接下來兩、三年陸續登場，不但點燃蘋果的成長動能，設計團隊也得以把眼光放得更遠，嘗試全新的技術、原料與製造方法。

設計團隊完成 iMac 任務後，緊接著開始設計高效能的商務型桌機，尤其是鎖定照片編輯人員、剪接師與科學家等專業人士。他們的工作跟需要創意的桌面出版業有關，都是蘋果的老用戶，在 80 年代末、90 年代初使得蘋果在市場佔有一席之地，之後在蘋果營運有難時更不離不棄。

塔型機種 Power Mac G3 延續了 iMac 的設計語言，塑膠機殼藍白相間，所以又稱「藍白機」。設計團隊這次同樣加了把手，主機前後各裝一個，相較於 iMac 的把手設計主要是希望增加親和力，Power Mac G3 的把手確實考量搬動方便，也能呼應新的設計語言。

Power Mac G3 屬於恬恬吃三碗公的產品，名氣與好評一直不如 iMac，但銷售成績依舊亮眼，讓蘋果在商務電腦市場持續站穩腳步（當時商務市場仍比消費性電腦市場重要）。

論設計，採用 PowerPC G4 處理器的 Power Mac G4 更有耐人尋味之處。蘋果稱這款塔型機種「不但是速度最快的 Mac 電腦」，還是「史上速度最快的個人電腦。」[9] 銀灰色設計也代表了蘋果要跟塑膠機殼說再見，逐漸往鋁合金機殼發展，為日後的商務系列定調。

Power Mac G4 機殼原本是青灰色，後來才改成亮眼的金屬銀。薩茲格還記得，金屬銀機殼的設計過程讓他學到重要的一課：蘋果確實已經改朝換代。

Power Mac G4 進入量產前夕，硬體功能有不少變動，連機殼顏色也有微調。為了趕忙送上生產線，光碟機鏡面顏色與機殼其他部分的顏色不搭，賈伯斯看了當然不喜歡。但薩茲格反駁，堅持已經沒有改進的時間了。薩茲格說：「賈伯斯只淡淡地說：『你不覺得把它做好才對得起自己的良心，也才對得起我嗎？』我覺得有道理，於是又繼續改良，成品好很多。」

金屬銀機殼也讓強尼與魯賓斯坦大吵一架。強尼希望把手螺絲能做出特別形狀與加工處理，但魯賓斯坦覺得這樣成本太高，也會延誤產品出貨時間。產品準時交貨是他的責任，所以他對強尼的螺絲建議投反對票。但強尼不死心，一方面直接越過魯賓斯坦找賈伯斯評理，一方面也私下找魯賓斯坦旗下的產品設計工程師商量。「魯賓斯坦覺得不可行，會延後出貨；我則反駁說做得起來。我為什麼會知道呢？因為我偷偷去找過他的產品設計團隊了。」強尼事後回憶說。[10]

從螺絲事件可以看出，強尼與魯賓斯坦的嫌隙愈來愈大。往後幾年，兩人不但愈來愈常起爭執，也愈吵愈兇。

「強尼關心的是設計，」魯賓斯坦 2012 年接受電話訪問時說：「他心心念念都在設計。設計雖然很重要，但我們還得考慮到電力工程、製造過程、服務與技術支援等等面向。一個產品牽涉到許多環節，雖然不一定都有決定權，但各方都能表達自己的意見。而我的職責是統合每一方的需求，這也表示難免有妥協的必要。」[11]

但 Power Mac G4 卻如了強尼的意，最後採用高度拋光的不鏽鋼螺絲。

筆電再造

商用型桌機完成，設計團隊把焦點轉到賈伯斯產品藍圖的下一個目標──消費性筆記型電腦。

「設計說明很簡單，」一名設計師說：「把 iMac 變成筆記型電腦，如此而已。」

iBook 一開始的構思天馬行空，都是大家腦力激盪而來的結果，沒請焦點小組來評估，也不做市場調查。「我們不走焦點小組那一套。產品設計是設計師的工作。」強尼說：「一般人想的是當下的使用狀況，看不到產品未來的發展機會。請他們協助設計，這怎麼會公平呢？」[12]

當時的筆電造型方方正正，黑壓壓一片，完全以功能為取向。「我們有很多可以發揮的空間。」薩茲格說。但每個人都有共識，新機種要延續 iMac 的弧形線條與鮮豔的半透明塑膠機殼。

最後的成品完全不同於市場既有機種，不但曲線優雅，色彩更是奔放，增添許多樂趣。強尼在設計之初先是畫出貝殼的圓弧造型，然後指派史清爾擔任設計負責人。

此外，iBook 更創業界之先，加了掀開上蓋就能「喚醒」電腦的功能。

為此，設計團隊費心開發出無閂鎖機制，確保上蓋在筆電不使用時依舊緊閉。避免筆電放在背包時不小心被喚醒，而流失電力。

　　iBook 另外內建把手，外觀彷彿亮麗的塑膠手提包。筆電與把手的搭配天經地義（強尼多年前幫布蘭諾的「大專案」設計 SketchPad，也有把手設計），但除了攜帶方便之外，還希望能建立起機器與使用者的連結，讓 iBook 更平易近人。

　　「我們的設計宗旨是鼓勵使用者去觸摸 iBook。」強尼解釋說：「圓弧表面與塑膠材質，是希望營造出親密感，讓人忍不住想拿起來。」[13]

　　機殼、把手、上蓋等零組件的生產，個個都是嚴峻的考驗。首先，機殼以聚碳酸酯（PC）塑料黏著於熱塑性聚胺基甲酸酯（TPU）製成，後者為有彈性的化合物，能軟化機殼的硬邊，避免碰撞衝擊。PC 塑膠機殼也跟內部結構接合。

　　「同時要照顧到形狀，以及塑膠與底下金屬板的分層安排。」薩茲格說：「這款產品工程浩大，製造過程有零零總總的挑戰。我們花了許多時間在台灣解決零件分層的問題，問題很多。」

　　複雜的貝殼造型在開模時是一個頭痛問題。要做出貝殼形狀，且從模具卸下，必須從各個不同方向把模具拆開。起初，塑膠冷卻後會導致機殼出現微裂縫。把手也不容易製造。把手採杜邦研發的沙林（Surlyn）塑膠，中心處加入鎂合金金屬以提供硬度。沙林塑膠高硬度、高耐撞，常用於生產高爾夫球，但製作成把手又是另一回事。必須採用金屬粉末射出成型技術（metal injection molding），第一步先將金屬放進模具，再以彩色沙林塑膠繞著金屬成型。但問題是，金屬與塑膠的冷卻速度不同，導致把手一卸模就碎裂。設計團隊花了數週時間，在亞洲各地工廠微調模具與不同塑料的組合，最後終於克服種種難題。

　　業界首創的無閂鎖上蓋也是一個大問題，設計部門花了幾個月時

間，總算設計出一款特殊樞軸，能讓上蓋闔起時緊密關閉。無閂鎖設計的原意並不在於要驚豔四座，只是設計團隊努力想減少零組件數目罷了──零組件精簡化是強尼的一大設計理念。「零組件愈少，代表公差愈小，零件之間的相對位置關係更好。」一名設計師說。也就是說，產品運作會更和諧。

塑膠機殼、把手、樞軸等等設計，生產時極為複雜，使得 iBook 上市時間延後了幾個月。但市場已傳出好評聲不斷，買氣搶搶滾，電子零售店紛紛辦理預購。

iBook 正式發表上市時，有人開玩笑說它看起來很像「芭比娃娃的馬桶座」，一時之間讓大家忘也忘不了。[14] 雖然如此，iBook 很快捲起一股熱賣風潮，學生與教育從業人員都喜歡。上市前三個月的銷售量超過 25 萬台。iBook 後來幾年不斷改版，顏色選擇更多元，還加了更多的記憶體埠與 FireWire 埠。

iBook 也因為促進無線網路技術 Wi-Fi 的普及而史上留名。Wi-Fi 技術並不是蘋果發明的，但蘋果卻是第一家看到 Wi-Fi 潛力的企業，正如它當初看好 UBS 埠而用於 iMac 一樣。其他企業的筆電機種雖然也有 Wi-Fi，但必須插入網路卡，露出難看的天線。iBook 採內建 Wi-Fi 接收器，輕鬆解決問題。

iBook 還在研發階段時，蘋果便已研究家庭區域網路的可能性。隨著網路愈來愈普及，在家上網的需求顯然是大勢所趨。蘋果的競爭對手也在積極尋找對策，例如，康柏電腦大力推動以電源插座連結網路，而英特爾則在考慮以電話插座為網路介面。「我們看了看，覺得這兩種方式都很蠢。」席勒說。學校是蘋果的重要市場，用電源線或電話線來上網，都不適合學校環境，所以蘋果另闢途徑。

蘋果的工程師參與設定產業技術標準（如藍芽、USB 等）的委員會，

iBook

This unusual transparent iBook reveals the complex
internal metal frame Jony's design team developed for the iBook.

一甫上市隨即造成轟動的 iBook，採用半透明機殼，
可一窺設計團隊特別設計的內部金屬框架。
© 2013 Ian Larkin

其中一名發現有個新的無線網路技術叫 802.11，通報管理層。席勒回憶說：「我們的決策很明快……決定改變所有產品的外觀設計，將天線與插槽整合為內建，推出一體化的解決方案，強推 802.11 規格。」蘋果將這套結合網路卡與基地台的系統稱為 Airport。[15]

iBook 貝殼機在 2001 年功成身退，改由白色塑膠機殼上陣。但 iBook 無疑是改變市場遊戲規則的電腦，許多創新設計仍延續到現在的電腦機種，例如介面埠由後頭改到機身兩側、無閂鎖上蓋，更別忘了如今筆電、平板、智慧型手機都少不了的 Wi-Fi 技術。

iMac 與 iBook 雙雙告捷之後，蘋果的權力重心自然落在強尼的設計部門。魯賓斯坦不得已只好積極尋找工程師新血，要有能力與意願執行設計團隊交付的設計。

「當時的流動率很高。」一名前硬體部門主管說：「整個機械工程部門幾乎大換血。很多老員工都辭職不幹了，他們受不了快節奏的工作步調，因為我們把產品開發週期從三年縮短到九個月，速度在業界名列前茅。」

魯賓斯坦指出：「產品設計部門找來新人負責機械工程，與工業設計部門合作，將他們的設計執行出來。同樣地，生產能力也是重要關鍵，所以我們也找來能切實執行設計的供應商。」[16]

過去的蘋果由工程師當家作主，現在則聽命於設計部門，負責產品的實際生產細節。

「設計部門每件事都有最終決定權。」在蘋果工作十年、最後擔任產品設計團隊專案主管的霍梅恩發說：「我們在他們底下工作。」

安黛森說得更直接，她認為設計部門當時正逐漸變成蘋果最有權力的單位。

　　跟設計部門合作有一點一定要知道，那就是絕對不能拒絕他們的要求。她說：「就算他們的要求很昂貴、很荒謬，甚至是不可能的任務，還是要想盡辦法完成⋯⋯使命必達。」

產品規劃藍圖完成

　　繼 iMac、iBook、Power Mac 之後，賈伯斯的產品規劃藍圖只剩下商務型筆記型電腦。

　　強尼指派戴尤里斯與兩名設計師負責，給他們的三個指示包括：打造全新的使用者體驗、機殼用料實在、生產方便。他們特別在舊金山成立一個工作室，安裝了多台電腦，總價高達上萬美元。短短六週後，他們設計出一款符合兩個條件的筆電機種。

　　PowerBook G4 鈦書（Titanium PowerBook G4）是當時市場最輕薄的全功能筆電，且創業界之先搭配寬螢幕，特別適合經常需要開啟多個浮動視窗的高階專業軟體。但鈦書的製造有難度，機殼由幾片鈦合金片所組成，由一塊塑膠墊片區隔開來。機身為一個複雜的內部框架搭配幾塊強化金屬板，整體非常堅固。

　　有了基本構思之後，設計團隊花了好幾個月琢磨細節。PowerBook 螢幕有個聰明的閂鎖設計，闔起上蓋時，閂鎖會自動從上蓋裡伸出，彷彿變魔術一般，就在上蓋快闔起時會自動迸出，讓使用者又驚又喜。開了又關、關了又開，就是想看到閂鎖的運作。

　　機身下半部內裝有小磁鐵，能從上蓋的細孔將閂鎖吸出。這個設計為蘋果的產品埋下伏筆，許多產品都巧妙運用到磁鐵，iPad 就是一例，透過智慧型保護套（Smart Cover）即能休眠或喚醒。最後幾代的鋁殼 iMac

甚至還以磁鐵固定螢幕，需要拆卸機身時很方便。

正如當初第一代麥金塔把電源改到機身後方，PowerBook 磁鐵閂鎖也是蘋果講究細節的極致表現；細節，將一個產品從 A 昇華到 A+。第一代麥金塔的設計師馬諾克曾說，工藝級的細節才是關鍵所在。強尼想必也會同意這樣的說法。

「表面工夫大家都會做，但最重要的是，你對大家經常忽略的產品細節有沒有一股狂熱。」強尼說。[17]

設計部門對於細節有多偏執，設計師史清爾多年後這麼形容：「我們一群人都很熱血。設計首頁或音量的按鈕時，可能洋洋灑灑就做出 50 個模型。我們會研究邊邊角角，問要突出多少？要不要有軸？要不要做成圓形？材質要用金屬還是塑膠的？大小、長寬高，每個細節都有巧思。」[18]

細節是設計過程中片刻不忘的考量點，而不是設計到最後才用來美化產品的步驟。產品的細節跟其他設計環節同樣重要，向來也是強尼的設計理念。「如果簡單來說，設計是從構思、繪圖、做模型，最後再生產的過程。但我們並不是這樣。」史清爾說：「我們的步驟跳來跳去，會直接做到模型，也會跟產品設計部門與營運部門合作，討論產品的工程面。」[19]

按鍵與閂鎖等為產品增色的細節處，在設計圈中稱為「點睛之筆」（jewelry）。以汽車產業為例，車門把手與水箱護罩設計得好，也有畫龍點睛的效果。蘋果的新系列產品把這點做到出神入化的地步。「我們真的很注重能為產品加分的細節。」薩茲格說：「凡事要最高品質，塗裝要精美，表面處理要有高水準的表現。」

鈦書系列的磁鐵閂鎖正是點睛之筆的好例子。解開閂鎖的按鈕由高級不鏽鋼製成，輕輕一按，上蓋會往上稍微迸開，留空間讓使用者把手

指頭伸進去，將上蓋打開。彷彿強尼當年設計第二代牛頓機加裝的迸開式保護蓋一樣，都屬於工藝級的精心設計，讓使用者喜出望外。

設計團隊與鈦書電源鍵的供應商簽約之前，先請對方送樣，每個樣品又包含 12 個略微不同的版本，全以不鏽鋼生產。「幾乎看不出差別。」薩茲格笑說，似乎對設計部門的龜毛性格感到不好意思。「差異太細微了！」

2001 年，蘋果在舊金山麥金塔世界大會正式發表鈦書，強尼當時便預估它會大賣。「它的輕薄設計讓大家打從心底喜歡。」他說。[20] 消費者確實很買單，產品一上市便銷售一空，有好幾個月供不應求，想買也買不到。

鈦書雖然要價不斐，卻吸引不少人投效蘋果陣營，其中不乏專業行家。許多高科技會議中都可看到鈦書的身影，連 Linux 作業系統發明人萊納斯・托瓦茲（Linus Torvalds）等電腦高手也都愛用鈦書。鈦書的成功，使科技產業的重量級人物對蘋果改觀。iMac 雖然也很厲害，但只是造型可愛、鎖定一般消費者的塑膠玩具罷了；但鈦書在專業人士眼中卻是扎扎實實的電腦。

鈦書也是設計部門採用金屬與先進冶金製造技術的處女作。鈦金屬是出了名的難處理，未經處理過的鈦金屬呈現好看的光澤，卻容易留下指紋與刮痕。為此，強尼的解決之道是為鈦書上漆。但時間一久，鍵盤與手托部分卻又容易掉漆，使用者抱怨連連。

雖然市場接受度高，仍難掩鈦書的其他問題。機殼的框架結構繁複，由數種金屬材質製成，且為了搭配磁鐵門鎖等設計，機殼某些部分必須採不鏽鋼材質。零組件與材質愈多，麻煩就愈多。而筆電用久了難免會有碰撞，導致零組件鬆脫的問題。最後，設計團隊針對筆電產品開發出一種全新的製造技術。

　　除了風格特異的鈦書之外，設計團隊另外以消費與教育市場為對象，設計出新一代的 iBook，機殼採亮白色塑膠材質，並配備兩個 USB 埠，因此取了一個簡單明瞭的名稱——雙 USB「冰雪」機（Dual USB "Ice" iBook）。

　　強尼一心想加強筆電產品的耐久性，因此在設計冰雪機時，融合了 PC 塑料機殼與鈦合金內框。硬碟等關鍵零組件裝有橡膠墊片，有助於防震，作用有如汽車引擎的防震墊。易壞的零件如磁碟機門、按鈕、閂鎖等等，一概淘汰，改由幾近一體成型的構造將零組件密封在內。甚至連休眠 LED 指示燈也沒有穿透機殼，只有休眠時才能看到，由暗到亮不斷反覆。

　　拜別具巧思的 L 型樞軸之賜，上蓋打開後，竟可大幅開到鍵盤後方，讓電腦感覺更大更好用，但闔起來卻又輕巧迷你。「這款 iBook 蓋起來就好像一個光滑有型的豆莢。」強尼在宣傳影片中說：「但一把電腦打開，螢幕因為樞軸設計而能展開到後方，全尺寸鍵盤與舒服的大手托近在眼前。」[21]

　　冰雪機的機殼為透明 PC 塑料，內裡漆上白漆，半透明外殼的邊緣呈現「光暈」效果，讓表面有意想不到的深度，也讓整台電腦看起來更小。由於是裡層塗漆，因此外層不怕有刮痕。在塑膠機殼內層上漆，靈感可能來自強尼在 RWG 工作時的實驗，他當年在透明片背面塗上膠彩，創作出模型草圖。光暈效果後來也運用於其他產品，最著名的非 iPod 莫屬，更一直延續到最新的 iPhone 與 iPad 的玻璃螢幕。

　　這一款簡潔素雅、長方形的冰雪機，讓強尼更加確定了設計語言的新方向，不再走過去的彩色塑膠機殼，逐漸轉為黑白色 PC 塑料機殼。（嚴格來說，蘋果第一款白色電腦是 2001 年夏季推出的白雪系列 iMac，但一直要到冰雪機 iBook 出現，市場才注意到白色塑膠機殼；冰

雪機跟當時市面上的筆電機種截然不同。）

「這款新 iBook 跟 PowerBook G4 屬於同一個系列，卻有獨特的風格。」強尼說：「更溫暖、更快樂，我真心覺得它是更有人情味的一款設計。」[22]

強尼日後把大多數消費性產品改成黑白色的 PC 機殼，包括 iMac 與 iPod 等等；大多數的商用型產品也重新設計過，改採陽極氧化過的鋁製機殼。

Power Mac Cube

產品規劃藍圖的四個系列全部到位後，強尼與設計團隊在 2000 年再下一城，設計出成軍以來最具企圖心的產品—— Power Mac Cube（方塊機）。

設計團隊希望打造出一款終極電腦，把桌機性能集中在小小的立方體主機。業界把許多零組件都裝進塔型主機，但強尼覺得這是偷懶的做法。怎麼可以遷就工程師與設計師的方便，就讓消費者使用又大又醜的塔型主機呢？方塊機結合了全新的塑膠射出成型製程與高階微型化技術，跟蘋果其他許多產品一樣走極簡風，能不要的細節就不要。方塊機在微型化、創意、製程技術等方面，都是一大突破。

方塊機的機殼其實是一個長方體，由透明塑料一體成型，底座部分維持透明，留下長寬高各 8 吋的主體，營造出飄浮在空中的視覺效果。主機上方有垂直型吸入式的 DVD 光碟機，光碟片取出時彷彿一片土司。有些人把方塊機比喻成面紙盒，設計團隊聽了拍案叫絕，還特別把工作室裡的方塊機空機拿來當面紙盒。

Prototype

An engineering prototype of the Power Mac G4 Cube.

方塊機的工程原型機。
強尼與賈伯斯希望把它打造成蘋果的旗艦機種,但上市後銷量不佳。
© Jim Abeles

Design Prototype

An early design prototype of the G4 Cube.

方塊機的工程原型機與設計原型機。
© Jim Abeles

散熱方面，方塊機不使用傳統的風扇設計，改採空氣對流的方式，讓空氣由底部的通風口流入；冷卻完機身內部晶片後，再由上方通風口流出，運作起來幾乎無聲。

就跟之前的塔型機種 Power Mac G4 一樣，拆解是否方便也是一大考量。方塊機正是以輕鬆拆卸為設計宗旨，把機身翻過來可以看到做工精美的把手按鈕，按一下就能把主機核心提起來，露出內裝零組件。主機上方的觸控式電源鍵，彷彿印在透明機殼表面，營造出漂浮於空中的感覺，讓人看不出運作原理，有如魔術般神奇。這是當時業界最早使用電容式觸控技術的產品之一（也因為這項技術，之後 iPhone 才可能誕生）。蘋果使用者讚不絕口。

規格涵蓋 450 MHZ G4 晶片、64MB 記憶體與 20GB 硬碟空間的方塊機，另外還搭配光學滑鼠、專業級鍵盤，還有蘋果自行設計的 Harman Kardon 立體聲喇叭，但不包含顯示器，定價 1,799 美元，屬於初階機種。進階機種只在蘋果線上商店銷售，處理器效能更強，記憶體容量與硬碟空間更大，售價 2,299 美元。

「方塊機是劃時代的產品，」薩茲格說：「整合了許多有趣的新技術與精細的機械學，教人看了拍手叫好。」

有些人對方塊機幾乎到了癡迷的程度。Ars Technica 網站指出，方塊機的外觀「典雅高貴。」[23]TBWA/Chiat/Day 創意長李克羅則說：「靠，蘋果這次又中了！」[24] 但市場反應卻不如強尼與賈伯斯的預期。

在消費者眼中，方塊機只是中階的 Power Mac G4 機種，價格卻高出 200 美元，而且沒有顯示器。若是跟搭載 Windows 平台的電腦相比，方塊機的價格更是高出許多。

方塊機還出現了遭人揶揄的瑕疵。透明機殼用久了有時會出現毛細裂縫，在 DVD 插孔與朝天面的兩個螺絲孔特別明顯，成為媒體報導的

G4 Cube

The guts of the Power Mac Cube.

焦點。這個外觀瑕疵的問題雖然不大，卻讓有些人看了就氣。「會有這種表面上的問題真是糟糕。」Ars Technica 網站的一篇評論寫道：「問題沒有『嚴重』到需要解決，但有些使用者特別重視硬體外觀，看到這些毛細裂縫肯定受不了……偏偏他們是最喜歡方塊機的消費族群！」[25]

2000 年 9 月，方塊機上市不到幾個月，蘋果公布銷售量不如預期，之後更透露只賣出 15 萬台，僅原先預期的三分之一。2000 年底，蘋果公布第四季獲利「遠低於預期」，營收比原先預估差了 6 億美元，[26] 成為蘋果三年來首度虧損的一季。

看在蘋果觀察人士的眼裡，這無疑是一大警訊。儘管有一連串叫好又叫座的產品，但蘋果在市場的腳步還沒站穩，面對的是正值營運顛峰的微軟與戴爾。「坦白說，蘋果業績會這麼難看，我一點也不意外。但從這些數字可以看出，蘋果的前景實在令人擔憂。」市場研究機構蓋特納（Gartner）產業分析師凱文‧納克斯（Kevin Knox）表示。他最後更總結說：「表現太糟糕了。」[27]

2001 年 7 月，蘋果發佈新聞稿，表示將暫停銷售方塊機，但也非正式停止這條產品線。新聞稿亦指出，未來推出升級版的方塊機「並非不可能」。但新的方塊機始終沒有出現。五年後，由同樣沒有搭配螢幕的 Mac mini 披掛上陣，但價格更低，顯然是以有預算考量的首購族為目標市場。

對強尼的設計部門而言，方塊機並不是失敗之作。它雖然市場表現不佳，卻代表了製程與微型化技術的突破，在蘋果內部深得不少人的喜愛。

方塊機以筆電空間裝進桌機零組件，精簡技術已經到了新的境界。也因此，之後才能設計出檯燈機、乃至於平面螢幕一體機。同樣值得注意的一點是，方塊機讓蘋果有機會採用新的製造技術，對日後的 iPod 等

產品奠下基礎。薩茲格解釋說：「我們不採一般的塑膠射出成型製程，開始以切削加工的方式處理塑膠。方塊機的螺絲孔與通風口都是經過精密切削加工的成果。」

方塊機是蘋果開始大規模採用切削製程的早期產品，日後的MacBook 與 iPad 也都採用類似技術將鋁板切削加工。把格局拉大來看，蘋果這次嘗試切削製程，更代表了量產方式的徹底改變。

「長久以來，工程團隊常常對設計師說這個做不出來、那個做不出來。」薩茲格說：「但設計團隊偏偏不信邪，塑膠、金屬，什麼材質都拿來試。」

儘管方塊機的銷售成績黯淡，甚至還被視為只重外表、不重內容的產品，但它的成功誕生，卻代表了強尼與設計團隊的決定權和影響力愈來愈大。

reference

1. Lev Grossman, "How Apple Does It," *Time*, http://www.time.com/time/magazine/article/0,9171,1118384,00.html, October 16, 2005.

2. Interview with Doug Satzger, January 2013.

3. Walter Isaacson, *Steve Jobs* (Simon & Schuster, 2011), Kindle edition.

4. Interview with a former Apple executive, December 2012.

5. Phil Schiller testimony during *Apple v. Samsung* trial, trial transcript online at Groklaw (but behind paywall).

6. Interview with a former Apple executive, December 2012.

7. Interview with Sally Grisedale, February 2013.

8. Grossman, "How Apple Does It."

9. Neil Mcintosh, "Jobs Unveils the G4 Super Mac," *Guardian*, http://www.guardian.co.uk/technology/1999/sep/02/onlinesupplement1, September 1, 1999.

10. Isaacson, *Steve Jobs*, Kindle edition.

11. Interview with Jon Rubinstein, October 2012.

12. Mark Prigg, "Sir Jonathan Ive: The iMan Cometh," *London Evening Standard*, http://www.standard.co.uk/lifestyle/london-life/sir-jonathan-ive-the-iman-cometh-7562170.html.

13. Jonathan Ive in Apple iBook G3 Introduction, 2007, video, http://www.youtube.com/watch?v=_X9PWjUD9gU

14. Henry Norr, iBook Looks Less Different: This Time, External Features Distinquish Apple's Noebook, *San Francisco Chronicle*, http://www.sfgate.com/business/article/REVIEW-iBook-looks-less-different-This-time-2920054.php, May 17, 2001.

15. Steve Gillmor, "Off the Record," *Infoworld*, http://www.infoworld.com/d/developer-world/record-937, October 21, 2002.

16. Interview with Jon Rubinstein, October 2012.

17. Jonathan Ive, "Celebrating 25 Years of Design" Design Museum 2007, http://designmuseum.org/design/jonathan-ive.

18. Christopher Stringer testimony during *Apple v. Samsung* trial, trial transcript online at Groklaw (but behind paywall).

19. Ibid.

20. Simon Jarry, "2001MW Expo: Titanium G4 PowerBook stunner," Macworld UK, http://www.macworld.co.uk/mac/news/?newsid=2323, January 10, 2001.

21. Jonathan Ive in Apple iBook G3 Introduction, 2007.

22. Ibid.

23. John Siracusa, "G4 Cube & Cinema Display," http://archive.arstechnica.com/reviews/4q00/g4cube_cd/g4-cube-3.html, October 2000.

24. Andrew Gore, "The Cube," Macworld.com, http://www.macworld.com/article/1015641/buzzthe_cube.html, October 1, 2000.

25. John Siracusa, "G4 Cube & Cinema Display."

26. Apple.com press releases, "Apple to Report Disappointing First Quarter Results," http://www.apple.com/pr/

library/2000/12/05Apple-To-Report-Disappointing-First-Quarter-Results.html, December 5, 2000.

27. Brad Gibson, "Macworld: Numbers Tell the Story for Apple Sales," *PCWorld*, http://www.macworld.com/article/1021753/apple.html, January 19, 2001.

7

the
design studio
behind the
iron curtain

第七章
鐵幕後的設計工作室

the design studio
behind the iron curtain

當賈伯斯來到這裡，他希望跟人講話時只有彼此聽得
見……我們會把音樂的音量調高，讓他的話只有對方
能聽見，我們其他人則根本聽不清楚。

—— 薩茲格

2001 年麥金塔世界大會風光落幕後，設計部門工作室選在 2 月 9 日
搬家，從綠谷大道搬到對面的總公司大樓，至今未再搬遷。新的工作室
位於無限迴圈 2 號（蘋果內部稱為 IL2）的一樓，空間寬敞。

遷址的決定頗有象徵意味。布蘭諾當初把工作室設在總部對面，是
希望將設計部門從公司其他業務獨立出來；但新的工作室則佔據蘋果中
心據點，除了讓賈伯斯能與強尼及設計部門密切合作，也突顯出設計部

門在公司內部的獨尊地位。根據強尼的說法，設計部門如今是真的「貼近蘋果的心跳。」[1]

這次遷址也是物流的一大工程，大型機具與原型製造設備也要跟著搬過去。新址裝潢針對設計師精心打造，舉凡桌子、椅子甚至是玻璃，每一件家具都是訂製的。

工作室幾乎佔據了一樓所有空間，戒備森嚴。大型落地窗橫貫一整個牆面，外人無法偷窺其內。

走進工作室，空間被分隔成幾個區域。入口左側是設備齊全的廚房，放了一張大桌子，這是設計團隊每週開兩次腦力激盪會議的場所。入口右側則是一間小會議室，很少有人使用。

強尼的辦公室與入口處相對，由 12 呎乘 12 呎左右的玻璃立方體組成，是工作室裡唯一的個人辦公室。它的前牆與門採取不鏽鋼搭配玻璃的設計，就像蘋果直營店面一樣。除了小書架之外，辦公室內空蕩蕩的，白色牆面沒掛家人的照片或設計獎牌，只有一副桌椅與檯燈。

強尼坐的 Supporto 椅是鋁架皮面，來自英國辦公室家具廠 Hille，是得獎設計師弗瑞德‧史考特（Fred Scott）的作品，也是公認的設計傑作。強尼曾說這款皮椅是他最喜歡的設計之一（強尼在接受《ICON》雜誌訪問時曾說 Supporto 椅很美）[2]，因此工作室搬家時，為設計部門選了 Supporto 系列桌椅。

強尼自己的桌子則是訂製的，設計師是他的好友──住在倫敦的馬克‧紐森（Marc Newsom）。桌上通常只放著 17 吋 MacBook 與幾枝排放整齊的彩色鉛筆，沒有外接顯示器或其他週邊設備。

一走出強尼的辦公室，就有四張大木桌，這裡是向主管展示產品原型機的地方，也是賈伯斯來設計部門時最常駐足的據點。也因為這樣的空間安排，賈伯斯才會想到在蘋果商店如法炮製，擺上幾張開放式的大

桌，分別擺放 MacBook、iPad、iPhone 等產品。每當強尼有產品模型或原型機需要向賈伯斯或其他主管說明時，都在這幾張展示桌進行；平時則一概蓋上黑布。

緊鄰強尼辦公室與展示桌的，是一間大型 CAD 室，前牆也是玻璃牆面。CAD 室的工作人員約有 15 位（大家戲稱他們是「做表面的」）。設計師如果想看 CAD 模型的實體模樣，會把圖檔上傳到隔壁加工場的 CNC 銑床。

機械加工場位於最尾端，裡面以玻璃牆分成三個隔間。最前面一間有三個大型 CNC 銑床，用來銑削金屬、泡棉等各式各樣的材質。銑床都有避免廢料亂飛的護罩，屬於「乾淨」機具；後方則是各種切割機與鑽床，運作後會把現場搞得一片髒亂，因此密封於玻璃牆面之後。右邊是塗裝室，放置了幾台砂光機與一台約車輛大小的噴漆廂。

設計團隊會到機械加工廠做出產品模型，看構想是否可行。「他們會請 CAD 人員做出曲面設計檔，根據曲面建立刀具路徑，設定這個、設定那個，先做出某個零件的模型。」薩茲格說。

除了做出產品基本形狀之外，設計團隊對產品細節也不放過，例如邊角或按鍵等，也會製作出模型。模型常常一做就是好幾百個，就和強尼當年在大學時一樣。隨著設計過程一步步推展，設計團隊會將模型委外給專業公司製作。

強尼的辦公室、展示桌、CAD 室與機械加工場都位於入口處右側。另一側靠近強尼辦公室的地方有個開口，走進去便是設計師的工作地點。裡頭空間寬大，有一整面牆都是霧化玻璃，設計師共用五張大工作桌，彼此以低隔板隔開。這裡堆了一大堆東西，箱子、零件、樣品、自行車、玩具等等什麼都有，一片混亂；但氣氛卻輕鬆有趣。「可能有人在溜滑板玩豚跳，不然就是安德烈和史清爾在踢足球。」薩茲格說。

音樂是營造工作室氣氛的重要元素。這裡有 20 台左右的白色揚聲器，外加一對 36 吋高的重低音喇叭。「這裡的建材是水泥與鋼材，回音效果很好，一走進來立刻能聽到渾厚宏亮的音樂。」薩茲格回憶說：「我們全世界的音樂都聽，氣氛很嗨。音響系統裡收錄了五花八門的音樂，想聽什麼都有。」

強尼特別喜歡電音歌曲，但老闆魯賓斯坦卻容易因此分心。「設計工作室都聽電音流行歌曲，很大聲。」他說：「我個人喜歡安靜，這樣才能專心思考。但設計團隊不一樣。」

「工作室裡吵吵鬧鬧的，我反而工作更有效率。」薩茲格說：「我討厭坐在自己的小空間裡……我覺得愈吵愈好。」

賈伯斯也喜歡這裡狂播音樂，來工作室時常會把音量調大，但另有考量。「當賈伯斯來到這裡，他希望跟人講話時只有彼此聽得見。」薩茲格說：「這裡是開放式空間，如果沒有音樂，大家的談話內容可以聽得一清二楚。所以他每次來，我們會把音樂的音量調高，讓他的話只有對方能聽見，我們其他人則根本聽不清楚。」

設計工作室似乎軟化了生性緊繃的賈伯斯。「賈伯斯在設計部門裡就變了一個人，態度放鬆許多，跟人也有更多互動。」薩茲格說：「他的脾氣起起伏伏，經常遇到一些事情說變就變。但每次到設計部門，整個人就變得很輕鬆自在。」

賈伯斯花很多時間待在設計工作室，但一等到他離開的空檔，強尼會把握時間完成工作。「他不在的時候，我們會花一倍半到兩倍的精力工作。」薩茲格解釋說：「趁機做出新的作品、發想新的概念，等著向他發表。」

鐵幕

設計工作室是蘋果的點子工場，搬到主要園區時，賈伯斯特別加強了安全戒備，唯恐機密外洩。他知道工作室以前的安全戒備有時過於鬆散，如果有人按鈴，訪客偶爾能混進來。工作室遷址之後，賈伯斯決定改善這樣的情況。

設計工作室是蘋果大多數員工的禁地，甚至連一些主管也不得其門而入。後來成為 iOS 軟體部門主管的史考特・佛斯托（Scott Forstall）就是一例，即便是他的門卡也無法打開工作室的大門。

曾進入設計工作室的外人少之又少。賈伯斯偶爾會帶太太過來。艾薩克森也曾到此一遊，但《賈伯斯傳》裡只談到展示桌。唯一出現在媒體的工作室照片，刊登於 2005 年 10 月的《時代》雜誌，[3] 只見賈伯斯、強尼與三名主管在展示桌前排排站，後頭就是機械加工場。

設計部門也會對媒體使用障眼法。強尼偶爾接受媒體訪問時，地點會選在擠滿 CNC 銑床的工程工場，因此有媒體說那就是設計工作室；但其實只是附近的工場罷了。

蘋果除了保護產品機密不外洩之外，對自己人也防。研發新產品時，軟體工程師不知道硬體的外觀；而硬體工程師也不知道軟體的運作道理。設計團隊製作 iPhone 原型機時，螢幕只是一張桌面與幾個假圖示的照片而已。

儘管各部門擁有各自的專屬資訊，但神祕色彩最濃厚的當屬設計部門。「這裡的口風很緊。」薩茲格說：「大家不會跟『閒雜人等』聊到工作內容。」哪些人屬於閒雜人等呢？基本上，非同部門的同事就算閒雜人等。即便是強尼，也不能跟太太分享工作內容。

曾與設計部門密切合作的前蘋果工程師認為，大家這樣防來防去實在很累。「我在職場打滾多年，從沒看過像蘋果這麼愛搞神祕的公司。」他說：「我們常常提心吊膽，怕不小心洩漏了機密，飯碗就不保了。就算是蘋果自己人，隔壁的同事常常也不知道你在做什麼……蘋果的保密文化就像頂在你腦袋瓜的一把槍，稍有輕舉妄動，你就完蛋了。」[4]

神祕到最高點的企業文化還導致一個現象——設計團隊幾乎從沒登上媒體版面，大眾對他們也認識不多。儘管設計團隊幾乎囊括各項設計大獎，在同行裡也備受敬重，但在一般大眾心中卻默默無名。設計團隊已經習慣沒有光環的工作生態，很少對此有怨言；再說，產品受各界肯定時，強尼也會與大家共享榮耀。產品獲獎時，雖然通常由強尼領獎，但他每次一定會說是整個團隊的功勞。有個觀察人士曾挖苦說，強尼唯一會講到「I」（我）這個字，是因為提到 iPhone 跟 iPad（字首也有 i）。強尼言必稱團隊，除了希望成員得到應有的肯定，也是在保護大家，避免有人受到外界騷擾。魯賓斯坦指出，「雖然媒體都把功勞歸給強尼，但很多事都是整個團隊一起完成的……大家都是拋出好構想的幕後功臣。」[5]

雖然產品受到肯定時不能一人獨攬，但設計團隊並不以為意。薩茲格說：「我們有福同享。蘋果對外都介紹我們是『設計團隊』，但賈伯斯從來就不希望我們在媒體露面。公司還會避免獵才公司跟我們接觸。無法面對媒體，又沒有獵才公司找得到我們，所以我們都自稱是『鐵幕後的設計團隊』。」[6]

強尼與設計團隊是蘋果最主要的研發單位，負責發想新產品、改良既有產品，還會進行基本的研發工作。但他們並不是蘋果內部唯一的研發單位（蘋果沒有特定的研發部門）。設計團隊約 16 個人以上，以改良產品與製程為重點；反觀三星在全球有 34 處研發中心，設計師多達

1,000 人，產品線當然遠多於蘋果（有些產品還包括 iPhone 與 iPad 的零組件）。

史清爾如此形容工業設計師在蘋果的角色：「要能想像出還不存在的產品，也要能主導從概念到成品的過程，包括事先設想產品觸感、定義使用者體驗。設計師要管理產品的外觀、材質、質感、顏色等，也必須跟工程團隊合作，把產品做出來，實際推到市場去，做出符合蘋果品牌的工藝級品質。」[7]

設計團隊的成員彼此合作無間，很多人共事了數十年。蘋果的產品雖然不再由一個人單槍匹馬設計，但每個產品都會指派一個負責人，由他與一、兩位副手進行大部分的設計內容。

透過每週開會的方式，大家都能對某個產品的設計集思廣益。研究團隊每週會在廚房集合兩、三次，圍坐在餐桌旁開腦力激盪會議。每個人都得出席，沒有例外。會議通常在早上 9 點、10 點開始，一開就是 3 個小時。

喝咖啡是大家開會前的儀式。廚房裡裝了一台高檔的義式濃縮咖啡機，有兩、三人會主動幫大家煮咖啡。英籍義裔的戴尤里斯是大家眼中的咖啡大師。「我們大家對咖啡的認識，都是戴尤里斯教的。研磨、泡沫顏色、牛奶怎麼加、溫度為什麼很重要，咖啡大大小小的事情，他都懂。」身為戴尤里斯頭號學徒的薩茲格說。

正式開會時百無禁忌，大家想到什麼就提出來分享。強尼主持會議，卻不主導會議。

「每個設計會議一定有強尼的參與。」一名設計師說。

腦力激盪會議有明確的主題，有時是模型展示，有時是討論按鍵或喇叭網的細節，有時是一起解決某個設計上的問題。

「我們會討論對產品的目標，聊聊希望它是一款什麼樣的產品。」

史清爾說：「因此常變成畫畫大會，每個人拿出自己的素描簿畫起來、交換意見，然後又畫新的。這時大家會誠實給意見、不留情面，把構思不斷地去蕪存菁，最後才有值得做出模型的設計。」[8]

手繪草圖是設計流程的基礎。「我到哪裡都在畫。」史清爾說：「畫在活頁紙、模型，什麼都畫，也常常畫在 CAD 圖檔上。」史清爾曾說他喜歡畫在列印出來的 CAD 圖上，因為圖檔已經有產品的外型。「那些圖檔已經是透視圖，可以在上面添加很多細節。」他說。[9]

強尼也有畫草圖的習慣，畫工了得，但強調的是速度，細節其次。「他只想把概念趕快畫下來，跟大家分享他的想法。」薩茲格說：「強尼的手會抖，畫出來的圖很粗略，畫風相當有意思。」

薩茲格回憶說，強尼的素描本「很酷」。但設計團隊裡真正的繪圖高手是霍沃斯、麥特・朗巴克（Matt Rohrbach）與史清爾。「霍沃斯有時會說自己想到一個爛點子，一定會被大家嫌棄。結果把圖拿出來分享，卻畫得美輪美奐。」

當初設計 iMac 時，一張張圖紙放得桌上到處都是。但後來改用素描本，常用的是朗尼牌（Daler-Rowney，英國一家小型用品公司）硬皮素描本。辦公器材室堆滿許多。這個牌子使用高檔帆布製封皮裝訂，頁面不易散落。霍沃斯與強尼選了藍色素描本，比 Cachet 牌素描本厚兩倍，裡頭還有緞帶書籤。

設計團隊習慣把腦力激盪的構思全部記錄在素描本中，這樣要查看過去的構想更容易。蘋果與三星的訴訟案中，這些素描本更成了爭議點之一。

每次會議都能看到大家的畫筆動個不停。腦力激盪告一段落後，強尼有時會請在場每個人把草圖印出來，交給專案負責人，自己則會再找時間與負責人開會，一一討論所有的設計草圖。負責人與兩名副手也會

再把大家的草圖看過，想辦法整合新構想。

「有時候我很投入，一口氣畫了 10 張。」薩茲格回憶說：「但有時候設計師就是對某個素材提不起興趣，畫也畫不滿。」

模型製造

有了產品構想，還不急著向賈伯斯與其他主管報告，必須先委外製作出模型。模型做得愈像實際成品愈好，因此需要專業級設備與技能。靚模型（Fancy Models Corporation）是設計團隊經常合作的模型製造公司，位於夫利蒙市（Fremont），老闆是來自香港的游青（Ching Yu，音譯）。iPhone 與 iPad 的原型機大多出自靚模型之手，模型製作費從 10,000 到 20,000 美元不等。「蘋果在那家模型公司花了數百萬美元。」一名前設計師說。

蘋果自己的 CNC 車床雖然也做得出精美模型，但主要是製造構思尚未成熟的模型、有急需的塑膠零件或小型鋁質零件，很少用來製造成品。

在設計定案的過程中，模型扮演了重要角色。在設計價格平民、不搭配螢幕的 Mac mini 時，強尼委外製作了大約 12 個模型，尺寸不一，從很大到很小都有。他把模型一一排在工作室裡的展示桌上。「現場有強尼與幾名副總。」前產品工程師高坦・巴克西（Gautam Baksi）說：「他們指了指最小的一個模型，說：『這一看就知道太小了，有點誇張。』然後又指著另一頭的模型說：『那個又太大了，不會有人想買那麼大的電腦。正中間這個你們覺得如何？』一群人就這樣商量起來。」

機殼尺寸似乎只是小事，卻間接決定了 Mac mini 要搭配哪一種硬碟。機殼夠大，便能搭載普遍用於桌機、且成本較低的 3.5 吋硬碟；但如果

強尼選了小尺寸機殼，就必須採用 2.5 吋筆電型硬碟，成本高出許多。

強尼與幾名副總最後選定小尺寸機殼，再大個兩公釐，便能搭載便宜的 3.5 吋硬碟了。「他們考量的是產品外觀，不會想著節省成本而屈就於硬碟。」巴克西說。他說強尼甚至連一句都沒提到硬碟；硬碟大小根本不是重點。「就算我們反映了成本問題，他們改變心意的可能性也是微乎其微。他們完全以美感為考量，決定出產品的外觀與大小。」巴克西說。[10]

強尼的角色

強尼在蘋果的角色持續轉變，不只是設計，也逐漸扛起管理責任。除了管理設計團隊之外，他也主導新成員的招募。他是設計部門與公司其他部門（尤其是管理層）的溝通橋樑。他和賈伯斯合作無間，選定該研發哪些產品與設計方向。即使在賈伯斯過世後，依舊與管理層密切合作，無論是產品顏色還是按鍵細節，大大小小的事都會聽他的意見。「所有事情都由強尼看過。」一名設計師說。

魯賓斯坦指出：「強尼是個優秀的領導人，也是了不起的設計師，深受團隊成員的敬重。他的產品概念非常紮實。」

薩茲格深有同感：「強尼的領導能力高明，說起話來慢條斯理，是標準的英國紳士，有任何想法都會受到賈伯斯的重視。」過去就能清楚看出，如果賈伯斯是大處著眼，那負責小處著手的就是強尼。賈伯斯不喜歡某個東西時會明講，卻不多做說明，他從來不給意見或提出修正改進的方向，只叫強尼與設計團隊想辦法解決。

隨著強尼與賈伯斯的感情愈來愈好，強尼也開始「管理」老闆。「很

多時候是強尼要賈伯斯做這做那。」薩茲格說：「當他覺得有必要做新嘗試時，可能會建議賈伯斯改變一下。」如果自己或設計團隊被其他主管打臉或質疑時，強尼也不怕僭越上級，直接找賈伯斯作主。

強尼很保護設計團隊，這點跟其他部門相比尤其明顯。「設計出錯時，他會把責任攬在自己身上。」巴克斯說：「設計有一絲一毫的缺陷、不夠完美時，他會主動說是他的錯，不把矛頭指向任何人。」

設計團隊雖然感情融洽，但對其他蘋果人未必同樣友善。曾與設計部門合作近十年的前產品工程師說，他與強尼、與設計團隊都是公事公辦，氣氛嚴肅，心中時時冒出設計部門是全公司老大的感覺。

工程師巴克西說：「我不會主動跟他們攀談。他們賺得比我多太多了，得罪他們的話，我就死定了。我到設計部門辦完事後立刻閃人，絕對不會逗留，跟設計師沒有來往。」

設計師們私下倒是常常聚在一起，尤其是家住舊金山的幾位。對許多成員來說，社交生活與工作已經融合在一起。舉辦麥金塔世界大會時，他們常一起搭豪華禮車出席（車上不愁沒有高級香檳可喝），參加晚宴與之後的續攤。

有位前產品工程師還記得公司在舊金山克里夫特酒店（Clift San Francisco Hotel）舉辦正式晚宴的情景：「到了晚上 12 點左右，設計團隊的人來到現場，要參加在飯店大廳舉辦的續攤派對。史清爾、強尼、黃（Eugene Whang）那些人都來了……他們每次打扮都很新潮，喜歡新潮的音樂。」

設計團隊不少成員都有小孩。雖然工作室不對外開放，設計師卻常常帶小孩來上班。薩茲格就經常如此。他女兒對設計工作很感興趣，讀大學時以在蘋果設計工作室的成長經驗為題，寫了一篇論文，文中提到設計的過程、製造方法與製造原因等等。「她是我們團隊的一份子，在

工作室裡一待就是 8 小時、10 小時。」薩茲格說。

　　強尼是例外，他不會把太太與雙胞胎兒子（查理與哈利）帶到喧囂忙碌的蘋果裡。有幾個住在舊金山的設計師認識他的妻小，但對其他人來說，強尼的家人彷彿是個謎。強尼對設計的熱愛起於父親的大力栽培，但他自己卻沒讓兒子浸淫在設計的世界，頗令人玩味。

reference

1. Charles Piller, "Apple Finds Its Design Footing Again with iMac" *LA Times*, http://articles.latimes.com/1998/jun/08/business/fi-57794, June 8, 1998.

2. Marcus Fairs, "Jonathan Ive," *ICON*, http://www.iconeye.com/design/features/item/2730-jonathan-ive-|-icon-004-|-july/august-2003, July/August 2003.

3. Lev Grossman, "How Apple Does It," *Time*, http://www.time.com/time/magazine/article/0,9171,1118384,00.html, October 16, 2005.

4. Interview with a former Apple engineer, June 2013.

5. Interview with Jon Rubinstein, October 2012.

6. Interview with Doug Satzger, January 2013.

7. Christopher Stringer testimony, *Apple v. Samsung* trial, San Jose Federal Courthouse, July 2012.

8. Ibid.

9. Ibid.

10. Interview with Gautam Baksi, June 2013.

chapter

8

design
of
the
iPod

第八章
iPod 誕生
──蘋果存世的意義

design of the iPod

蘋果設計了一個巧妙結合軟硬體的藝術品。

—— U2 合唱團主唱　波諾

　　2000 年代初期，蘋果業績已見回穩。電腦產品熱賣，也剛推出作業系統 Mac OS X；而相關應用軟體如影片剪輯、照片儲存與 DVD 燒錄（即日後的 iMovie、iPhoto 與 iDVD）等等，也在研發醞釀中。萬事具備，只欠一款播放音樂的應用程式。

　　在音樂分享網站 Napster 的推波助瀾下，音樂數位化腳步加快，CD 燒錄機愈來愈風行，蘋果再不加把勁，很可能會淪為唯一沒有內建 CD 燒錄機的電腦大廠。為了急起直追，蘋果向小公司 Casady & Greene 收購

一款稱為 SoundJam MP 的第三方 MP3 音樂軟體，準備用於電腦產品。Casady & Greene 的明星程式設計師傑夫‧羅賓（Jeff Robbin），同時也被網羅到蘋果。

羅賓的團隊搬進蘋果總公司後，立即著手改良 SoundJam 軟體，將許多功能去蕪存菁，希望讓新手方便使用。在賈伯斯的指導下，羅賓花了好幾個月把軟體簡化再簡化，最後定名為 iTunes，由賈伯斯在 2001 年 1 月的麥金塔世界大會正式公布。

iTunes 還在微調階段的時候，賈伯斯與其他主管覺得可以順勢開發出能夠搭配的硬體，打造出數位相機或數位攝錄影機等產品，但最值得一試的似乎是 MP3 播放器。會鎖定 MP3 播放器，多少是因為早期機種的功能實在有待加強。套句硬體行銷副總葛瑞格‧喬斯亞克（Greg Joswiak）的話：「那些產品爛透了！」

當時的 MP3 播放器有兩種，一種又大又醜，採用傳統的桌機用 3 吋硬碟；另一種則使用昂貴的快閃記憶體，但只能儲存幾首歌。兩者搭配 iTunes 的效果不佳，但賈伯斯認為 iTunes 的內建智慧不用可惜，應該開發全新的硬體來搭配，於是吩咐魯賓斯坦負責研究。

設計部門這時已開始製作 MP3 播放器的原型機，但完全只在測試概念可不可行而已，作用跟布蘭諾當年的「大專案」一樣。他們以 iMac 的半透明塑膠機殼為靈感，設計出搭配快閃記憶體晶片的播放器，容量足夠儲存一張專輯的歌曲。「這些小型週邊產品比較像是核心產品的延伸，沒進行到工程部分，還只是概念展示的初期階段。」一名前設計師說。

強尼特別喜歡的一款原型機，外觀有如 iMac 的圓形滑鼠，機殼採紅色半透明塑膠。設計靈感來自溜溜球，邊緣處的刻槽用於纏繞耳機線，繞完後耳機剛好可塞進背面凹陷處（看起來就像 iPhone 5 的耳機收納盒，

只是形狀是圓形罷了）。原型機表面有幾個排成圓形的控制鍵，圓形中間則是一個小小的黑白螢幕，也就是日後 iPod 捲動式轉盤的雛形，但那時只有按鍵，沒有轉盤。設計團隊還做了另外幾個版本，其中幾台甚至以觀看影片為設計前提，但沒有一台原型機有讓人驚艷的感覺。

2001 年 2 月底，賈伯斯與魯賓斯坦遠赴日本東京出席麥金塔世界大會。基於東芝是蘋果主要的零組件供應商，魯賓斯坦特別抽空與對方見面。原本只是例行會議，但結束時，東芝的主管拿出一款新式硬碟給他看，雖然直徑只有 1.8 吋，卻有 5G 容量，要放進 1,000 張 CD 的歌曲不成問題。

東芝工程師不知道拿這款新硬碟如何是好，請教魯賓斯坦這適不適合內建於數位相機裡。他笑笑的，沒說出心中想法，但會後直奔飯店，跟賈伯斯報告說找到 MP3 播放器的設計方法了，只欠一張 1,000 萬美元的支票。

賈伯斯雖然點頭同意，卻給了但書，要求播放器趕在年底聖誕節前上市。也就是說，魯賓斯坦必須在 8 月前把產品做出來，蘋果才有足夠的時間行銷宣傳，迎接聖誕節銷售旺季。要打造出蘋果第一台 MP3 播放器，魯賓斯坦只剩半年時間。

「裝在口袋，輕鬆自在」

魯賓斯坦記得一開始就遇到很大的問題：包括設計團隊在內的每個單位，手邊都有其他產品在忙。類似實驗性質的案子，蘋果會延攬外部設計師來協助，這次也採取同樣做法。

有人推薦擅長手持式硬體與數位音訊的湯尼・法達爾（Tony Fadell）。

又是設計師又是工程師的法達爾，之前服務於「通用神奇」（General Magic，蘋果的衍生公司），為飛利浦（Philips）設計過 PDA，而在 90 年代末自己成立了「融合網絡」（Fuse Networks）。

法達爾的 12 人團隊當時正忙著設計一款 MP3 立體聲播放器，以傳統機架式結構搭配硬碟與 CD 播放機，沒有磁帶卡座或 FM 收音機。法達爾向瑞士鐘錶大廠 Swatch 與 Plam 等公司推銷這款產品，卻乏人問津，但跟 Real Networks 的幾次談話，引起魯賓斯坦的注意。

魯賓斯坦在科羅拉多州阿斯本（Aspen）的滑雪坡上打電話給法達爾，請他過來聊聊合作的可能性，還說產品內容屬高度機密，電話上無法透露。既然是蘋果打來的，法達爾豈有拒絕的道理。

一直到法達爾簽下保密合約後，魯賓斯坦才說蘋果研發出 iTunes 軟體，想設計一款搭配的 MP3 播放器。法達爾聽了並沒有特別感興趣，而且蘋果在 2000 年也不是市場的當紅炸子雞。但他手頭很緊，創業金已經燒光；再加上網路泡沫破滅，他想籌資也沒有辦法。為了支付員工薪水，法達爾勉強接下蘋果的工作。

魯賓斯坦與法達爾簽下八週合約，請法達爾設計出 MP3 播放器包括電池、螢幕、晶片等零組件的設計細節，另外針對產品執行團隊的籌組提出建議。分析完成後，他必須準備一份可行性研究向賈伯斯報告。

法達爾在蘋果的窗口聯絡人是硬體行銷主管史坦・黃（Stan Ng）。兩人很快為新產品構思出設計故事。「『裝在口袋』成了產品的宣傳噱頭，因為這樣的尺寸與外型正是它的迷人之處。」黃說。[1]

法達爾找出可用於新產品的零組件，其中大多來自於當時正快速起飛的手機產業。他根據零組件大小，把發泡塑料板相黏，製作出尺寸和香菸盒相仿的簡單長方形設計。但因為握在手中太輕，他從車庫找來釣魚鉛錘，用鐵鎚打扁，塞進模型裡增加重量。

魯賓斯坦對這個模型很中意，於是法達爾與黃在 4 月正式向管理層展示，席間除了賈伯斯之外，還有魯賓斯坦、羅賓與席勒等主管。法達爾之前沒見過賈伯斯，但他事前經過其他人指點，知道應該只展示三個選項，並且把最好的留在最後說明，才能引導賈伯斯做出正確的選擇。法達爾準備好前兩個模型的製圖，也帶來發泡塑料模型，藏在一只大木碗裡，連碗帶模型放在 4 樓主管會議室的長桌上。

開頭由黃主講，搭配投影片介紹音樂市場與市場既有的 MP3 播放器產品；但賈伯斯聽了覺得無聊，頻頻打斷他。法達爾接手，把所有可能會用到的零組件擺在桌上，其中包括東芝的 1.8 吋硬碟、一小片螢幕玻璃、幾款電池，還有一個主機板樣品。他先是講到記憶體與硬碟空間的價格曲線、電池技術，還有不同種類的顯示器。

語畢，他站起身來，向在場所有人展示第一個概念的圖片。圖中是一個大如磚頭的產品，上面有一個抽取式儲存設備。賈伯斯看了覺得設計得太複雜。

第二張圖裡的產品比較小，能儲存幾千首歌曲，卻必須搭配穩定性不佳的隨身碟，電池一沒電，內容就跟著消失一空。賈伯斯看了也不喜歡。這時只見法達爾走到桌前，把桌上的零組件一一拿起，像玩樂高一樣拼裝起來。他把裝好的成品遞給賈伯斯，趁賈伯斯把模型翻過來看的時候，將木碗掀開，把完成度更高的原型機拿給他鑑賞。

賈伯斯看了眼睛為之一亮。剛才中途離席的席勒，這時拿了幾個 MP3 播放器的模型回來，每個機身都有捲動式轉盤，讓大家同樣又驚又喜。席勒解釋說，不管是聯絡人姓名、住址還是歌曲，有時候清單累積得太長，想快速找到目標，最好的方式是轉盤。轉盤轉得愈快，清單移動的速度愈快，很快就能轉完一長串清單。如果要選取某個特定目標，按一下轉盤中間即可。

這個構想是席勒有次開會時想到的。當時他正在研究其他家的 MP3 播放器產品，發現按鍵一次只能移動一首歌，有時為了找想聽的那首歌，小小的按鍵可能要按個幾百下，怎能不生氣。「誰會想按 Plus 鍵按個千百次！所以我想既然上下移動太麻煩，何不用轉的？」他說。[2] 他發現捲動式轉盤其實在電子產品很常見，例如滑鼠有轉輪，Plam 手機也有拇指轉輪。Bang & Olufsen 的 BeoCom 電話機有一個轉盤，可以瀏覽聯絡人與電話清單，外觀很像 iPod 最後的招牌捲動式轉盤。

賈伯斯問法達爾有沒有辦法加入席勒的轉盤設計，法達爾說當然沒問題。這個案子於是拍版定案，代號 P-68。

揚琴專案

P-68 專案後來被知情人士稱為「揚琴專案」（Project Dulcimer），原因似乎已沒人記得。專案雖然已獲賈伯斯首肯，但身為其中要角的法達爾，非但不是蘋果人，對於當蘋果人也意興闌珊。法達爾想說服魯賓斯坦把工作外包給他自己的新公司，但遭到拒絕。魯賓斯坦硬是把法達爾的合約延長。

但隨著專案逐步進展，魯賓斯坦對這個合約安排愈來愈不放心，他希望法達爾能成為蘋果的全職員工。與賈伯斯初次見面的一個月後，法達爾必須再次向管理層報告 iPod 進度。這次有 25 名主管出席，包括當時完全不知道播放器設計進度為何的強尼。正當法達爾忙著把構想去蕪存菁的同時，魯賓斯坦想出一招逼他加入蘋果的方法，向他祭出最後通牒。

就在開會前一刻，強尼與其他高階主管都已入席等待，魯賓斯坦要

法達爾做出決定，如果他不加入蘋果，這次會議就立刻取消。也就是說，如果法達爾選擇不投效蘋果，專案就得告吹，而 iPod 也從此不見天日。

所幸法達爾接下工作，會議照常進行。

成為蘋果人的法達爾，負責專案的工程環節；羅賓主持軟體與介面團隊；而魯賓斯坦則為專案統籌人。大家的目標一致：打造出一款能符合賈伯斯要求、又無愧於蘋果品牌的 MP3 播放器，同時還要在短時間內完成。強尼是這個設計案最晚加入的成員，負責成品的外觀造型、工藝細節與易用性（usability）。

為了趕在期限前生產完成，法達爾決定採用的零組件如下：東芝的硬碟；新力的手機電池與螢幕；立體聲數位類比轉換器是來自蘇格蘭的小企業歐勝微電子（Wolfson Microelectronics）；FireWire 介面控制器來自德儀（Texas Instruments）；快閃記憶體晶片來自夏普（Sharp Electronics）；電源管理／電池充電晶片來自凌力爾特（Linear Technologies）；MP3 解碼晶片與控制器晶片來自 PortalPlayer。

法達爾前往亞洲與當地供應商會面，但並沒有告訴對方實際產品為何，只提出一些含糊的規格。

最初一批原型機是在大小有如鞋盒的強化壓克力箱製成的，方便除錯。鞋盒外殼也有煙霧彈功能，希望讓外人、甚至蘋果其他員工看不出他們在研發音樂播放器。為了進一步掩人耳目，專案團隊每次做出新的原型機，會把按鍵與螢幕裝在不一樣的地方。但有名工程師說，大家的障眼法不怎麼高明；往盒子內看一眼，就知道那是可以放在口袋裡的迷你產品。

強尼日後回憶說，他在「揚琴」專案的角色是協助落實專案的設計要求，也就是要創造出「前所未有」的新產品。[3]

走出新格局

「打從一開始，我們就想朝最自然、最簡單、最理所當然的設計方向走，讓人幾乎看不出產品有設計過。」強尼解釋說。產品外型並非設計關鍵，「必要的話，設計成香蕉的形狀也可以。」[4]

既然產品有螢幕、晶片、電池等零組件，堆疊成盒子狀是很順理成章的設計。魯賓斯坦說：「有時候，零組件決定了產品的設計方向，這個專案就是好例子。零組件組裝起來後，大概就能看得出外型。」[5]

強尼指派霍沃斯擔任首席設計師，而團隊則以法達爾的發泡塑料模型為參考樣本。使用者介面是設計過程中的一大挑戰，棘手問題除了螢幕位置以外，是否要安裝按鍵也是一個問題，因為選歌方式是重要考量。種種衡量之下，設計過程自然是不斷化繁為簡，最後得出轉盤加上 4 個按鍵的設計。

使用者介面方面，賈伯斯與曾服務於 NeXT 的資深設計師提姆‧瓦士科（Tim Wasko）合作研發。瓦士科同時也與羅賓搭檔設計 iTunes 的使用者介面。金屬銀介面的 QuickTime 4 正出自瓦士科之手，賈伯斯看了讚不絕口（後來更用於蘋果大多數的軟體），因此指派他負責 iPod 的使用者介面。

瓦士科首先把使用者選歌時會遇到的選項全數列出，包括歌手、專輯、某張專輯的某首歌。他說：「把選項全都畫出來後，可以發現每串清單彼此互有關連。最好是按個按鍵，就能往下到下一個清單；再按另一個按鍵，又能回到上方。」[6]

瓦士科以多媒體製作軟體 Adobe Director 做出簡單明瞭的展示影片。

向賈伯斯簡報之前，為了方便編輯影片，他把鍵盤方向鍵換成 USB 飛梭旋鈕。轉輪有個中心鈕，可快速查找影帶內容，上下各有幾個按鈕。瓦士科畫了四個標籤，代表底下的四個按鈕，包括播放／暫停鍵、倒退鍵、快轉鍵、選單鍵，完全不管上面的按鈕。

成品的效果很好，賈伯斯看了很喜歡，但要求瓦士科把第四個按鍵淘汰。瓦士科竟然忘了賈伯斯的做事風格。「如果只給賈伯斯一個樣品，就算做得很好他也不會滿意，一定要做出幾個爛的來陪襯。」瓦士科回憶說。

瓦士科沒有其他樣品當犧牲打，只好乖乖聽賈伯斯的話，想辦法把其中一個按鍵淘汰掉。他努力了幾個禮拜，還是想不出如何只用 3 個按鍵瀏覽選單。「我們為了那個按鍵真的是拼了老命。」他說。

賈伯斯最後只好同意四個按鍵的設計。瓦士科把 Mac 與轉輪拿到設計部門工作室給強尼看。「會議速戰速決。他們已經知道會有轉輪，我只是讓強尼看一下使用者介面的運作原理。」瓦士科說。

強尼接下任務後，嘗試把螢幕與捲動式轉盤擺在幾個不同位置，但選擇有限。設計團隊原本希望把四個鍵放在轉盤之上、螢幕之下，但最後改成按鈕放置在轉盤的上下左右，方便在轉動轉盤時能以拇指按下按鍵。

「賈伯斯很早就提出一些有趣的觀點，認為這個產品的重點在於內容瀏覽方式。」強尼日後接受《紐約時報》訪問時說：「產品功能的聚焦性高，不想雜七雜八做太多。做得花俏就太複雜，下場也會很悽慘。功能好用卻不大肆張揚，因為這個產品的重點是精簡。」[7]

iPod 沒有開關鍵，讓許多使用者與評論家差點沒跌破眼鏡，一開始頗不能適應。但按任何一鍵就能開啟，放置一段時間不動則進入休眠，實在是極簡設計的神來之筆。

「iPod 是顛覆傳統的產品，本身功能已經是一大賣點，設計走精簡路線似乎也成了順理成章的決定。」強尼說。[8]

許多可攜式消費性電子產品視為理所當然的標準規格，iPod 也同樣沒有，電池槽就是一個例子。大多數電子產品都搭配拆卸電池，除了有電池蓋之外，電池槽還有內壁，避免使用者碰到其他零組件。強尼兩者都免了，造就出更輕薄的 iPod。再說，蘋果經過研究後發現，使用者雖然聲稱有換電池的習慣，但其實並沒有。

內建電池的設計當然引起一陣譁然，畢竟使用者（尤其是評論家）已經視可拆卸電池為標準規格。但電池不必拆來拆去，表示 iPod 只需要兩片機殼就能組裝完成，下殼由不鏽鋼材質（他們稱為「獨木舟」）製成，再透過內部閂鎖扣住壓克力表殼。零組件愈少，產品製造的公差就愈小（零組件排列需要對齊時，設計上必須允許公差；零組件愈少，就愈沒有對齊的問題）。

強尼日後更把這個基本結構沿用至其他密閉式產品，例如好幾代的 iPod、iPhone、iPad 與 MacBook。「基本上只有螢幕跟後蓋兩個零組件而已，」薩茲格說：「但產品好很多。」

iPod 推出之後，沒想到市場對不鏽鋼後蓋頗有意見。開箱時很精美沒錯，但用久了容易出現刮痕和凹痕。設計顧問克里斯‧萊特理（Chris Lefteri）認為，講到機殼材質，大家並不會第一個想到不鏽鋼，但卻很適合。他說，大多數企業會選擇更持久的塑膠，「不鏽鋼其實是個很不理性的選擇，它容易刮壞、撞到會有凹痕，而且很重，拿來當作音樂播放器後蓋，實在讓人想不通。可是用在 iPod 偏偏很搭。」[9] 蘋果一名主管說，設計團隊選擇不鏽鋼材質的原因很簡單：它是最輕薄、最堅硬，也容易設計的材質。

萊特理說，iPod 除了後蓋之外，其他部分同樣做工精緻，展現設計

團隊當時在塑膠製程技術的功力。每個 iPod 機殼、乃至於殼內的熔合線，都經過手工拋光處理。「蘋果用的並不是新材質，而是拓展既有材質的可能性……從 iPod 可以看出，蘋果對材質的最高要求，已經到了精雕細琢的程度。」萊特理說。

iPod 走白色系，是強尼的點子。強尼認為蘋果的全白時期是亮彩時期的反動，而亮彩其實又是米白時期的反動。他說：「我們打從發想階段，就想像 iPod 是不鏽鋼與白色機殼相間的產品。白色……簡單得讓人摒息。白，不只是一種顏色而已，它雖然中性，卻中性得很絕對、很大器。」[10] 此外，黑色系的科技產品給人「高科技」或「宅男宅女」的感覺，反觀白色則不會讓人有距離感。

「中性白」的威力強大，蘋果當時所有產品都向白色看齊。尚未發表的新款 iMac 與 iBook，同樣採用白色機殼。「公司興起全新的設計語言。」蘋果前主管說。產品設計師薩茲格也有同感，他回憶說：「iPod 走白色風格，是因為第二代 iBook 是白色的。強尼當初在英國讀設計學校時，大部分的設計也是白色的。他開始在蘋果推動白色革命。」

直覺使然，賈伯斯起初反對白色風格。薩茲格有次設計出北極白（arctic white）鍵盤，被賈伯斯嫌棄，所以他又做出不同色調的白，但每一種嚴格來說又稱不上白色。他稱這些色調為雲朵白（cloud white）、雪花白（snow white）與冰河白（glacial white），計畫用於塑膠材質。他還選了月光灰（moon gray）的顏色，肉眼看是白色，實際上卻屬於灰色。所以拿月光灰的色票給賈伯斯看時，可以放心地說：「這不是白色的。」薩茲格的伎倆得逞，成功地讓賈伯斯核准月光灰的鍵盤。同樣的道理，無人不知、無人不曉的 iPod 耳機線也是月光灰，不是白色。「月光灰與貝殼灰是我們開發出來的灰色調，幾乎跟白色沒兩樣，但其實是灰色。」薩茲格解釋說。

iPod 前蓋除了採白色塑膠材質之外，另外塗上一層薄薄、透明的壓克力，看起來會有一層光澤。透明層比機身表面高出一點點，只有從側面才看得到，是 iPod 的透明密封蓋。強尼說，透明塗層讓「iPod 有了近乎光暈的效果。」[11] 看起來光鮮奪目。

隨著 iPod 逐漸成型，大夥兒也愈來愈興奮。賈伯斯幾乎每天都跟羅賓與瓦士科耗在一起，研究 iTunes 與使用者介面；而強尼則與設計團隊專心把 iPod 的工業設計做到完美。大家壓力雖大，卻也意識到這個產品非同小可。強尼說：「iPod 設計到最後，大家都投入很多感情在上面。我愛聽音樂，設計團隊也都喜歡聽音樂，這是我們大家都躍躍欲試的產品。」[12]

蘋果的產品原型機通常趕在週三左右做出，讓大家週末前有時間改進。但 iPod 不一樣，每次做出新的原型機，反而必須在週五交出。iPod 專案屬於獨立作業的設計案，無從得知賈伯斯每天花多少心思在上頭；但有些專案成員覺得他應該是週五拿到原型機後，帶回家在週末時把玩。會如此猜測，是因為每逢週一上班時，賈伯斯就會提出一堆新的要求。

iPod 上市在即，大家對其他細節的考量同樣鉅細靡遺，連產品包裝也不放過，重要性不亞於產品本身。之前的產品包裝主要以運輸為考量，但設計團隊希望 iPod 能有新的格局，把重點放在消費者，而不只是符合運輸公司的需求而已。於是決定分開設計運輸用包裝與零售用包裝，消費者在購買時不會拿到其貌不揚的裝運盒。

最後的成品是一個精緻的透明盒子，iPod 放在裡頭，彷彿珠寶般貴氣。「iPod 是我們開始思考將包裝納入整體設計的第一款產品，包裝與其他環節同樣重要。」薩茲格解釋說。

專案進展到 8 月，有款原型機終於實際播出一首歌曲。那天工作到

晚上的一群人，輪流拿著原型機試聽音樂，耳機是從某個人的舊新力隨身聽借來的。耳際傳來的第一首歌是浩室電音舞曲——DJ史畢樂（Spiller）製作、英國女歌手蘇菲‧艾利斯-貝斯特（Sophie Ellis-Bextor）演唱的《動感噴射機》（Groovejet）。

「哇，我的媽啊！這個會酷到不行！」賈伯斯說。[13]

隆重登場

2001年10月23日，蘋果在園區舉辦特別記者會，賈伯斯在台上開場：「我們今天準備了一個絕對讓各位大開眼界的東西。」他事前只邀請數十位記者出席，邀請函也只簡單寫了幾個字——「提示：它不是Mac」。當時911事件剛過一個月，全世界餘悸猶存，這次發表會不同於賈伯斯的愛現風格，走低調路線。

賈伯斯從牛仔褲口袋掏出iPod，全場觀眾的反應似乎不怎麼捧場，尤其聽到499美元的售價時，更是難以置信。不過是一台MP3播放器罷了，而且還只能搭配Mac、Windows平台的電腦不適用，這樣就要快500美元，未免貴得不切實際。評論家起初也不看好，有人甚至還說：iPod是「聰明產品，笨蛋價格」。[14]

iPod初期的銷售成績平平，直到兩年後與Windows系統完全相容，表現才拉出長紅。不過iPod的成功還是從第一代產品奠定出來的，強尼對它很有信心。

「我們的目標是設計出最棒的MP3播放器，希望它能成為一種指標產品。」強尼在iPod首支宣傳帶中說。[15]

回首iPod的設計過程，賈伯斯認為蘋果的真諦就在於此。他說：「如

22

果要找一個產品彰顯蘋果存在的意義，非 iPod 莫屬。因為它有優異的技術後盾、有蘋果最出名的人性化介面、有厲害的設計，三個蘋果的經營理念都有了。如果有人在想，這個世界上為什麼要有蘋果的存在？我會拿 iPod 給他看。」[16]

但 iPod 只能算是非常規專案，由工程團隊主導；向來在公司呼風喚雨的設計團隊，這次只是屈居次位。為了趕著上市，iPod 採用現成零組件組裝而成，強尼只負責他最痛恨的「設計外殼」工作。雖然如此，他還是本著大學以來的初衷，認為白色是最適合高科技產品的顏色，而成功地把 iPod 設計成白色，展現他的個人特色。

這個專案除了讓強尼多了「iPod 強」（Jony iPod）的綽號之外，更開啟了蘋果的白色時代，正如當初 iMac 帶動了半透明塑膠機殼的風潮一樣。再考量賈伯斯原本對白色產品的抗拒，強尼能成功主導此次的設計轉型，實非小事。

iPod 有許多設計特色在後續產品更加發揚光大，例如蘋果的第一個觸控式介面（但技術仍屬初階）。iPod 的密閉式機殼、輕薄機身、人性化介面等等，都成為設計團隊日後打造其他產品的標準。iPod 也是強尼與賈伯斯雙王時代的第一個可攜式產品，讓設計團隊得以把這類產品的設計與生產做到最好，進而為無縫機殼與內建式電池寫下新標準，最後更成為產業規格。

iPod 的成就令人稱道。U2 合唱團主唱波諾（Bono）曾把 iPod 形容得恰到好處：「很誘人。」形容它無所不在亦不為過。市場不久後便掀起 iPod 現象。

「iPod 是 21 世紀第一個文化象徵。」任教於塞賽克斯大學（University of Sussex）、有「iPod 博士」之稱的麥可‧布爾（Michael Bull）博士說：「法國哲學家羅蘭‧巴特（Roland Barthes）認為，中古時代社會的象徵物是大

教堂，50 年代的象徵是汽車……我認為再過五十年，我們會說 iPod 是這
個年代的象徵物。它讓人把全世界都放在口袋裡，代表了 21 世紀社會
的關鍵時刻。」[17]

reference

1. Steven Levy, The Perfect Thing: How the iPod Shuffles Commerce, Culture, and Coolness (Simon & Schuster, 2006), 36.

2. Ibid., 38.

3. Ibid., 133.

4. Sheryl Garratt, "Jonathan Ive: Inventor of the decade," The Guartdian, http://www.guardian.co.uk/music/2009/nov/29/ipod-jonathan-ive-designer, November 28, 2009.

5. Leander Kahney, "Straight Dope on the iPod's Birth," http://www.wired.com/gadgets/mac/commentary/cultofmac/2006/10/71956, October 26, 2006.

6. Interview with Tim Wasko, April 2013.

7. Rob Walker, "The Guts of a New Machine," New York Times Magazine, http://www.nytimes.com/2003/11/30/magazine/the-guts-of-a-new-machine.html?pagewanted=all&src=pm, November 30, 2003.

8. Jonathan Ive, "iPod—2001 and 2002," Design Museum Online Exhibition, http://designmuseum.org/exhibitions/online/jonathan-ive-on-apple/ipod-emac.

9. Interview with Chris Lefteri, October 2012.

10. Levy, The Perfect Thing, 78.

11. Ibid., 99-100.

12. Jonathan Ive in Apple Original iPod Introduction, 2006, video, http://www.youtube.com/watch?v=TSqNHGJw2qI

13. Levy, The Perfect Thing, 50.

14. Macslah Forum post, found on "Apple's 'breakthrough' iPod," Brad King and Farhad Manjoo, Wired.com, http://www.wired.com/gadgets/miscellaneous/news/2001/10/47805, October 23, 2001.

15. Apple—"Introducing the First iPod," http://www.youtube.com/watch?v=BCYhrt_PF7Q

16. Levy, The Perfect Thing, 51.

17. Johnny Davis, "Ten Years of the iPod," The Guardian (UK), http://www.guardian.co.uk/technology/2011/mar/18/death-ipod-apple-music, March 17, 2011.

manufacturing,
materials
and
other matters

第九章
製程、材質
與其他二三事

manufacturing,
materials and other matters

設計團隊如此密切互動有個很大的好處，那就是我們都覺得剛在起跑階段，值得實現的想法還有很多。

—— 強尼・艾夫

回顧過往幾年，設計部門遇到特殊挑戰時，往往也是它才華畢露的時候。能天馬行空找靈感，又具備執行能力，成了賈伯斯與強尼兩人合作的金字招牌。設計團隊的獨創設計經常挑戰傳統製程的極限，琢磨再三的 iMac 就是最佳例證。

第一代 iMac 上市約一年半後，設計團隊覺得映像管畢竟笨重，想試著改用 LCD 螢幕。他們在 2000 年著手改良，過程中遇到不少難題，製

作出許多原型機後總算定案，成為蘋果最具特色的電腦之一。

起初，設計團隊的構想跟一般平面螢幕電腦的概念沒兩樣，都是把主機裝在螢幕後面，很像強尼當年操刀的 20 週年紀念機。但賈伯斯不喜歡，覺得又醜又俗。

「既然要把所有零組件都放在後面，哪有必要用平面螢幕？」他問強尼：「每個元素應該獨立出來。」[1]

根據艾薩克森所寫的《賈伯斯傳》，賈伯斯那天提早下班，回到位於帕羅奧多市的家，想釐清頭緒。強尼順道去找他討論，兩人提議到花園裡散步，園子裡滿是賈伯斯的妻子蘿倫（Laurene）栽種的向日葵。正在討論解決之道時，強尼突然想到何不設計出向日葵形狀的 iMac，螢幕獨立出來有如花朵，連接其他零組件的支架彷彿花梗。

興奮之餘，強尼振筆畫起草圖。艾薩克森寫道：「強尼喜歡有故事性的設計。他發現向日葵的形狀可以表達他對平面螢幕的想法——流暢線條、互動性高，給人迎向日光的感受。」[2]

但某位蘋果前主管的說法卻不盡相同。強尼做了兩個原型機給賈伯斯看，一台又醜又俗；另一台將平面螢幕與底座分隔，彷彿是「雁鳥的脖子」。賈伯斯選了後者，因為有「擬人效果」。跟第一台 Mac 一樣，賈伯斯希望電腦更有「親和力」。

外型有了初步概念後，設計團隊接下來的難題是如何連接螢幕與底座。

他們一開始以球窩接頭為支架，看起來有如一串脊椎骨。支架由彈簧纏線串起，末端有個鉗夾連接到螢幕背面，夾緊時能繃緊纏線，固定住支架；鬆開時則能放鬆纏線，讓支架可以隨意調整。薩茲格說：「螢幕沒有固定，必須用兩隻手抓著才能把鎖鬆開，調整到定位後會自動鎖住。它有一串漂亮的球窩接頭，電源線與信號線從頸部穿過。鬆開鉗夾

後，支架鬆垮垮的；但一旦夾緊，內建的凸輪機制會把支架鎖在定位。」

設計團隊做了數十個原型機，外型雖然美觀，但操作上卻不實用。鬆緊支架鉗夾需要用到兩隻手，調整螢幕時會造成某些使用者的困擾，對小孩來說尤其不方便。

強尼一時無計可施，只好對外求救，請設計顧問公司 IDEO 來看看。IDEO 的任務原本只是評估既有設計的實用性，但幾經評估後，建議蘋果換掉球窩接頭支架，改用雙節式支架，呈現宛如 Anglepoise 桌燈的外型。經 IDEO 一提點，外觀不但更加分，也實用多了。

設計團隊針對 IDEO 的兩節式支架又做了幾個原型機，操作確實更容易，但薩茲格心中還是有問號，他在構思會議中提出：「支架有必要做得那麼靈活嗎？何不做成單節支架就好？」他的建議最後沒有下文，直到強尼與賈伯斯有次開完會後回到工作室，賈伯斯也建議單節設計就好。

設計團隊再度埋首工作，經過工程面不斷調整，做出不鏽鋼單節支架，內建高壓彈簧，能巧妙平衡螢幕的重量。螢幕只要一根手指就能移動，纜線也收納於支架內。

薩茲格說：「我們都很興奮。大家看了愛不釋手，也從製造過程中學到許多東西。」強尼說 iMac 是「產品工程設計的極致表現。我們克服了一個高難度的挑戰⋯⋯支架看似簡單，但背後的原理卻很複雜。」[3]

螢幕的塑膠框架也讓設計團隊大傷腦筋。前幾個原型機的框架很細，但設計團隊發現，調整支架時手指很難不碰到螢幕，導致畫面出現漣漪。嘗試更厚一點的框架，強尼又覺得「枉費顯示器做得這麼輕薄亮眼。」[4]

左思右想，他們想到可以再設計出透明塑膠邊框，創造「光暈效

iMac G4

The distinctive Luxo Lamp iMac G4
was Jony's second attempt at aflatscreen computer for the home.

iMac G4 宛如 Luxo 品牌檯燈，造型獨樹一幟，
是強尼第二款家用平面螢幕電腦。

果」。使用者有可抓握的地方，也不會破壞螢幕美感。光暈效果在 iPod 上發揮得淋漓盡致，成為強尼白色風格時期最為人熟知的特色之一，更一直沿用到 iPad 的外框。

iMac G4 的半球形底座也是工程的一大壯舉。電腦主機、磁碟機、電源都塞在裡面。此外還沿用方塊機的冷卻系統（方塊機從底部抽風，頂部送風），但考量晶片容易變熱，所以加裝了散熱風扇。儘管如此，強尼回憶說：「每個螺絲、每個細節，都是深思熟慮後的產物。」[5]

強尼指出，iMac G4 設計的高明之處，不在於它的外型，反而是那股令人意外的低調。隔個距離看，它像一座檯燈；但正對著它坐下，焦點卻集中在螢幕，其他部分都退居幕後。「坐在這款 iMac 前面 10 分鐘，移動一下螢幕，很快就會忘了它的設計。設計化於無形。我們對譁眾取寵的設計沒興趣，會盡可能把設計簡化。」強尼說。[6]

設計團隊複製 iPod 的行銷手法，同樣也設計出 iMac G4 的專用包裝。包裝箱看似不足掛齒，但設計團隊覺得產品開箱是一件大事，足以影響使用者對產品的第一印象。「賈伯斯跟我花了很多時間研究包裝。我喜歡開箱的過程。開箱體驗應該要經過設計，讓使用者感受到產品的特別。包裝做得好就像一齣戲，對你訴說故事。」強尼當時說。[7]

設計團隊雖然重視包裝設計，但不代表沒有幽默感。他們把 iMac G4 的包裝箱內部設計成男性生殖器，故意幽消費者一默。薩茲格說：「支架擺在中間，左右各是一個球型喇叭，讓消費者開箱時臉上冒出三條線。」

2002 年 1 月，賈伯斯在麥金塔全球大會正式發表 iMac G4，當週登上《時代》雜誌封面，成為該雜誌以產品發表為封面主題的第二個產品。

賈伯斯在台上這麼介紹：「我覺得這是蘋果做過最好的產品。它散發出難能可貴的美感與質感，未來十年絕對不退流行。」

Box Design

For a joke, the IDg team designed the inside
of the iMac G4's box to look like male genitals.

設計團隊幽消費者一默，將 iMac G4 箱內包裝擺成男性生殖器的形狀。

Photo courtesy of Dave Lawrence (davelawrence8 on Flickr).

秀出底座的投影片時，賈伯斯說：「這麼漂亮的電腦基座，各位應該是第一次看到吧？」

賈伯斯還播放了一段宣傳影片。強尼在影片中對著鏡頭說：「我們知道這款電腦要使用平面顯示器，[8] 但難就難在怎麼使用。我們的答案是讓螢幕挑戰地心引力，簡簡單單的外框彷彿飄浮在空中。大家看它，會覺得設計很簡單、很理所當然。但別忘了，最簡單、最省力的答案往往是最難找到的。」

等賈伯斯的演講結束後，強尼默默在秀場裡走動，想知道大家的反應。他為 iMac G4 的大大小小細節費心設計了兩年，都是暗中進行，一直沒有外界的回饋。此刻的他，擔心市場無法接受這款想像力豐富的電腦。「我猜大家很喜歡。對對，大家……很捧場。」他事後說。[9]

強尼白擔心了。拜 iMac G4 之賜，蘋果得以重振方塊機之後受損的形象。在強尼主導設計方向之下，蘋果再度站上產業顛峰。

用力工作用力玩的強尼

鞏固了自己在蘋果的地位後，強尼重拾對車子的熱愛，他買了一輛號稱 007 座駕的超級跑車奧斯頓馬丁 DB9（Aston Martin DB9）。強尼請車商把車運到紐約，跟父親展開橫跨美國之旅。這台車要價 25 萬美元，但買完短短一個月，他載著戴尤里斯在聖布魯諾市（San Bruno）附近的 280 號州際公路發生車禍意外，車子全毀，兩人也差點喪命。

「強尼開得很快，但他說時速沒超過 80 英哩。」一名同事說：「路上發生狀況，強尼失去控制，車子打滑、車尾掃向小貨櫃車，最後直接撞上安全島。車子被撞得稀巴爛，他們兩人還能活著是不幸中的大幸。」

安全氣囊彈出，車內全是點燃氣囊的火藥味。強尼清醒時發現味道很噁心。「他從昏迷狀態醒過來時，聞到火藥的味道，覺得很詭異。那次車禍讓強尼心神不寧。」另一位消息人士說：「諷刺的是，蘋果因為強尼的車禍發現他不可取代的地位，幫他大幅加薪。」

強尼對速度與車子的熱愛，並沒有被車禍澆熄。他買了第二輛DB9，怎知之後停在自家車庫外頭竟然起火了，氣得他直接找奧斯頓馬丁理論。「他畢竟也是英國人，又跟賈伯斯、蘋果關係匪淺，於是去找奧斯頓馬丁抱怨。對方最後給他很好的折扣。」消息人士指出。

奧斯頓馬丁同意以折扣價賣給他更高檔的 Vanquish（2004-05 年款）——搭載超強馬力的 V12 引擎，要價 30 萬美元。強尼不久後又買了一輛白色賓利，同樣是高性能的英國豪華跑車。看到設計團隊中有人買了路華 LR3（Land Rover LR3），強尼也立刻出手。「強尼想要一台，不到幾天就出手買了。」消息人士指出。強尼之後還買了一輛黑色賓利 Brooklands，要價約 16 萬美元，原木與皮革內裝很多都是手工組裝，引擎亦是馬力十足，從靜止加速到時速 60 英哩僅需 5 秒鐘。

奧斯頓馬丁超跑不但快又猛，創新製程亦為人稱道。車身以鋁合金、鎂合金、碳纖維等輕量的特殊材質製成。全鋁車架不採焊接，而以黏合各部件的方式接合，因此更加堅固，且不易出現裂痕。強尼不久後便將類似的製程運用於蘋果。

從 iMac G3 開始，賈伯斯與強尼兩人的合作關係益形密切。後來持續與蘋果合作的 TBWA/Chiat/Day 廣告人席格說：「我們每個禮拜跟賈伯斯開兩次會，強尼大多數時候都在場。」開會主要是討論行銷事宜，雖然不是強尼的專長，但賈伯斯希望他也能出席給點意見。「賈伯斯看重強尼的想法，顯然不只是在產品設計而已。」

　　強尼除了在會議室裡獻策，平常與賈伯斯的交情深厚，更加鞏固了他的軍師地位。席格講到那次經驗：「賈伯斯與強尼會一起在員工餐廳吃午餐，我每次去，賈伯斯身邊一定有強尼。他們兩個人實在是如膠似漆。」[10]反觀強尼與魯賓斯坦的關係則是愈來愈緊繃，常常起爭執，什麼事都能吵。

　　第一代 iPod 發表後，強尼的地位愈來愈高，引領了蘋果的設計文化。對他來說，電腦與音樂播放器應該是使用簡單、外型美觀的電子產品；這個信念深植於蘋果的許多決策，後續幾代的 iPod，乃至於 iMac 與 iBook，都更為簡單俐落。

　　「蘋果的策略是推出像 iPod 這麼精緻的產品……然後不斷把它做到更好。」IDEO 創辦人之一丹尼斯・鮑爾（Dennis Boyle）說：「他們不但擅長打造出創新產品，還持續精益求精……這點讓競爭對手望塵莫及。」[11] iPod 上市不到兩年，也開始推出與 Windows 相容的版本（原本可能會更早推出，但迎合 Windows 陣營實在是賈伯斯的一大心理關卡）。此外還推出 iTunes Music Store，下載新內容更加方便。

　　零組件微型化造就出 iPod，蘋果之後更不斷精進微型化技術，2004年1月推出 iPod mini：體積更小，搭配觸控式轉盤，將4個按鍵整合其中。「這個轉盤是特別為 iPod mini 而設計的，因為 iPod 的正規尺寸按鍵塞不下。」賈伯斯說：「但一做出來我們都很滿意，心想：『哇，以前怎麼沒想到這麼做？』」[12]

　　強尼對 iPod mini 的研發脈絡有更詳盡的說法。研發團隊原本只是想把 iPod 做得更小，材質與設計風格維持不變；但做了幾個原型機後，卻覺得不適合。強尼說：「成品整個很不對勁。所以我們開始嘗試全新的材質與製造方式，後來發現可以採用鋁製機身。鋁比不鏽鋼更好，可以噴砂處理後再陽極氧化（一種染色方法），然後就可以用特別方式上

色。」[13]

鋁製機殼一戰告捷，連帶影響了一整個世代產品的風格。跟之前的多彩 iMac 系列一樣，iPod mini 也有眾多顏色可供選擇。產品推出後造成轟動，成為當時銷售最快的 iPod 產品，尤其受到女性消費者的青睞。iPod mini 也跳脫 iPod 的「裝在口袋」訴求，大家開始以臂套或背夾把它穿戴在身上。有些人甚至把它當成時尚配件；也有消費者把 iPod mini 當成上健身房或跑步的專屬配備，開啟一股潮流。

短短四年，iPod 系列不斷瘦身，從第一代的 6.4 盎司，到 iPod nano 只有 4.8 盎司。體積雖然變小，但功能不斷升級，例如容量增加 6 倍、螢幕從黑白到彩色、添加影片播放功能，電池續航力也延長到 4 小時。此外，價格亦下調 100 美元。研發到最後，iPod 系列產品入門機種 50 美元，最高檔的為 550 美元；中間每隔 50 美元就有一個機種，其中 iPod shuffle 連螢幕都免了，大玩精簡風，業界恐怕只有強尼跟賈伯斯才做得到。

產品屢屢推陳出新，多少跟製程改良有關。強尼接受英國版《GQ》訪問時，提到第一代鋁製 iPod shuffle 的技術成就。iPod shuffle 以鋁擠型材料切削而成，各零件之間扣在一起，幾乎沒有空隙。強尼說：「各個零件貼得很緊密。我們花了很多時間與心血在上面，應該沒有產品能在同樣的價格點做到這麼小。」[14]

除了產品吸睛，身為首席設計師的強尼也成為鎂光燈焦點。他在求學階段便常常得獎，但來到 2000 年代初期，設計大獎對他而言更是家常便飯。

2002 年 7 月，強尼與蘋果獲得美國工業設計師協會（Industrial Designers Society of America）肯定，稱第一代 iPod 為年度「最讓人印象深刻的設計」，給予傑出工業設計獎金獎（設計圈最高榮譽）。[15]

2003 年 6 月，強尼榮獲倫敦設計博物館（London Design Museum）首屆年度設計師大獎，獎金 25,000 英鎊，另有金牌一座。強尼的成就，其實早已不需要這個獎項的肯定。「強尼加入蘋果這十年戰功彪炳，年度設計師大獎實在不足以形容他的成就。」英國設計創意雜誌《ICON》的編輯寫道：「強尼與他的設計團隊在市場、在設計圈、在社會文化掀起一股大浪，少有設計師能及。」[16]

強尼上台領獎時，每次都一定會提到團隊成員，清楚讓各界知道產品能夠得獎，都是團隊的功勞。《ICON》雜誌指出，設計團隊出席倫敦設計博物館的慶祝宴會時，為了恭喜強尼，大家「穿得跟強尼一模一樣，跟強尼剪一樣的平頭，話也說得跟強尼一樣少。」強尼受訪時說，能得獎「很開心」，但他「覺得有點不好意思，因為這是大家共同付出的成果。」[17]

「設計團隊如此密切互動有個很大的好處，」強尼補充說：「那就是我們都覺得剛在起跑階段，值得實現的想法還有很多。」[18]

強尼與蘋果的成就，用看的就知道。回倫敦時，強尼發現路上到處都看得到蘋果的招牌白色耳機。蘋果在電腦市場多年來只佔有一小塊版圖，如今看見他的設計成為市場主流，心中備感欣慰。

英國《衛報》（Guardian）設計專欄評論家強納森・葛蘭西（Jonathan Glancey）說，強尼的才華在於「把產品從平凡無奇變成想像無限，為科技增添了光鮮亮麗與人性化的一面。原本是公司經理人和電機專家的無聊領域，在他的巧手之下，幻化成人人想要、洗鍊典雅的科技。」[19]

加拿大《週六郵報》（Saturday Post）稱 iPod 是「定義這個數位 i 世代的產品」，它無所不在，再加上跳脫傳統米白色的設計哲學，因而成為歷久不衰的文化象徵。[20]

知名度愈來愈高的強尼，2005 年年底更受到英國政府公開肯定。為

了延續「酷不列顛」（Cool Britannia）這段讚頌英國文創的年代，英國前首相、時任財政大臣的高登・布朗（Gordon Brown），以強尼為英國創新設計的表率。根據《衛報》報導，布朗希望設計相關科系的畢業生大軍發揮文創實力，「打響英國設計的招牌，不與中國與印度等低成本國家打價格戰。」[21]

該報導指出，90 年代中期每 64 個畢業生就有一個讀設計；十年後，每 16 個畢業生就有一個是設計相關領域。布朗認為，「設計是現代經濟的重要一環，而不是附屬品；是成功的核心，而不是成功的一小塊拼圖；是精彩大戲的主軸，而不是餘興節目。」英國政府並委請正式機構研究設計對產業的經濟潛力，調查後發現，設計導向的企業「營收與獲利分別成長 14% 與 9%」。[22]

設計在英國漸受重視，強尼的父親麥可當然是幕後功臣之一。他因推動設計教育有功，在 1999 年獲頒大英帝國勳章（Order of the British Empire）。

強尼 2003 年拿下英國皇家工業設計師（Royal Designer for Industry）頭銜，2004 年獲頒 RSA 富蘭克林獎章（Benjamin Franklin Medal），2005 年首度贏得英國設計與藝術協會（British Design & Art Direction）的設計大獎（之後更多次獲獎），2006 年獲英國女王頒發大英帝國司令勳章（Commander of the Order of the British Empire，級別高於父親）。

強尼當時並沒有公開發表心得。但蘋果的聲明稿指出：「強尼榮獲如此殊榮，公司上下與有榮焉。」[23]

設計作品備受各界矚目的同時，更重要（體積也更大）的產品也在醞釀當中。2003 年，17 吋 PowerBook 筆電隆重登場。雖然是重量級產品，但蘋果的宣傳資料完全沒提到強尼最引以為傲的創新設計，其中包括內

部框架與上蓋樞軸的閉合機制。

他所設計的這款變率閉合裝置，在上蓋幾乎關閉時的阻力較小，因此掀開上蓋也不會將機身底部從桌面抬起。強尼投入百分之百的心思斟酌的細節、提升使用者經驗，但很少人知道設計背後的苦心。

強尼對 PowerBook 的結構很自豪，為了倫敦設計博物館 2013 年年度設計師展覽，特別拆解一台亮相。「我們把電腦拆成很多部分，是想跟大家說明，即使是消費者永遠看不到的零件，也都有我們的用心。」強尼說：「我覺得這台電腦的內部構造很美，製造方法也是一絕。比方說，我們將不同厚度的鋁板進行雷射焊接等等。一般人常以為，小量生產才有必要針對細節吹毛求疵。但連最小的細節也要注意，是蘋果的一貫作風。有時其他人會覺得這樣是在做手工藝，而不是將產品量產，但我覺得注重細節是非常重要的一件事。」[24]

知名設計公司 Seymourpowell 的創辦人暨執行長狄克‧鮑威爾（Dick Powell）深有同感。「跟強尼聊天，聽他講到突破哪個設計瓶頸、解決哪些問題、找到什麼材質，他的眼神會突然亮起來。話題聊到他怎麼改進機殼表面，又嘗試了哪種製程，他整個人彷彿活了過來。他設計時凡事不存僥倖心態，每個細節都經過深思熟慮。」[25]

鮑威爾認為專注力是強尼的設計能力高人一等的關鍵。他寫道：「創新很少來自一個大點子，通常是一連串小點子的累積，以更新、更好的方式激盪而出。強尼執著於追求卓越，我想從產品的細微處最能看出。一般消費者可能不會注意，但正是因為細節，我們才有更好的使用者體驗與感受。」

iPod 在市場狂賣，突然成了跟 Mac 電腦系列平起平坐的產品。2004年，蘋果將 iPod 另起爐灶成立新部門，由硬體部門主管魯賓斯坦轉調過

來管理。在主管會議上，賈伯斯與設計團隊開始思考還能涉足哪個產品領域，車子與數位相機都曾有人提議。[26]

2005 年，賈伯斯把強尼升為工業設計部門資深副總裁，職位等級跟魯賓斯坦一樣高。過去強尼還得向這位冤家回報，如今頂頭上司只有賈伯斯一人了。

強尼與魯賓斯坦起衝突已經是例行公事。強尼向來喜歡跳脫框架思考，挑戰傳統的製造與設計方式；但魯賓斯坦的職責在於把產品實際做出來，對強尼的要求經常覺得火大。有位和兩人共事過的前設計師說，魯賓斯坦會盡量避免跟強尼有互動或到設計工作室；如果一定得跟強尼碰面，他整個人會顯得焦躁不安。「每次要到設計部門跟強尼談公事，魯賓斯坦的火氣就會冒上來。」一名知情人士表示。

強尼看魯賓斯坦同樣不順眼。幾年來的爭吵衝突，最後終於爆發。據說強尼曾氣到去找賈伯斯，撂下狠話：「不是他走，就是我走！」

儘管魯賓斯坦是 iPod 與其他許多重要產品的大功臣，但賈伯斯最後還是選了強尼。[27] 2005 年 10 月，蘋果公布魯賓斯坦的離職新聞稿，文中稱他光榮身退，準備迎接退休生活；他在 iPod 部門的位置由法達爾接任。[28] 魯賓斯坦離職後，在墨西哥蓋了一棟房子，後來成為 Palm 執行長，研發出一款與 iPhone 打對台的產品。

多年後談到與強尼的心結，魯賓斯坦態度轉而委婉。「我和強尼兩人共事很多年，一起做出很多產品。我的職責是要取得概念與實際之間的平衡，將產品落實，所以跟他當同事有時很辛苦。」[29]

儘管兩人關係緊繃，強尼與前上司魯賓斯坦的合作依舊有豐碩成果。從早期的多彩塑膠機殼時期，到非黑即白的塑膠機殼階段，一直到後來的金屬機殼，一次又一次為蘋果勾勒出新的設計語言。重點是，每個階段都能看到設計面與製造面更加完美地結合。

隨著製造方法在設計過程中愈來愈重要，兩人的關係更加瀰漫火藥味。設計團隊不再只把重點放在產品外觀與操作方式，連製程也一併納入考量。向來投入大量時間設計產品的他們，開始花更多精力研究製造方式。

設計團隊前主管布蘭諾如此形容大家的苦心：「蘋果的設計師花一成的時間進行傳統的工業設計，構思、畫圖、製作模型、腦力激盪等；九成時間花在製造上，研究如何把概念做出來。」[30] 在設計與製造已經難分難捨的蘋果裡，也難怪強尼的聲勢無法擋。

研發成本的多寡，強尼根本不放在心上。他曾與服務於營運部門的前工程師說：「我不要設計團隊想著成本的問題，甚至連關心一下都不必，因為那不是他們的責任。」

在一些蘋果人的眼中，公司很多事都是強尼說了算，他甚至不必向賈伯斯回報。據說強尼曾經跟供應商說：「你就想像我有錢花不完，只要你做得出來，要多少錢都不是問題。」該營運部門工程師說。設計團隊在跟產品開發與營運團隊開會時，通常只有單方向的討論——設計師說，其他人做。

有位營運部門主管一言以蔽之：「設計部門是蘋果的老大。」

生產線大瘦身

在設計與製造已成為一體的情況下，蘋果開始將生產線移往中國。推手正是賈伯斯的執行長接班人——提姆‧庫克（Tim Cook）。

供應商與工廠事宜原本由賈伯斯一手攬下，直到 1998 年找來庫克擔任營運部門資深副總後，才交由他負責。阿拉巴馬州羅伯茲戴爾市

（Robertsdale）出生長大的庫克，原是康柏電腦的營運主管，也在 IBM 服務了十二年。個性冷靜沉著的他，與火爆性格的賈伯斯一拍即合。賈伯斯在挑選營運部門主管的過程中，否定了許多人選，不只一次面談不到 5 分鐘就起身走人。但庫克卻與他互動良好，最後雀屏中選，辦公室就在賈伯斯的附近。

庫克接手後面臨嚴峻的挑戰，必須將雜亂無章的製造與經銷網路重新整頓。蘋果當時有自己的工廠，位於加州沙加緬度市、愛爾蘭科克市、新加坡三地，負責生產主機板與組裝，再分別運至美洲、歐洲、亞洲市場銷售。但實際執行卻有難度，主機板常需要從新加坡運到科克進行部分組裝、再運回新加坡做最後組裝，然後運往美國市場銷售。庫克對此曾說：「不用說，製造成本變高，生產週期時間也不理想。」[31]

賈伯斯早年把產品線砍成只有四個主力，製造起來連帶簡單多了。原本必須生產四款主機板，如今只要專心製造一款。蘋果四大產品能共用的零組件愈多愈好，而且並不採蘋果獨家技術，用的是其他電腦製造商的產業規格零組件。

儘管如此，有鑑於自行生產的成本過高、也缺乏效率，庫克開始委外生產。他先拜會與蘋果合作的每一家供應商，他協商時殺價不手軟，另外還把供應商統整為一個大網絡，並鼓勵他們遷至組裝廠附近。

iMac 於 1998 年上市時，主要由蘋果自家的三處工廠製造，機殼與顯示器則由 LG 代工。1999 年 2 月，蘋果將 iMac 全權委外 LG 生產，並出脫自家工廠。2000 年，台灣的鴻海（富士康）接手 iMac 生產。

除此之外，庫克也將筆電產品委外生產，例如 PowerBook 與廣達電腦合作，iBook 則與致勝科技合作。委外生產解決了蘋果的庫存問題——倉庫堆的零組件與成品愈多，庫存成本就愈高。蘋果 1996 年差點倒閉，正是被產品存貨過高所拖累，因此營運策略轉為存貨愈少愈好。庫克曾

把庫存形容為「萬惡的淵藪」。[32]

　　存貨過高是因為銷售預估太過樂觀，但實際表現誰也說不準。傳統上，企業會事先預估某一段時期的訂單數，再決定產量；產品的生產、出貨、倉儲都需要成本，也就是說，產品都還沒賣出，企業已經花了一大筆錢。

　　庫克希望改善這樣的系統，運用新的資訊科技軟體，因應客戶實際需求。他研發出一套能即時追蹤需求的先進資訊科技系統，也協助建立複雜的企業資源規劃（EPR）系統，從公司內部直接連結到零組件供應商、製造商與經銷商的 IT 系統，精準掌握上至螺絲、下至客戶端的供應鏈動態。根據每週銷售預測來管理單日產量，明確知道經銷商的庫存水平。比方說，他透過數據能知道電腦零售商 CompUSA 是否有多餘庫存或是已經缺貨。這套 ERP 系統日後更沿用於蘋果專賣店，精準到每 4 分鐘就回報銷售量。

　　有了 ERP 系統，蘋果得以根據實際需求決定產量，達到所謂的「即時生產」（just-in-time production）。也沒有零組件庫存的問題，因為零組件都囤積於供應商倉庫，有需要再拉貨即可。

　　庫克就任七個月，蘋果的存貨天數已從 30 天縮短至只有 6 天，到了 1999 年更降到兩天，連業界模範生戴爾也望塵莫及。隨著營運持續改善，蘋果開始轉虧為盈，有一部分的功勞要歸給庫克。

　　接下來幾年，庫克不斷改進 ERP 系統，最後甚至能做到在產品發表會之前祕密鋪貨數百萬台，造就出蘋果的高成長成績單。在庫克掌管生產線之下，蘋果成功將庫存維持在低檔水平，毛利率也持續有高水準表現。營運面若不夠優異，蘋果的成長態勢恐怕難有這般的速度與幅度。強尼與設計團隊打造出絕佳產品，而如何把產品量產、準時而祕密出貨到全球各地，則交給庫克和他的營運團隊。

鋁、鋁、鋁

　　蘋果將生產線轉往中國還有一個原因——設計團隊開始以鋁為材質，布局中國可以掌握當地的鋁業供應鏈。

　　PowerBook G4 鈦書雖然暢銷，但鈦合金成本高昂，製成機殼也有難度。此外，為了避免刮傷或留下指紋，鈦合金機殼必須再塗上金屬漆，但用久了卻容易掉漆。強尼在製作第一批 iPod mini 原型機時，發現以壓克力和不鏽鋼當材質都不適合，於是改用陽極氧化鋁。

　　根據設計團隊的研究，鋁有重量輕、硬度強的特性，將陽極氧化過的塗層以化學方式黏合於表面時，能加工成不同顏色，適用於筆電與 iPod 機殼。但設計團隊那時對鋁合金製造所知不多，於是研究新力等以鋁合金生產相機的製造商。

　　這些日本相機大廠的產品品質精良，也相當耐用，但鋁合金的供應主要來自中國。薩茲格說：「我們經人介紹，認識了那裡的供應商。我還記得我為了研究鋁合金的應用，特別到中國很多趟。」

　　這些年來，蘋果雖然因為將生產委外中國而飽受抨擊，但其實設計團隊剛開始採用鋁合金機殼時，也曾找美國國內的製造商合作。負責產品材質與表面加工的薩茲格，首先與零組件供應商接洽，希望找到產量與品質都能符合蘋果要求的廠商。

　　設計團隊打造第一代 Mac mini 時，薩茲格開始與一家美國鋁廠合作。由庫克領軍的營運部門有個明確的要求——Mac mini 必須在美國製造。薩茲格找到的這家美國鋁廠，能供應高品質的鋁合金，雜質相對較少，也容易陽極氧化。

Mac mini 外觀看似簡單，但機殼的製造卻出奇複雜。由一塊鋁板擠製成正方形，再經過機器切削，達到適當的公差與加工處理，機身表面尤其如此。機殼接著還需陽極氧化，設計部門對此步驟也有嚴格的要求，陽極氧化層必須達到正確的觸感、顏色、光澤與厚度，才算大功告成。

薩茲格花了數個月與美國鋁廠合作，但隨著交貨期限一天一天逼近，對方卻做不出機殼樣品。薩茲格這時已急得像熱鍋上的螞蟻，只好到營運部門求救。「營運團隊積極要在美國製造，但案子已經火燒屁股了，我一度還跟他們的代表說：『我們的生產時程很緊迫，但對方的鋁擠機卻還沒做出一個完成的零組件。他們什麼時候才會做出來？做不出來，產品就泡湯了。我們有沒有備案？』」

他得到的答案是：沒有備案。愈來愈無奈的同時，薩茲格發現這家鋁廠根本達不到蘋果的要求。「蘋果對產品的要求不只要好，而且是要最好。機殼是使用者直接接用到的零組件，品質必須做到小地方也無從挑剔才行，但美國的企業不懂要怎麼達到這樣的高品質。」他說。[33]

相較之下，其他產品委外到亞洲生產時，製造商為了搶生意，會想盡辦法達到要求。「我們的鈦合金機殼先是找日本廠商合作，後來第一代 iPod 與 PowerBook 慢慢採用鋁合金機殼。」薩茲格回憶說：「累積了專業知識與經驗後，跟著兩、三家日本廠前進中國，詢問當地廠商有沒有製造鋁合金機殼的能力。富士康之前就以射出成型的方式幫我們生產零組件，是我們聯絡的對象之一；後來發現他們有能力，便開始跟他們合作。中國的廠商很配合，會極力達到產品的規格要求。」[34]

Mac mini 最後選定富士康生產，跟 iPod mini 等產品一樣。

蘋果與富士康的合作關係，在塔型桌機 Power Mac G5 走到重要轉捩點。在塑膠機殼的 Power Mac G4 之後，設計部門希望下一代產品能採用鋁製機殼。但即便厲害如蘋果，要以鋁合金製造機殼也是一大難題。「害

很多人因為做不出來而調職。」薩茲格說。

　　案子進行了一年多。會拖這麼久，其中一個原因是 2003 年 SARS 疫情爆發，前來富士康駐守監督的設計團隊有幾個人需要隔離，強尼也難逃一劫。他說：「我在宿舍待了三個月，專心研究製程。魯賓斯坦跟其他人都說不可能，但我偏偏不信邪，因為我跟賈伯斯的想法一致，覺得鋁合金經過陽極氧化後，能讓產品有高度整合性。」[35]

　　賈伯斯希望機殼採鋁擠成型，也認為之前的圓弧形大把手是這款塔型機種系列的特色，不能省略。設計團隊於是計畫把大型鋁擠型管壓成菱形，再挖出兩個洞做成把手，但發現當時市面上的鋁擠型管只有 18 吋，主要應用於水管，尺寸太小，不符他們所需。設計團隊只好嘗試把兩個鋁擠型管接在一起。

　　幾番折騰，薩茲格建議不如學習不鏽鋼排水管的製造方法，改用滾輪成型，也就是將一塊鋁板送進內有許多滾輪的機器裡，在不同的接觸點折彎，製造出菱形外殼。薩茲格在每週例會提出滾輪成型的想法時，被另一名設計同事反駁，說賈伯斯打定主意要用鋁擠型機殼，就很難改變。

　　「你不懂啦。」對方跟薩茲格說：「賈伯斯要採鋁擠成型。」

　　「你才搞不清楚狀況啦。」薩茲格回說：「鋁擠型機殼是做不出來的。」

　　薩茲格不顧團隊成員反對，最後直接找上賈伯斯，說服他採用滾輪成型。鋁板經滾輪彎折成 C 型，開口處再裝上一個側板，留下兩個小小的接合處，讓原本希望做出無縫機殼的設計團隊有所顧慮，但後來決定妥協，畢竟從正面看不到接合處。

　　此外，考量消費者會把主機打開，設計團隊連內部零組件也一併設計。薩茲格說：「這是我們第一次設計零組件。主機板顏色是我們決定

的，每個連接器、每條纜線也是我們決定的。主機內部每個零件包括風扇外殼、氣流室，都由我們設計。」

光是要找到將側板固定的方法，設計團隊便花了幾個月的時間。他們一開始在側板上設計出精細的鎖固機制，但發現這樣會破壞機殼表面的極簡設計，於是改採鎖環，道理就像帆船上的內嵌式甲板拴扣。在某次腦力激盪例會中，薩茲格建議把拴扣裝在主機背面。「我最後說：『有必要裝在前面嗎？你們看車子的引擎蓋鎖也不會影響到表面，把空間留下來放蘋果的商標。』」

設計團隊研發出一款類似汽車引擎蓋鎖的拴扣，連接到一對長型輔助鎖。拴扣裝置於主機後方，啟動時能將位於門後上下、將側板固定的輔助鎖打開。設計雖複雜卻高雅，從外頭看不到任何拴扣機制。

第一批機殼生產出來後，強尼一看就覺得這款電腦有機會成為消費者炫耀的產品。塔型主機通常被使用者放在桌下，但這款機種的造型太迷人了，強尼覺得消費者會拿來放在桌上，所以機身每個表面都要以正面的規格處理。

市面上的產品，絕大多數都以正面為 A 面，亦即最好的一個表面，因此需要以最高標準加工處理；上下左右為 B 面，後方為 C 面，產品內部為 D 面。但薩茲格說：「這款產品漂亮到每個表面都是 A 面。」

富士康接到設計團隊的要求時差點沒昏倒。「他們的反應是怎麼可能這麼做？太誇張了。」薩茲格說：「交涉到最後，富士康甚至說他們沒做過這樣的產品，實在做不出來。」

所幸，富士康最後還是交出了符合蘋果標準的機殼。

Power Mac G5

The first computer to feature an interior that was designed
entirely by Jony Ive's team to be aesthetically pleasing.

境外生產

近年來各界談論境外生產的缺點時，紛紛把矛頭指向蘋果，代工廠富士康尤其是眾矢之的。富士康於 2009 年傳出數起員工自殺事件，國際風評負面，經調查後更爆出一連串壓榨勞工的問題。

富士康有些工廠的員工人數高達 50 萬人，以手工組裝 iPhone 與 iPad。他們多半是年輕人，住在公司宿舍，輪班到員工大餐廳吃飯，每週工時動輒 80 到 100 個小時。

如同耐吉之前爆發打壓員工的醜聞，消費大眾把對於電子企業利用血汗工廠、剝削勞工的怒氣，全都朝蘋果開刀，也不管富士康代工生產的客戶還有其他大企業，不只是蘋果而已。

但遠在醜聞案之前，蘋果改變境外生產的態勢確實有功，不僅與中方製造商建立密切的合作關係，也經常督促對方在製程上精益求精。過程中雖然認識了亞洲企業的作風，但難免也會有臉上冒出三條線的時刻。

舉薩茲格為例，在欣賞富士康的製造能力之餘，他也覺得富士康的行事風格很妙。「他們有很多手段，會作秀給我們看。像是把經理人叫進會議，在我們這些外人面前大罵他們。」他說。

有一次，蘋果團隊被故意請到會議室外頭稍後，透過大玻璃窗，剛好可以看到富士康主管把下屬罵得狗血淋頭，罵著罵著，突然一拳砸在玻璃會議桌上，將桌面砸得粉碎。

「一看就知道是設計過的。」薩茲格說。

儘管富士康毀譽參半，但根據薩茲格的說法，對方工程師跟蘋果合

作的層級較高，合作起來既愉快又投入。但在工廠裡，其他成千上萬的員工日復一日重複同樣的組裝動作，也是不爭的事實，成為各界詬病的焦點。

為了與富士康和其他代工廠合作順利，設計團隊花很多時間往返於中國與美國兩地。薩茲格每次在中國固定不會停留超過五天，有必要的話，他寧可飛回加州過週末，再飛到中國。但強尼不一樣，他有時一待就是好幾個星期，有些設計師甚至住上幾個月。會這麼拼命，當然是在努力嘗試新材質、研發新製程，一心想為蘋果打造出與眾不同的產品。

從住宿安排即可看出設計團隊的地位不可同日而語。前營運部門的某位工程師曾說：「產品設計團隊與工業設計團隊一起到中國出差，在工廠裡通常是大家一起合作。但離開時，他們有加長型禮車接送，我們只有搭計程車的份。設計團隊住的是五星級飯店，我們這些負責產品設計的，大部分只住三星級飯店。把時間倒轉到十到十五年前、iMac 還在醞釀的時候，包括強尼與科斯特在內的設計師，吃、住都和工程師以及其他蘋果人一模一樣。」

1. Walter Isaacson, Steve Jobs (Simon & Schuster, 2011), Kindle edition.

2. Ibid.

3. Garry Barker, "The I of the Beholder," interview with Jonathan Ive, Sydney Morning Herald, http://www.smh.com.au/articles/2002/06/19/1023864451267.html, June 19, 2002.

4. Henry Norr, "Apple's New iMac: Team Develops Unique Ideas," San Francisco Chronicle, January 8, 2002.

5. Ibid.

6. Barker, "The i of the Beholder."

7. Isaacson, Steve Jobs, Kindle edition.

8. Apple imac G4 , 2011, video, http://www.youtube.com/watch?v=0Ky_vxFBeJ8

9. "Apple Takes a Bold New Byte at iMac," New Zealand Herald, http://www.nzherald.co.nz/technology/news/article.cfm?c_id=5&objectid=787149, January 21, 2002.

10. Email from Ken Segall, April 2013.

11. Interview with Dennis Boyle, October 2012.

12. Steven Levy, "The New iPod" Newsweek, http://www.thedailybeast.com/newsweek/2004/07/25/the-new-ipod.html, July 25, 2004.

13. Steven Levy, The Perfect Thing: How the iPod Shuffles Commerce, Culture, and Coolness (Simon & Schuster, 2006) 102.

14. Jonathan Ive in conversation with Dylan Jones, editor of British GQ, following his award of honorary doctor at the University of the Arts London, © Nick Carson 2006. First published in issue 5 of TEN4, http://ncarson.wordpress.com/2006/12/12/jonathan-ive/, November 16, 2006.

15. IDEA, www.idsa.org/award

16. ICON 004, http://www.iconeye.com/design/features/item/2730-jonathan-ive-|-icon-004-|-july/august-2003, July/August 2003.

17. Neil Mcintosh, "Return of the Mac," http://www.guardian.co.uk/artanddesign/2003/jun/04/artsfeatures.shopping, June 3, 2003.

18. Ibid.

19. Garry Barker, "Hey Mr. Tangerine Man," Sydney Morning Herald, http://www.smh.com.au/articles/2003/06/11/1055220639850.html, June 12, 2003.

20. Nathalie Atkinson, "That New White Magic," Saturday Post, Canada, http://www.nationalpost.com/search/site/stor y.asp?id=1378CAFA-0509-4389-8B7E-4333915AF45A, August 2, 2003.

21. Larry Elliott, "Better Design Requires Better Product," http://www.guardian.co.uk/business/2005/nov/21/politics.economicpolicy, November 20, 2005.

22. Ibid.

23. Jonny Evans, "Apple Design Chief Jonathan Ive Collects CBE," Macworld, http://www.macworld.co.uk/mac/news/?newsid=16510, November 17, 2006.

24. Marcus Fairs, ICON, http://www.iconeye.com/design/features/item/2730-jonathan-ive-|-icon-004-|-july/august-2003, July/August 2003.

25. Dick Powell, "At the Core of Apple," Innovate, issue 6, Summer 2009.

26. Phil Schiller, Apple v. Samsung trial testimony.

27. Isaacson, Steve Jobs, Kindle Edition.

28. Apple Press info, "Tim Cook Named COO of Apple," http://www.apple.com/pr/library/2005/10/14Tim-Cook-Named-COO-of-Apple.html, October 14, 2005.

29. Interview with Jon Rubinstein, October 2012

30. Leander Kahney, Inside Steve's Brain, expanded edition (Portfolio, 2009), 96.

31. Joel West, "Apple Computer: The iCEO Seizes the Internet," http://www.scribd.com/doc/60250577/APPLE-Business, October 20, 2002.

32. Adam Lashinsky, "Tim Cook: The Genius Behind Steve," Fortune, http://money.cnn.com/2011/08/24/technology/cook_apple.fortune/index.htm, August 24, 2011.

33. Interview with Doug Satzger, January 2013.

34. Walter Isaacson, Steve Jobs, Kindle edition

35. Ibid.

10

the

iPhone

第十章
iPhone
——我們重新發明了電話

the iPhone

在設計初期階段⋯⋯我們經常會討論產品背後的故事
帶給人們什麼樣的心靈感受,而不談五官的具體感覺。
—— 強尼・艾夫

　　2003 年底,iPod mini 上市前一個月,設計團隊有天早上照常圍坐在
工作室餐桌,正在開腦力激盪例會時,設計師柯爾向大家秀了一項新技
術。1999 年加入設計團隊的柯爾,曾在 IDEO 設計公司服務過幾年,工
程學經驗豐富,平常就愛接觸新的高科技產品。

　　柯爾與研發 Mac 新輸入方式的輸入工程團隊已合作一段時間,希望
能顛覆過去三十多年的傳統,打電腦不再需要鍵盤和滑鼠。柯爾的介紹
讓不少團隊成員跌破眼鏡。

薩茲格難以置信地搖搖頭，說：「太神了。那次開會真的很震撼。」

在場的人有強尼、霍沃斯、史清爾、尤金・黃（Eugene Whang）、科斯特、戴尤里斯、尼可・左肯多夫（Rico Zorkendorfer）、西堀清（Shin Nishibori）、安德烈與薩茲格，全是設計團隊的核心人物。

薩茲格回憶道：「我還記得當時的場景。柯爾向大家展示多點觸控技術，動動兩、三根手指就能做出不同效果，在螢幕上翻轉視窗、放大又縮小。我壓根沒想到我們做得出這樣的技術。」

別說是驚訝了，那天還是設計團隊第一次聽到多點觸控呢！多點觸控如今已見怪不怪，但在當時還是很原始的技術。多數有觸控面板的產品，例如掌上型電腦或微軟手寫板等等，需要搭配觸控筆；有些產品的螢幕雖然可以用手指觸控（自動提款機就是一例），卻只能單擊操作，無法擠壓（pinching）與縮放，也不能上下左右滑動。

柯爾說，多點觸控技術能用兩、三根手指操作，讓人跳脫一指神功，設計產品時可以把螢幕介面做得更細緻。

大家聽完柯爾的介紹後無不興奮，開始發想多點觸控技術可以搭配哪種硬體，最明顯的產品就是 Mac 電腦。有了觸控式螢幕，使用者就能拋開鍵盤和滑鼠，直接用手指點擊螢幕來操作電腦。有名設計師提出觸控式螢幕控制板的構想，用軟鍵虛擬鍵盤取代實體鍵盤和滑鼠。

薩茲格回憶說：「我們在想，平板電腦問世已一段時間，怎樣才能讓它發揮更多功能？觸控是一回事，多點觸控卻是新的境界。手指一劃就能翻頁，像翻報紙一樣簡單，不必在螢幕找按鍵按一下才能操作。我看了真的嚇一跳。」

強尼特別欣賞讓人想伸手摸摸看的電腦產品。他在早期的幾款作品加入把手，正是想鼓勵使用者伸手把玩電腦。現在有了多點觸控技術，不就能設計出完全以碰觸為導向的產品嗎？以後不再需要鍵盤、滑鼠、

觸控筆，甚至連按鍵轉盤都免了，使用者直接用手指在介面操作，真正達到人機互動的境界。

為了測試多點觸控技術，輸入工程團隊建立了一個桌球桌大小的大型電容式顯示器，上方架著一台投影機，把 Mac 電腦的作業系統投射在由大量線路組成的陣列上。

強尼看過這個系統後，對設計團隊說：「多點觸控技術會改變未來！」[1] 他想把這個技術秀給賈伯斯看，但又擔心被潑冷水，說技術還很粗糙，難登大雅之堂。強尼認為，趁著沒有其他同事在場時，私下跟賈伯斯說明會比較好。

「賈伯斯的主觀意識很強，所以我不在其他人面前向他展示醞釀中的產品，因為他可能一句『什麼爛東西』，就把概念否決了。我覺得創意這種東西是很脆弱的，在醞釀期間要特別小心呵護。我認為這個技術太重要了，如果被他嫌棄實在很可惜。」強尼說。[2]

強尼相信自己的直覺，私下向賈伯斯說明多點觸控技術，這招果然奏效。賈伯斯看了很喜歡，還說：「這是未來趨勢！」[3] 有了賈伯斯的首肯，強尼請來蘋果的兩大軟體才子——英朗·查德利（Imran Chaudhri）和巴斯·奧丁（Bas Ording），將球桌大小的電容式面板縮成正常尺寸的平板原型機。兩人不到一週就設計出原型機，以 12 吋 MacBook 螢幕顯示器連接到 Mac 塔型桌機，從後者取得辨識手指活動的運算能力。

他們以 Google 地圖為例，向設計團隊展示成果。搜尋到蘋果總公司的地點後，其中一人用兩隻手指在螢幕撐開，總公司園區立刻被放大。設計團隊看了無不瞠目結舌。「動動手指就能把園區放大縮小！」薩茲格說。

觸控技術底定後，平板電腦不再遙不可及，但離正式上市仍有一段長路要走。反而在眾多市場趨勢的推波助瀾之下，另一個翻天覆地的產

Engineering Prototype

This early engineering prototype of the iPhone
was built to test a lot of new components.

iPhone 的早期工程原型機，旨在測試各種零組件（包括
客製化的 ARM 晶片）。
© Anonymous

品先行出爐了。

035 號模型

多點觸控技術雖然是設計團隊眼中的新玩意，但學界已研究多年。早在 60 年代，便有專家學者研究出觸控感應器的初步電機結構。能同時偵測多點觸控的系統出現於 1982 年，由多倫多大學研發而成；全球第一款多點觸控螢幕在 1984 年研發成功，亦即賈伯斯發表 Mac 電腦那一年；但一直要到 90 年代末，才有多點觸控產品問世。最早涉足此領域的公司包括位於德拉瓦州（Delaware）的小公司 FingerWorks，產品有電腦用的手勢識別輸入板與觸控鍵盤兼滑鼠。

2005 年初，蘋果低調收購 FingerWorks，隨即將該公司的產品從市場撤出。一年多後，FingerWorks 兩位創辦人韋恩・魏斯特曼（Wayne Westerman）與約翰・艾利亞斯（John Elias）開始為蘋果申請新的觸控技術專利，這樁收購案才浮出檯面。

查德利和奧丁兩位軟體工程師的實物模型雖然粗糙，但證明了觸控平板確實可行，設計團隊信心大振，著手設計完成度更高的原型機。設計案由安德烈（與柯爾同樣愛好機械）和科斯特共同領軍。兩人設計出的一個原型機，代號「035 號模型」，是蘋果申請相關專利的基礎，時間是 2004 年 3 月 17 日。

035 號模型的外觀是一個白色大平板，彷彿當時 iBook 系列的白色塑膠上蓋，沒有鍵盤，但用的是 iBook 零組件。035 號模型沒有首頁鍵，也比 2010 年上市的 iPad 更厚、更寬許多，但同樣採用圓邊設計與黑色邊框。此外，作業系統用的是 Mac OS X 修正版（行動版作業系統 iOS 還得等好

幾年才研發出來）。

設計團隊忙著打造平板原型機的同時，蘋果管理層卻對 iPod 的未來感到憂心。iPod 銷量 2003 年達 200 萬台、2004 年 1,000 萬台、2005 年 4,000 萬台，成長率勢如破竹；但市場風向明顯指出，手機遲早會有取代 iPod 的一天。當時大家習慣同時攜帶 iPod 跟手機，手機雖然也能儲存一些歌曲，但蘋果管理層愈來愈有危機意識，覺得遲早有人會研發出結合手機與 iPod 功能的產品，就怕被競爭對手搶得先機。

2005 年蘋果與摩托羅拉合作，發表一款名為 ROKR E1 的「iTunes 手機」，外型為直立式，可播放由 iTunes Music Store 購買的音樂。使用者透過 iTunes 介面上傳歌曲，再從類似 iPod 的音樂應用程式播放。但這款手機只能儲存 100 首歌，從電腦下載到手機的速度慢，介面也非常不人性化。先天已經不足，後天當然很難有好的表現，賈伯斯對它的嫌棄更是寫在臉上。

但另一方面，ROKR E1 手機也讓蘋果驚覺到推出自家手機的重要性。消費者希望使用 iPod 的體驗能百分之百複製到手機，但依照賈伯斯對品質的要求，他是不會放心交給其他公司研發的。

原本要設計平板電腦，卻無心插柳轉而研發 iPhone；這背後的轉折究竟為何，眾說紛紜。賈伯斯出席 2010 年「數位包打聽」（All Things Digital）座談會時，提到蘋果有觸控螢幕手機的構想，是他的功勞。

「跟各位分享一個祕密。」賈伯斯告訴聽眾：「我們起初是想做一款平板，我希望有一個能用手指多點觸控的玻璃顯示器，問大家做不做得出來。結果半年後，他們還真的設計出這個厲害的顯示器。我拿給我們的一位使用者介面設計師看，他又做了一些設計，讓螢幕能上下捲動，我看了心想：『哇，這不就代表可以用在手機上嗎？』所以我們把平板擱在一旁，先著手設計 iPhone。」[4]

10

其他蘋果人對於 iPhone 的發端，卻有不同的版本。根據他們的說法，iPhone 的構想來自管理層例會。「我們都討厭自己的手機。」軟體部門主管佛斯托回憶說：「我們那時候應該都是折疊手機，都在問：『既然我們現在在研發平板的觸控技術，有沒有可能把它用在手機上？可以放在口袋，又有平板電腦的效能？』」[5]

會後，賈伯斯、法達爾、魯賓斯坦、席勒四人前往設計部門工作室，準備聽強尼展示平板原型機。大家聽完後很滿意，但提出是否能把觸控技術用於手機。

為此，大家還設計出小型測試應用程式，只佔了平板原型機螢幕的一小部分，結果出現關鍵性的突破。「我們做了一個小型的捲動清單。」佛斯托說：「我們希望產品能放在口袋裡，所以在平板的一個小角落做了聯絡人清單。捲動清單到要找的聯絡人，點擊一下就能顯示他的聯絡資訊，這時再按電話號碼，螢幕會顯示『正在撥打電話』；但那時還不能真的撥打，只是顯示而已。效果很驚人。這次測試讓我們發現，把觸控螢幕縮小到能放進口袋的尺寸是可行的，很適合應用在手機。」

多年後，蘋果的委託律師哈洛德・麥爾西尼（Harold McElhinny）提到 iPhone 設計案背後的心血。「它需要全新的硬體系統……需要全新的使用者介面，而且完全直覺化。」他還說，蘋果這次涉足新的產品領域，可謂是放手一搏。「對蘋果來說風險很高。他們做電腦很成功，做音樂也很厲害，現在投入一個大廠環伺的手機市場……完全是小蝦米對上大鯨魚，做手機沒有公信力。」[6]

麥爾西尼還指出，他相信 iPhone 專案要是出了錯，恐怕會毀了蘋果。為了降低風險，蘋果高層指示要同步研發兩款手機，評比之後再擇其一。這個祕密專案代號「紫色」（Purple），簡稱 P，第一支以 iPod nano 技術為基礎，代號 P1；第二支由強尼領軍設計，以平板原型機的全新觸控技

術為主，代號 P2。

P1 專案由法達爾主持，他的小組希望能把手機功能複製到 iPod 產品。「iPod 是我們本來就有的產品，把它再演化成另一個產品，其實是十分自然的一步。」這位前主管說。

法達爾把軟體研發的工作交付給年輕有為的工程師麥特・羅傑斯（Matt Rogers）。他以前在蘋果實習時，就曾為 iPod 重寫過一些複雜的測試軟體，在法達爾心中留下深刻印象。這個專案照例是一大機密。「公司沒有人知道我們在研發手機。」羅傑斯說。[7] 此外，iPod 團隊當時正在設計 iPod nano、新一代 iPod classic 與 iPod Shuffle，等於必須額外撥空研發手機。

努力半年後，法達爾的團隊研發出一款既是 iPod 又是手機的原型機，操作上還算符合需求。iPod 的轉盤可當作撥號鍵，彷彿傳統的轉盤式電話，電話號碼必須一個一個按。除了接打電話之外，還能上下捲動聯絡人清單、選取聯絡人，成為它最重要、但也無法叫人驚艷的功能。蘋果針對這款實驗性質的設計申請了兩個專利，其中一個是能預測選字的簡訊系統。賈伯斯、佛斯托、奧丁、查德利等都列為發明人。

但 P1 的弊大於利。光是按電話號碼就很麻煩。而且功能有限，無法上網，也不能跑應用程式。法達爾之後曾說，這款 iPod 手機在蘋果引起激烈爭辯，最大的癥結點就出在以既有的 iPod 產品為主體，等於事先限制了選項，設計起來捉襟見肘。「P1 的螢幕很小，表面的轉盤也無法改變……但有時候試過了才知道可不可行。」法達爾說。[8]

類 iPod 手機研發半年之後，被賈伯斯砍掉。「說真的，我們的能耐不止於此。」他告訴設計團隊。法達爾不喜歡失敗的感覺，他說：「多點觸控的產品原本就有風險，一來沒人試過，二來大家也沒把握能把必要的硬體全都裝進去。」法達爾其實打從一開始就對觸控螢幕存疑，畢

10

竟過去如 Palm Pilot 的類似產品又大又笨重。

賈伯斯說：「我們都知道 P2 才是我們想做的。大家一起努力。」[9]

兩年後，賈伯斯在麥金塔世界大會發表 iPhone 時，後方的螢幕秀出一張 iPod 圖片，機身上有電話號碼轉盤。他開玩笑說手機可不能這樣設計，把台下聽眾逗得哈哈大笑。殊不知，iPod 手機差點成真。

P2 團隊接手

決定轉攻設計 P2 後，強尼負責工業設計，法達爾負責產品工程；而之前研發 Mac OS X 的佛斯托，任務則是把這套電腦作業系統升級成適用於手機的作業系統。

設計 iPhone 期間，大家完全沒看過這套全新的作業系統，一開始只是對著空白螢幕工作，之後才換成一張有好幾個神祕圖示的介面照片。反之，軟體工程師也沒看過原型機的模樣。「我最後還是不知道閃電圖示代表什麼意思。」一位設計師在談到臨時 iOS 螢幕上的一個圖示時這麼說。

強尼則完全在狀況內，他不但全程掌握佛斯托研發新作業系統的進度，也時常與賈伯斯和其他主管溝通交流。對於設計團隊，他則適時給予意見與方向。在設計工作室裡，霍沃斯是 P2 專案的負責人。

大家起初都沒信心，覺得這款手機可能研發不出來。「每個層面都得從新研發。」一名前主管說。言下之意，P2 可能是蘋果史上難度最高的設計專案，而且別忘了，MacBook 與 iPod 等系列產品仍在持續研發當中。重量級人員接受調度來研發 P2，導致有些產品進度延後，有些產品遭到中斷。

P2 專案如果不成功，蘋果的下場可能不堪設想。「要是做出不來，我們不僅沒有新的營收來源，也沒有其他產品來填補缺口。」佛斯托解釋說。

根據賈伯斯的指示，各主管想找誰加入這個專案都可以，唯一條件是只能找自己人，不能往外求才。佛斯托回憶說：「要找到適合人選並不容易。我個人的做法是，鎖定公司內部的明星工程師，請他們到辦公室來，跟他們說：『你在現在的職位表現亮眼，也受到主管賞識，如果一直待著，相信你會闖出一片天。不過呢，我有另一個職位要請你考慮看看。我們有項專案正要開始，非常機密，我現在還不能透露是什麼產品……即使我講的沒頭沒腦，還是有一些才華洋溢的蘋果人接受了挑戰，我才有辦法組成 iPhone 團隊。」[10]

佛斯托把總公司一棟大樓的整個樓層佔下，還設下嚴密戒備。「門口有識別證讀卡機，還裝了攝錄影機。想進實驗室，得先用識別證刷過四道關卡。」他說。大家戲稱那個地方是「紫色宿舍」。佛斯托說：「每個人無時無刻都待在裡頭，晚上加班，週末也加班。聞一聞，隨時都有披薩的味道。」

「我們在其中一個前門放了牌子，上面寫著『鬥陣俱樂部』（Fight Club）。因為在那部電影中，參加鬥陣俱樂部的第一個法則就是不能討論俱樂部。P2 的規定也一樣，出了門絕口不提。」

回到設計部門，強尼一如往常先從 iPhone 的設計故事開始。他日後曾說，使用者的感受是設計 iPhone 時最重要的考量。「設計初期階段，也就是確定產品的主要目標時，我們經常會討論產品背後的故事帶給人們什麼樣的心靈感受，而不談五官的具體感覺。」

強尼認為應該把螢幕視為 iPhone 的重頭戲。設計團隊在初期討論時已有共識，手機完全以螢幕為重點，不能被其他細節搶了鋒頭。強尼甚

至把螢幕比喻成「無邊際泳池」。

他說：「這麼比喻是讓大家都很清楚螢幕的重要性。我們希望設計出一款以螢幕為主角的產品。一開始的討論都圍繞在 iPhone 要像無邊際的泳池，螢幕像魔術般與機身無縫結合。」[11] 為此，設計團隊在構思時還特別避免可能會讓螢幕失焦的做法。

強尼說，他們希望螢幕兼具「神奇感」與「驚艷感」——這也是他對每個產品設計的期許。「剛開始設計的時候，我們就知道這是非常先進的技術，機會難得，可以勾勒出既有神奇感也有驚艷感的設計故事。」強尼日後解釋說。[12]

2004 年深秋，設計方向分成兩大主軸。一個稱為 Extrudo 路線，由史清爾帶頭。這款設計類似 iPod mini，由鋁管擠壓成型，再經過陽極氧化成不同顏色。iPod 機殼當時已經量產，且大量陽極氧化處理，以同樣製程生產手機具有優勢。更何況強尼與設計團隊都喜歡鋁擠成型的效果。

另一個設計方向稱為「三明治路線」，由霍沃斯領軍，採塑膠機殼、塑膠螢幕，機身為四個圓角的長方形。四個邊的中心位置圍繞了一條金屬帶，螢幕置中位於機身正面，下方中心點是選單按鍵，上方中心點則是喇叭孔。

強尼與其他人偏愛 Extrudo 路線，心思大多放在這裡。擠壓成型時試過 X 軸移動行程，也試過從 Y 軸進行。但大家很快就發現邊緣太硬的問題，把機殼拿在耳邊會刮到臉。賈伯斯試了之後尤其討厭。

為了讓邊緣更圓滑，設計團隊在機身加上塑膠尾蓋，這樣同時有助於天線收訊。這款設計有 Wi-Fi、藍芽、蜂巢式無線電等三種無線通訊技術，但電波無法穿過金屬殼，因此尾蓋成了不可或缺的零組件。

設計團隊絞盡腦汁解決問題，但經過幾次工程測試之後發現，除非

採用更大的塑膠尾蓋，否則 Extrudo 路線恐怕行不通。但問題是，尾蓋加大會破壞機身的簡潔外觀。薩茲格說：「我們做了一本又一本的設計圖，想找出最好的解決方案。深怕天線會破壞整體設計感，聽筒部分太硬、太尖銳等等。但改來改去，用起來舒服了，卻犧牲了整體設計。」

Extrudo 原型的金屬外框搶了螢幕的鋒頭，也讓賈伯斯看不順眼。螢幕不是主角，等於違背了強尼當初的設計目標，經賈伯斯點出後，強尼尷尬到無地自容。

無計可施之下，Extrudo 路線遭到腰斬，設計團隊只剩三明治路線這個選項。

三明治路線確實比 Extrudo 路線多了幾個優勢。比方說，它的邊緣比較圓滑，不會刮到設計師的耳朵。但做出來的原型機極為笨重，設計團隊努力了好久，還是無法把機身做得更輕薄。原因出在，他們想像中的夢幻手機太過複雜，很多零組件都還沒做到微型化，他們卻想通通塞進機身裡。

是 Jony，非 Sony

設計團隊不斷改良樣品，但到了 2006 年 2 月還是苦無進展。強尼覺得這樣下去不是辦法，於是在腦力激盪例會中，請設計師西堀晉（Shin Nishibori）以新力手機為靈感，設計一款實驗性質的手機。強尼日後表示，他當初並不是要西堀晉抄襲新力，而是希望在設計過程中注入清新、「好玩」的元素。

西崛晉在加入蘋果前，在日本已是享有幾年名氣的年輕設計師。自 2001 年以來，他在蘋果的作品便能看到新力產品或日本風格的痕跡；賈

伯斯、強尼與其他設計師，也曾多次表達對日本極簡美學的喜愛。

2006 年 2 月、3 月，西崛晉向新力產品取經，設計出幾款手機造型，其中一個元素是 CLIÉ PDA 上的飛梭滾輪，兼具上下捲動與確認功能。西崛晉甚至在樣品背面做了新力標誌，但為了幽強尼一默，把其中一個 Sony 改成 Jony。

在多年後的蘋果與三星官司大戰中，西崛晉的一支仿新力手機成了呈堂物證。三星緊咬 iPhone 並非蘋果所說的原創設計，而是抄襲其他企業之作。但蘋果則主張手機已研發完成，只是加了新力風格的外型裝飾罷了，成功贏得官司。[13] 正如蘋果律師團所說，西崛晉的設計為不對稱配置，而最後發表的 iPhone 也沒有新力產品獨有的按鍵與開關。

2006 年 3 月初，P2 設計案進展緩慢，霍沃斯感到很挫折。他抱怨 P2 的尺寸實在太大，反而是西崛晉的設計輕薄許多。「西崛晉那支新力風格的樣品，不但機身小很多，而且形狀也更適合貼在耳邊或放在口袋裡。」霍沃斯寫電子郵件向強尼抱怨。「我另外還擔心一點，如果在側邊切削出音量鈕的位置，等於犧牲了擠壓成型的理念，機身外型也變了調。添加太多細節，只會破壞我們想要的風格與形狀，製程效率也跟著下降；這並非我們所樂見。」[14]

設計團隊還一度認為圓弧造型是可行的方向，因為若能讓機身中心部位稍微隆起，就能塞進更多零組件。日後的產品如 iPad 與 iMac，許多都採用了這樣的圓弧設計。

薩茲格回憶說，設計團隊一開始就很希望採用立體玻璃（shaped glass），其中一支原型機為分割型螢幕，上面是看畫面的一般螢幕，下面則是軟體驅動的觸控板，功能視情況而變，可以是撥號盤，也可以是鍵盤。但難就難在，生產凸面玻璃實在不容易。

研發過程後期，霍沃斯雖然還是會拿 Extrudo 路線作為對比，但多

次工程測試的結果似乎一再證實，三明治設計方向才是王道。萬萬沒想到，做成原型機的效果很不理想，實體又大又笨重。大家意識到，如果把所有零組件都裝進手機裡，要保持外型美觀是不可能的任務。於是，三明治路線也遭淘汰出局。

「天線、音質、零組件配置，都不是我們的強項。成品是可以用，但就是不好看。」一名前主管說。

設計團隊陷入死胡同，只好改變方向，重新聚焦於初期完成的一個模型——設計團隊之前決定朝三明治與 Extrudo 的設計方向，而放棄了這個模型。它的外觀跟後來實際上市的 iPhone 相去無幾，正面除了首頁鍵之外，螢幕採邊對邊設計。微微隆起的後蓋與螢幕無縫接合，彷彿第一版 iPod。最重要的一點是，它保有強尼的「無邊際泳池」概念——關機時，有如一體成型的漆黑色面板；開機時，螢幕就像變魔術般從裡頭冒出來。

正可謂踏破鐵鞋無覓處。史清爾說：「它原本已經被打入冷宮。但花點時間琢磨細節之後，我們發現它是那時最好的選擇。」他還記得眾人選定那款精簡設計時的篤定與放心，「那是幾款設計中最迷人的一個。」手機正面沒有蘋果商標，也沒有產品名稱。「我們從 iPod 的經驗學到，」史清爾解釋說：「產品如果夠漂亮、夠有獨創性，又何必添加多餘的細節呢？產品本身就是活招牌，會變成一種文化象徵。」

設計團隊回顧早期設計、重新研究之前忽略的產品特色，並非發生在第一代 iPhone 而已。多年後，強尼在設計 iPhone 4 時又從三明治設計路線找尋靈感。iPhone 4 的主要結構體為兩片玻璃中間的鋼製框架，同時也作為天線使用。但問題來了，使用者的手如果碰到兩根天線的空隙處，會造成天線短路，收訊中斷。據說如果當初把天線塗上透明漆就能避免收訊問題；但強尼認為這樣會破壞金屬質感，選擇維持原狀。

除了機殼外觀之外，多點觸控的功能也是設計重點。攤開當時的觸控螢幕產品，絕大部分屬於電阻式觸控技術，也就是以兩片導電層疊合而成；但中間有空氣間隙，按壓螢幕會使兩片導電層碰觸，因而產生感應。電阻式觸控螢幕通常以塑膠鏡片製成，最常見的應用產品為搭配觸控筆的電子產品，例如 Palm Pilots 與蘋果牛頓機等等。

設計團隊希望 iPhone 採用電阻式觸控螢幕，但成品效果不佳，按壓螢幕時會導致圖片扭曲，而且按壓要有一定力道才有反應；久了手指會酸，完全稱不上「觸控」。設計團隊認為，既然是觸控螢幕，就要讓人有輕輕觸碰即可操作的感受。

捨棄電阻式技術後，硬體部門著手研發電容式觸控螢幕。電容式技術的原理在於人體皮膚可以導電，手指碰觸螢幕表面時，即使力道很輕微，也會造成電荷改變。其實，蘋果使用電容式觸控技術已有幾年的歷史，例如 iPod 捲動式轉盤、筆記型電腦軌跡板、採用電容式觸控開關鍵的方塊機等等，但還沒有搭配過透明螢幕。

分析原因，其中一個癥結是市場缺乏電容式觸控螢幕的供應鏈。當時沒有廠商量產類似螢幕，但蘋果在台灣找到規模尚小的宸鴻，發現他們擁有少量製造觸控面板的能力，把面板用於銷售點管理系統顯示器。賈伯斯在雙方協商時口頭承諾，宸鴻製造出多少面板，蘋果會全部買下。宸鴻衝著這個協議，砸下一億美元擴產，最後更成為第一代 iPhone 觸控面板的主要供應商，供貨比重高達八成左右。往後業績更是蒸蒸日上，2013 年總市值 30 億美元。

從塑膠到玻璃

營運部門研究如何製造 iPhone 的同時，設計團隊對螢幕的材質還是有疑問。

他們原本計畫採用可以防碎的塑膠面板，原型機也都是這樣的螢幕，但大家對效果一直不滿意。

薩茲格說：「原本的塑膠表面太有彈性，怪怪的。表面是無光質感，因為如果做成光澤質感，會看到波浪紋路，讓手機看起來很廉價。」強尼要設計團隊使用紋理塑膠，但效果同樣不好。於是大家決定放手一搏，拿玻璃面板試試，暫且不理會玻璃容易碎裂的問題，業界也沒有消費性電子使用大尺寸玻璃面板的前例。

面板為何會從塑膠改成玻璃，每個人的記憶都不同。儘管設計部門已經在研究玻璃面板的可能性，但也有些人認為是賈伯斯的主意。據說他那段時間隨身帶著 iPhone 原型機測試，把手機跟鑰匙一起放在口袋裡，但螢幕被鑰匙刮花，讓他氣得直跳腳。

賈伯斯日後說道：「我不賣會刮壞的產品。我要他們改用玻璃面板，六個禮拜就要做到完美。」[15]

但根據另一派說法，面板從塑膠轉成玻璃的過程整整花了半年時間。找到市面上最堅固的玻璃，成了營運部門的重責大任。尋尋覓覓，最後找到位於紐約州北部的玻璃製造商康寧。

1960 年，康寧研發出幾乎打不破的強化玻璃，產品名稱為 Chemcor。該產品使用創新的化學製程，將玻璃浸入硝酸鉀的熔鹽池裡，玻璃上的鈉原子較小，此時會被較大的鉀原子所取代；待玻璃冷卻後，表面的鉀原子收縮形成壓應力，因而產生強大的抗損效果，每平方英吋

iPhone Prototype

This iPhone prototype made in late 2006—
just six months before the iPhone went on sale—featured a plastic screen.

2006 年末的 iPhone 原型機（離發表會只剩半年時間），
採用塑膠螢幕，但在發表會前不久又改採更堅固的玻璃。
© Jim Abeles

可抵擋 10 萬磅壓力，反觀傳統玻璃只能承載 7,000 磅的重量。但看似前景大好的 Chemcor 玻璃，除了被用在一些飛機與美國汽車公司（American Motors）的「標槍」（Javelin）車款以外，市場接受度始終不高，銷售成績慘澹；1971 年難逃停產的命運。[16]

蘋果營運部門 2006 年找上門時，康寧的 Chemcor 玻璃復產計畫已經醞釀了兩年。他們發現摩托羅拉的 RAZR V3 手機也採用玻璃螢幕，於是開始研究如何減少 Chemcor 玻璃的厚度，達到適合手機的標準。

按照設計團隊的要求，玻璃厚度必須降低到 1.3 公釐，才能符合 iPhone 的設計美學。賈伯斯給康寧執行長溫戴爾‧維克斯（Wendell Weeks）六星期的時間，要他們能生產多少就生產多少。但維克斯回說產能不足，Chemcor 玻璃從來不曾做得這麼薄，也沒有大量生產過。「我們現在的工廠已經不做這種玻璃了。」他對賈伯斯說。但賈伯斯半哄半騙地說：「有志者事竟成，你辦得到的！」[17]

彷彿一夕之間，康寧將肯塔基州幾座 LCD 廠的製程全部調整，投入強化玻璃的生產；此時 Chemcor 玻璃已更名為大猩猩玻璃（Gorilla Glass），產量在 2007 年 5 月達數千碼。

強化玻璃搭配鋁殼，呈現出一股大器、甚至令人摒息的極簡美學，為強尼的設計語言又掀起新的一頁。

為了固定住玻璃螢幕，設計團隊設計出不鏽鋼外框，除了提供機身的結構支撐，還要看起來有型。

但設計團隊擔心，手機如果不小心掉在地上，螢幕會摔得稀巴爛。薩茲格說：「玻璃面板緊貼著強化不鏽鋼外框。手機掉在地上，我們擔心的不是玻璃直接撞到地面，而是不鏽鋼外框會衝撞到玻璃。」

他們想到的解決方案是：在玻璃螢幕與外框之間加上薄薄的橡膠墊片。但墊片會形成空隙，剛開始還沒解決時，讓設計團隊的每個人都敬

謝不敏，問題主要出在他們自己身上。「我們很多人不常刮鬍子、滿臉鬍渣，把手機貼在臉頰時會扯到鬍渣。」薩茲格回想起來笑說：「我們把外框和玻璃的空隙做出幾個版本，最後找到一個不會夾鬍渣的。」

發表會倒數計時

2006 年秋，賈伯斯有天早上把 iPhone 的負責人全部集合開會，討論 iPhone 的研發進度。根據《連線》（Wired）雜誌編輯弗瑞德・沃格史坦（Fred Vogelstein）的形容，那場會議籠罩低氣壓，負面消息不斷。

「大家心裡都有數，原型機還是不及格。不但問題一大堆，也根本不能用。電話常常講到一半就斷線，電池還沒充飽就自動停止，數據與應用程式三不五時便出現毀損，無法使用。問題似乎沒完沒了。好不容易等到報告結束，賈伯斯狠狠瞪了在場十幾個人一眼，說：『這東西能上市嗎？』」[18]

要是平常遇到這種情況，賈伯斯早就發飆了。但這天他一派平靜，反而嚇到在場所有人。沃格史坦說，有位主管形容那一刻「是我在蘋果難得起雞皮疙瘩的時候。」

蘋果規劃在幾個月後的麥金塔世界大會公布 iPhone，如果研發進度出現延宕，後果恐怕不堪設想。「對負責研發 iPhone 的工作人員來說，接下來那三個月是他們的工作黑暗期。」沃格斯坦寫道：「辦公室走廊經常冒出大家吵架的聲音。連續好幾天沒睡覺、忙著程式編碼的工程師，累到憤而離職；補了幾天的眠又回到工作崗位。有位產品經理人還曾氣到甩門，但力道太大反而將門把摔壞了，把自己反鎖在辦公室裡。同事拿鋁棒敲敲打打一個多小時，才順利把門打開。」

iPhone

The prototype iPhone was tested with an early beta version of iOS.

| iPhone 的設計難題一籮筐，玻璃螢幕與不鏽鋼邊框的縫隙便是其中之一，設計團隊成員的鬍渣常常被扯到。
© Jim Abeles

| 正在執行測試版 iOS 的原型機。
© Jim Abeles

iOS

The prototype iPhone was tested with an early beta version of iOS.

| iPhone 原型機用的是早期測試版 iOS 作業系統，
與最後成品仍有極大差距。
© Jim Abeles

原型機的問題在於每個環節都是新的，通通有問題。觸控式螢幕是新技術，加速度感應器也是新技術。後來一款原型機的距離感應器（proximity sensor）也出現問題，原本應該在貼近人臉時自動關閉螢幕，但如果頭髮又長又黑，感應器會無法分辨距離。

「有些根本問題就是解決不了，我們差點要放棄了。」強尼參加倫敦一場企業研討會時說：「耳朵形狀、下巴形狀、皮膚顏色、髮型，所有細節都得考量……其他類似的問題還有很多，逼得我們不得不覺得，這款手機可能做不出來。」[19]

但就在麥金塔世界大會登場的前幾週，設計團隊做出一個性能還算不錯的原型機。2006 年 12 月，賈伯斯拿著原型機前往拉斯維加斯，讓系統業者 AT&T 執行長史坦‧席格曼（Stan Sigman）評鑑一番。對方看了，「像變個人似的，情緒很激動」，說 iPhone 是「我這輩子看過最好的電子產品。」[20]

經過兩年半以上的勞心勞力與經驗累積，iPhone 總算在麥金塔世界大會隆重登場。有位主管說得好：「每一個細節都很煎熬。過去這兩年半，每一步都走得很辛苦。」

2007 年 6 月底，iPhone 正式開賣。強尼跟設計團隊一起來到舊金山的蘋果旗艦店。史清爾說：「我們很興奮。這是一款全新的產品，市場討論度很高……旗艦店外人山人海。我們想要感受那股氣氛，看看人們剛拿到產品的表情。店門一打開，眾人便蜂擁而上，就像開嘉年華一樣歡樂。」[21]

史清爾激動到無法自己。「我們真的覺得很自豪。我們付出很多心血，很多人犧牲了自己的生活，決心要把產品做出來。那天看到消費者的熱烈反應，一切辛苦都值得了。我永遠忘不了那一天。」

　　許多市場評論家認為 iPod 是蘋果無心插柳之作，純屬幸運；如今蘋果又以 iPhone 進軍競爭白熱化的手機市場，恐怕難有漂亮的成績單。時任微軟執行長的史帝夫・鮑爾默（Steve Ballmer），甚至說 iPhone 不可能搶到一丁點市占率，在當時引起不少騷動。但 iPhone 一上市便開出長紅，蘋果也持續以往的產品策略，不斷添加新功能與改朝換代，刺激買氣。

　　iPhone 在 2007 年中開賣，年底前已賣出 370 萬支。2008 年第一季，iPhone 銷售量已超過 Mac 系列產品；同年每季銷售速度更是 Mac 電腦的三倍。營收與獲利一飛沖天。

　　2007 年 1 月，賈伯斯在麥金塔世界大會正式發表 iPhone 時，特別邀請了老友艾倫・凱伊（Alan Kay）出席。凱伊在任職於全錄（Xerox）帕羅奧托研究中心（PARC）時就認識賈伯斯，後於 80 年代加入蘋果的進階科技部門，服務長達十年，更曾榮獲「蘋果之友」（Apple fellow；表彰蘋果人的重大貢獻）的頭銜。凱伊最為人稱道的事蹟之一，是早在 1968 年就曾預言平板電腦的誕生，一機在手便知天下事，他稱之為「Dynabook」。

　　發表會當天，賈伯斯轉頭和凱伊開玩笑說：「你覺得呢？值得你批評嗎？」會這麼問，是想呼應凱伊二十五年前評論第一代麥金塔的那句話──「這是第一台值得批評的電腦。」凱伊想了一下，舉起手裡的 Moleskine 牌筆記本，回說：「把螢幕放大到起碼 5 乘 8 吋的尺寸，蘋果就能獨霸全世界了！」[22]

　　不久之後，iPad 誕生。

reference

1. Walter Isaacson, Steve Jobs (Simon & Schuster) Kindle Edition.

2. Ibid.

3. Ibid.

4. John Paczkowski, "Apple CEO Steve Jobs Live at D8," http://allthingsd.com/20100601/steve-jobs-session/, June 1, 2010.

5. Scott Forstall, Apple v. Samsung trial testimony.

6. Ibid.

7. Kevin Rose, "Matt Rogers: Founder of Nest Labs interview," Foundation 21, 2012, video, http://www.youtube.com/watch?v=HegU77X6I2A

8. "On the verge," The Verge, April 29, 2012, video http://www.theverge.com/2012/4/30/2987892/on-the-verge-episode-005-tony-fadell-and-chris-grant.

9. Isaacson, Steve Jobs, Kindle Edition.

10. Scott Forstall testimony at Apple v. Samsung trial.

11. Apple v. Samsung trial, deposition of Jonathan Ive,

12. Ibid.

13. Ibid.

14. Ibid.

15. Charles Duhigg and Keith Bradsher, "How the U.S. Lost Out on iPhone Work," New York Times, http://www.nytimes.com/2012/01/22/business/apple-america-and-a-squeezed-middle-class.html, January 21, 2012.

16. Bryan Gardiner, "Glass works: How Corning Created the Ultrathin, Ultrastrong Material of the Future," Wired.com, http://www.wired.com/wiredscience/2012/09/ff-corning-gorilla-glass/all/, September 24, 2012.

17. Isaacson, Steve Jobs, Kindle edition.

18. Fred Vogelstein, "The Untold Story: How the iPhone Blew Up the Wireless Industry," Wired.com, http://www.wired.com/gadgets/wireless/magazine/16-02/ff_iphone, January 1, 2008.

19. Katherine Rushton, "Apple Design Chief Sir Jonathan Ive: iPhone was 'Nearly Axed,'" http://www.telegraph.co.uk/technology/apple/9440639/Apple-design-chief-Sir-Jonathan-Ive-iPhone-was-nearly-axed.html, July 31, 2012.

20. Vogelstein, "The Untold Story."

21. Apple v. Samsung trial, testimony of Christopher Stringer.

22. Janko Roettgers, "Alan Kay: With the Tablet, Apple Will Rule the World," Gigaom.com, http://gigaom.com/2010/01/26/alan-kay-with-the-tablet-apple-will-rule-the-world/.

11

the
iPad

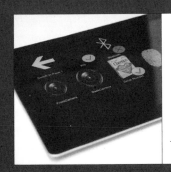

第十一章
iPad
——前所未有，獨霸全球

the iPad

我想不出有其他產品像它這樣自成一格，而且短時間內又大幅升級。螢幕就是它的全部，完全沒有其他讓人分心的細節。

—— 強尼・艾夫

　　儘管設計團隊已在祕密研發 iPad，但賈伯斯對外還是說蘋果無意推出平板電腦：「平板鎖定的是手邊已經有很多電腦跟電子產品的有錢人。」但他其實是在欲擒故縱。「平板一直是賈伯斯很想做的產品。」席勒說。[1] 其實，設計團隊著手研發 iPhone 的同時，平板產品也在積極籌備中。賈伯斯對外不提，是希望等到適當時機再發表。

　　蘋果會想打造平板產品，小筆電（netbook）的出現是主因之一。走小巧、低價、省電路線的小筆電，2007 年在市場殺出血路，迅速排擠到傳

統筆電的銷售量，到了 2009 年更佔筆電市場的兩成。眼見小筆電來勢洶洶，但蘋果卻從沒特別想過跟進。「小筆電什麼都做不好，只是便宜的筆記型電腦而已。」賈伯斯當時曾說。[2] 雖然如此，管理層會議曾經數度討論到小筆電的議題。

2008 年，強尼在某次高階主管會議中提出，設計部門做了一些平板產品，或許有機會跟市面上的小筆電相抗衡。強尼認為，平板基本上是少了鍵盤的低價筆電，賈伯斯覺得頗有道理，於是吩咐強尼把原型機做成實品。

iPhone 上市後短短幾年，行動技術大躍進。回頭再看 2004 年代號 035 號模型的平板原型機，早已顯得笨重。如今受惠於螢幕與電池技術推陳出新，大家都認為平板可以做得輕薄許多。之前遲遲不積極研發，螢幕與電池等零組件技術尚未到位是一大主因。「技術還沒到位。」一名蘋果前主管說。

強尼第一步先請人製作 20 個模型，機身大小與螢幕高寬比例各有不同。模型擺放在工作室裡的展示桌，讓強尼與賈伯斯把玩。「我們就是這樣找到最適合的螢幕尺寸。」強尼說。[3] 他們之前也是靠著把玩不同大小的模型，為 Mac mini 與其他產品設定完美尺寸。

「賈伯斯與強尼幾乎所有產品都這麼做。他們先製作出一些只有外觀的模型，大小都不同，再慢慢找出最喜歡的一個。」服務於營運部門的前工程師說。

但大家回想起這件事，依舊各有各的版本。一名前主管說，螢幕尺寸的靈感來源其實更簡單，就是一張標準大小的紙罷了。他解釋說：「iPad 的大小就是一張紙的大小。最初的構想是做一台拍紙簿大小的平板，我們都覺得這個尺寸恰恰好。平板鎖定的族群是教育界與喜歡讀電子書的人。」硬體是另一個考量重點：iPad 不以 iBook 的零組件為基礎，而是

與 iPod touch 相通。大家在研發初期就把 iPad 設定為搭配觸控螢幕的放大版 iPod。

　　一看到就會使用的直觀設計，是強尼對平板最大的期許。它要「兼具極簡與美感，人人都想擁有一台，而且容易上手。」史清爾說：「拿起來就能用……完全不需要說明。」

　　話雖如此，光是要達到「極簡」的效果，就需要投注大量時間與發揮無限創意。

製作過程

　　為了打造 iPad，設計團隊承襲之前設計 iPhone 的兩大主軸。

　　第一個是以 Extrudo 路線為基礎，希望做出類似 iPod mini 的鋁擠型機殼，但尺寸更大、厚度更薄。這個設計主軸由史清爾負責，他先前曾企圖以鋁擠成型的方式製造 iPhone 機殼，希望以同樣製程將大片鋁材擠壓成型後，再行銑削，生產 iPad 機殼。這款設計仍採用塑膠尾蓋，方便 Wi-Fi 與手機收訊。之前設計手機時，還怕鋁擠型機殼的邊緣太銳利，但平板就沒有這個問題，因為不會有人把平板貼到臉上。

　　設計團隊做了幾個「相框」模型當實驗，尺寸比有些原型機還大，還設計了支撐機身的腳架（後來微軟等競爭對手的平板產品更以腳架為設計焦點）。設計團隊雖然沒有繼續研究腳架的可能性，但設計 iPad 2 時加入了磁吸式保護套，折疊起來也有支架的功能。

　　設計團隊發現，鋁擠型手機機殼的限制同樣出現在平板，螢幕的效果會因外框而打折扣。強尼曾說：「我們要怎麼把一卡車的功能與按鍵丟掉，才不會影響螢幕的美感？」[4] 強尼知道螢幕是這款平板的重頭戲，

鋒頭不能被其他細節搶去，於是又想到了「無邊際泳池」的概念。

　　另一方面，霍沃斯則是把當初負責 iPhone 三明治路線的經驗帶進平板設計，做了幾款 iPad 原型機。最初幾個看起來類似 035 號原型機，但機身更加輕薄。原型機採用亮白色塑膠機殼，有稜有角，顯然跟 2006 年初發表的塑膠機殼 MacBook 屬於同一類設計風格——這其實有跡可尋，因為 MacBook 本來就是由霍沃斯擔綱設計。跟小白機一樣，這個原型機此時依舊大而笨重，但設計團隊不以為意，心思主要放在螢幕的呈現，而且它還有外框低調不顯眼的優點。

　　隨著設計的進展，模型愈做愈輕薄，邊緣愈來愈扁平，有些還搭配鋁合金背殼；但塑膠機殼似乎是設計團隊比較想走的方向。同時，賈伯斯心裡還有個疙瘩——原型機還是不夠輕鬆隨性。

　　強尼也看到問題。他覺得平板要再添加一個特色，除了更親民之外，還要讓人一手就能拿起。正如他一貫的風格，強尼希望使用者能主動把玩產品，鼓勵人機互動。

　　為了讓使用者輕易拿起 iPad，設計團隊特別幫它加了把手。後期有個原型機甚至有兩個塑膠大把手，活像個其貌不揚的托盤。發現把手設計並不可行之後，設計團隊嘗試做出圓弧形背殼，讓手指能伸到機身底下。

　　設計團隊著墨於 iPad 之際，第二代 iPhone 的設計工作也大功告成，於 2008 年正式問世。且為了強調與新興的 3G 網路相容，而取名為 iPhone 3G。這款新手機不使用第一代的鋁合金背殼，改為堅硬的 PC 塑膠機殼。兩項設計案同時進行，許多元素自然會有重疊之處，所以他們決定讓 iPad 也採用 PC 塑膠背殼，有黑、白兩色可選，再以不鏽鋼邊框接合背殼與螢幕。

　　但設計底定後，生產面卻出現問題，強尼不得已必須改變設計。

iPhone 3G 的塑膠背殼看似簡單,製造時卻是一大挑戰。設計團隊原本想在 iPad 沿用相同材質(融合 PC 與 ABS 樹脂),但因為尺寸較大,脫膜時容易收縮翹曲,製造難度比手機背殼更高。為了避免邊緣收縮,背殼模具必須做得大一點,等成品定型後再加工削切到正確尺寸。

脫膜後的背殼還需要拋光、去除分模線,再次上漆與切削,以避免挖孔處邊緣的漆料乾縮。挖孔處上好漆、切削過,才能開始安裝按鈕、處理喇叭網,以及將蘋果標誌固定在背面。也就是說,塑膠背殼會增加好幾道工序,問題也隨之增加。薩茲格說:「加工要有固定程序,如果上漆前就切削,漆料的化學作用會降低塑膠表面張力,凹陷處會延伸到其他已經切削過的區域,用鋁合金來做比塑膠簡單多了。」

設計團隊又把焦點轉回鋁殼。他們已經有鋁擠型機殼的製造經驗與生產線,所以對鋁合金並不陌生。新的鋁製背殼雖然也有圓弧設計,但並非強尼理想中的弧度。此外,為了提高機殼的硬度,設計團隊還添加一層薄薄側壁,卻也因此讓機身比塑膠機殼版本更厚重。

但最後的成品簡潔俐落,讓設計團隊興奮不已。史清爾回憶說:「我們試過很多細節。但到頭來,我們發現應該讓它自成一格,不複製蘋果其他的產品。我們希望打造出獨樹一幟的外觀……完全的低調,一點都不把它當成消費性電子產品。」[5]

iPad 跟當時市面上的產品截然不同。正如史清爾所說:「大家覺得它是前所未有的產品。」

iPad 初登場

2010 年 1 月 27 日,賈伯斯在舊金山芳草地藝術中心(Yerba Buena

Prototype iPad

This prototype iPad has two dock connectors:
one on the bottom and one on the side.

iPad 原型機有兩個連接埠，底部與側邊各一個。
© Jim Abeles

Center for the Arts）正式發表 iPad，把這個顛覆傳統的蘋果新作定位在 iPhone
與筆電之間，是一款走到哪用到哪、搭配觸控式螢幕的平板。他說 iPad
並非小筆電，比「筆記型電腦更貼近人性」，予人 iPad 結合科技與藝術
於一身的感受。

iPad 在 4 月正式開賣，銷量不到一個月就飆到 100 萬台，速度是
iPhone 的一半。2011 年 6 月，距離上市時間才一年多，iPad 的銷量已達
2,500 萬台，從大多數市場指標來看，它都是史上最叫好叫座的消費性電
子產品。根據市場研究機構 Canalys 的數據，2011 年 iPad 出貨量高達 6,300
萬台，遠超過小筆電（不及 3,000 萬台）。[6]

蘋果這波成長態勢可回溯至 iPod，但當初的幕後功臣卻已下台一鞠
躬。

當年接替魯賓斯坦職位的 iPod 部門副總裁法達爾，於 2008 年 11 月
宣布離開蘋果。蘋果新聞稿指出，法達爾與妻子丹妮‧蘭普特（Danielle
Lambert；時為蘋果人資部副總）希望多花點時間陪伴小孩。」[7]但根據兩位
前員工的說法，賈伯斯與強尼的關係太好，法達爾跟之前的魯賓斯坦一
樣成了犧牲品。

其中一人說：「法達爾是被請下台的。資遣費除了相當於好幾年的
薪水，額外還拿到數百萬美元。法達爾經常與強尼持相反意見，去找賈
伯斯抱怨過很多次。但賈伯斯實在太重視與強尼的關係了，最後決定站
在強尼這一邊，選擇要法達爾走人。」[8]

iPad 再升級

2011 年 3 月，iPad 開賣不到一年，蘋果便公布第二代 iPad，引起市

Design Team

Jony is joined by some of his design team
at San Francisco's Apple store.

強尼與幾名設計團隊成員現身舊金山蘋果專賣店，包括戴尤里斯
（左一）、科斯特（左四）與彼得·羅素—克拉克（Peter Russell-
Clarke，右）。當天 iPad 正式開賣，設計師史清爾形容這是「非常特
別的一天」。
© Associated Press/Paul Sakuma

場譁然。iPad 2 不但硬體大幅升級，設計外觀也出現大變身。

　　iPad 2 比第一代更輕更薄，添加前鏡頭、後鏡頭等重要規格，另外還推出貼心的磁吸式保護蓋，能讓 iPad 自動喚醒或休眠。製程技術更是突飛猛進，拜一體成型（unibody）製程之賜，鋁合金背殼達到了強尼當初夢寐以求的圓弧斜角。「我們把機殼從三個表面降低成兩個，因此省了加強結構體的四邊側壁，把邊緣修得更圓滑。不但握起來更舒服，而且因為採取一體成型的全新工程技術，機身也更加堅固，工法甚至更精密。」[9]

　　與 iPad 相比，強尼對 iPad 2 的驕傲之情有過之而無不及。「我想不出有其他產品像它這樣自成一格，而且短時間內又大幅升級。螢幕就是它的全部，完全沒有其他讓人分心的細節。」[10]

　　2012 年 3 月，蘋果又推出第三代 iPad，規格包括高解析度視網膜顯示器（retina display）、速度更快的晶片，以及更高階的鏡頭。同年 10 月，第四代 iPad 登場，除了處理器與行動網路速度大幅提升之外，更以 Lightning 接頭取代逐漸遭到市場淘汰的 30 針接頭。

　　透過頻頻升級 iPad，蘋果將想搶搭平板順風車的對手狠狠拋在腦後。這些業者看到市場上某個產品大賣，會想辦法降低生產成本，迅速推出自家產品；有些不過是廉價的複製品，但也經常有品質不錯的競爭產品，五花八門的安卓（Android）手機就是最好的例子。但 iPad 系列的升級步調又快又猛，規格一代比一代精進，讓蘋果得以在市場搶得領先地位。

　　繼第四代 iPad 之後，蘋果在 2012 年推出 7.9 吋的 iPad mini，同樣在市場掀起熱潮。「iPad 的好處，iPad min 不但全部都有，尺寸也更能一手掌握。很讚！」《紐約時報》重量級科技評論作家大衛・波格（David Pogue）寫道：「甚至可以說，iPad mini 是 iPad 原本就想要的模樣。」[11] 2013 年第一季，iPad mini 佔 iPad 總銷量約六成。[12]

　　從第一代 iPad 以來，iPad 系列產品總是叫好又叫座，咖啡廳、飛機上都能看到它的身影。蘋果管理層曾多次預估 iPad 總有一天會取代電腦，卻沒預料到發生得這麼快。

　　iPad 第一年銷量逼近 1,500 萬台，2011 年第四季的銷量更超過競爭對手的電腦銷量。根據市場調查機構國際數據資訊（IDC）2015 年預估數據，平板電腦（其中又以 iPad 為主）的市占率可望超過傳統個人電腦。由強尼與蘋果帶頭的後 PC 時代，即將來臨！

11

1. Walter Isaacson, *Steve Jobs* (Simon & Schuster, 2011), Kindle edition.

2. Brian Heater, "Steve Jobs Shows No Love for Netbooks," http://www.pcmag.com/article2/0,2817,2358514,00. asp, January 28, 2010.

3. Isaacson, *Steve Jobs*, Kindle edition.

4. Ibid.

5. *Apple v. Samsung* trial, testimony of Christopher Stringer.

6. Charles Arthur, "Netbooks Plummet While Tablets and Smartphones Soar, says Canalys," The Guardian, http://www.guardian.co.uk/technology/blog/2012/feb/03/netbooks-pc-canalys-tablet, February 3, 2012.

7. Apple Press info, "Mark Papermaster Joins Apple as Senior Vice President of Devices Hardware Engineering," http://www.apple.com/pr/library/2008/11/04Mark-Papermaster-Joins-Apple-as-Senior-Vice-President-of-Devices-Hardware-Engineering.html, November 4, 2008.

8. Fadell declined to comment.

9. Jonathan Ive in Apple iPad 2 official video 2011, video, http://www.youtube.com/watch?v=fjlvmbJEUmk, March 2011.

10. Ibid.

11. David Pogue, "This Year, Gift Ideas in Triplicate," *New York Times*, http://www.nytimes.com/2012/11/01/technology/personaltech/presenting-the-nook-hd-ipad-mini-and-windows-phone-8-review.html, October 30, 2012.

12. Gartner Inc., "Gartner Says Worldwide PC, Tablet and Mobile Phone Shipments to Grow 5.9 Percent in 2013 as Anytime-Anywhere Computing Drives Buyer Behavior," http://www.gartner.com/newsroom/id/2525515, June 24, 2013.

12

unibody
everywhere

第十二章
一體成型
——蘋果的製程革命

unibody everywhere

從設計與工程的角度來看，蘋果現在正處於最高峰，產品已逼近無懈可擊的境界。

—— IDEO 創辦人　丹尼斯・鮑爾

2008 年，強尼在蘋果一場活動中上台演講，主題很特別 —— 蘋果最新的「一體成型」製程。從他的現身就可清楚知道，蘋果非常重視這個打破業界傳統的製程技術。

強尼先講到過去的 MacBook Pro。這款機種當時是市面上最輕薄、最堅固的筆電產品之一。機身的堅固祕訣在於將內框與強化板鎖緊焊接，形成一個複雜架構。強尼邊說，身後的投影片陸續秀出數個零組件又是疊合、又是焊接，最後中間部分再以塑膠墊片結合在一起。

強尼告訴台下聽眾：「多年來，我們一直在尋找更好的筆電製程。」他先是露出微笑，又繼續說：「現在找到了！」[1]

強尼接著說明 MacBook Air 的製作過程。這款蘋果新推出的超輕薄筆電，顛覆傳統將數層金屬板疊合的製程技術，改為將一塊厚厚的金屬切削成框架。原本好幾個零件，如今只需要一個就能搞定，因此這個新製程被稱為「一體成型」。

強尼的投影片秀出製程各個階段。他笑著說：「鋁合金的好處就是回收率高。製造的每一個階段，我們都持續把鋁合金回收、清洗，然後再利用。」[2]

雖然他沒有透露任何重大機密，但聽得出他對這個製程技術十分滿意。「本來是一塊厚實的高級鋁合金，重量超過 2.5 磅。最後變成精細無比的機殼，重量只剩下 0.25 磅，而且不但輕巧，還很堅固。」

新製程也讓強尼的另一個設計理念得以實現──融合一流設計與先進製程，打造出不同凡響的創新產品。強尼接著說：「光靠一個機殼就撐起 MacBook Air 的整個架構。MacBook Air 的誕生，完全是因為一體成型製作出高精細的機殼。」

蘋果當時採用一體成型製程的產品只有 MacBook Air，但正準備全面應用於所有主要產品，例如 Mac 系列、iPhone、iPad 等等。

然而，這個製程分水嶺在各產品上市的一片喧鬧聲中，多半被消費大眾給忽視了。

推動製程改變

那次上台演講的幾個月前，強尼把 MacBook Pro 的零組件全數拆開，

MacBook Air

The MacBook Air was one of the first
Apple products to utilize a Unibody design.

MacBook Air 是蘋果最先採用一體成型技術的產品之一。
一體成型製程採機械加工，機殼不必再由眾多零件組成，
是製程技術的一大突破。
© Kyle Wiens/iFixit

擺在工作室的大展示桌上。隔桌放的是一體成型新機種的零組件。

　　MacBook Pro 這桌的零組件一一整齊擺好，幾乎佔據了整張桌面。再看到隔桌，零組件數量少了許多，形成強烈對比。強尼叫設計團隊過來看兩者的差別。

　　向來以精簡為王道的強尼，希望能減少零組件數量，藉此也能減少零組件的接合處。設計團隊之前曾拆解過第一代 iPhone，算了算，共有近 30 個接合處。後來 iPhone 改採一體成型製程後，接合處大幅降低至僅有五處。

　　一體成型製程是設計團隊不斷嘗試後的成果。

　　2001 年設計 Power Mac G4 Quicksilver 時，他們首先嘗試機械加工，亦即將原物料或鑽孔、或切削、或搪孔等等工序，製作出零組件；而後在方塊機、Mac mini 與各款鋁製 iPod 時，進一步提高機械加工程度。直到 2005 年開始設計 iPhone 時，設計團隊認真思考這種製程的能耐。他們造訪多家手錶製造商，想知道做工精細、壽命長久的手錶是如何製造出來的。

　　「我們開始研究手錶公司，純粹是想瞭解金屬如何切削與表面處理，最後又如何組裝。」薩茲格回憶說。[3] 他們發現，機械加工不但是相當高水準的製程技術，更普遍見於高階手錶。

　　雖然機械加工可行，但設計團隊也發現手錶通常只小量生產。問題是，他們這時已經計畫主要產品都採機械加工。

🍎

　　所謂一體成型製程，是許多機械加工程序的總稱。金屬切削加工向來耗時費力，需要有鑽孔機與銑床等又大又慢的加工機，但現代化 CNC

車床的誕生大幅縮短了製程，也提高了自動化程度。

傳統製程大多使用沖壓與模具等方式，適合需要快速而有效率的大量生產。反觀機械加工通常用於只生產一次或小量生產的產品。蘋果設計部門的原型機便是機械加工而成，使用銑床一個一個製作。放諸工業各大領域，通常只有品質要求高、口袋夠深的專業化製造商，才會用到機械加工製程，舉凡航太、國防、高階手錶、高級跑車（奧斯頓馬丁）等，都是很好的例子。機械加工後的零組件，品質與精準度都達到最高境界，唯獨耗時又花錢。

強尼說：「機械加工能達到消費性電子產業連聽都沒聽過的精準度。我們在切削這些產品時，對公差已經到了吹毛求疵的地步。甚至可以說，機殼裡頭比機殼外頭更好看。從這裡就能看出我們的用心程度。」[4]

強尼認為一體成型是 iPhone、iPad 與 MacBook 輕薄化的關鍵所在。產品背板與框架整合為一，螺絲孔經切鑿而成，用於接合其他零組件，並把更多零組件壓縮在一起。拜一體成型製程之賜，iPhone 5 厚度比 iPhone 4S 少了約 3 公釐。聽起來似乎沒什麼，但別忘了，iPhone 本來已經夠輕薄了，3 公釐等於是原本機身又薄了約 30%。

製造筆電機殼時，第一步是將原鋁送進大型熱壓機擠壓成鋁板，好比將麵糰壓成麵條一樣。

鋁板接著按部就班進行 13 道切割工序，才會達到最後形狀。首先，鋁板會被切成筆電大小的長方形，進到第一台 CNC 加工機，以雷射鑽出對位孔，藉此引導到下個切割程序，把不需要的部分粗略割除。

緊接著是一連串愈來愈精密的切割步驟。先切出鍵帽部分與輸入埠，再切出螺絲孔，接著內部結構與肋條（rib）進行定型。

下一個階段是指示燈的雷射鑽孔。指示燈位於機身裡，機殼經過切薄到一定程度，讓雷射鑽能夠鑽出細洞。雷射鑽孔機速度快又精準，洞

孔極其細微，機殼外觀很紮實，但裡頭又薄到可以讓指示燈透光出來。製程創新而精準，為產品添加了一股魔力。

「別看這只是個小細節，它可是很不得了的設計。」設計師萊特理說。「一般的做法會在機殼上打洞，裝進 LED 指示燈，再加上一個塑膠蓋。這樣雖然就夠好了，但蘋果不甘於此，反而在機身切割出肉眼幾乎看不見的小洞，做出指示燈在洞裡突然亮起來的效果，將工藝水準帶進工業製程。」[5]

喇叭網孔等其他孔洞也是以雷射鑽孔而成，最後再用液體噴刷去除殘渣。蘋果以雷射在機身蝕刻序號與其他規格資訊；iPod、iPad 也提供個人化的雷射雕刻服務。由於媒介為雷射，不必和鋁殼有實際接觸，因此鑽孔機絕不會磨鈍或磨損；並且透過 CNC 控制能輕易設定與重新調整。

雷射鑽孔過後，機殼接著通過 CNC 磨床，把毛邊、粗糙面與表面任何瑕疵處磨平。磨平後，機殼再高壓噴上陶瓷、二氧化矽、玻璃或金屬，讓表面呈現紋理無光的質感。最後根據要呈現的表面效果，進行陽極氧化處理，有的塗上透明漆，有的拋光。

一體成型製程屬於高度機密，蘋果對大部分細節三緘其口。製程有多少程度為自動化，外界並不清楚，只知道至少有一部分組裝為自動化。蘋果大多數產品均由手工組裝完成，動用大批員工，但一體成型製程讓蘋果更有機會往自動化組裝發展。

「大家都很重視自動化與機器控制。」一名曾負責協調設計、產品開發與營運三個部門、且待在工廠數個月的機械工程師說。他以保密條款為由不願進一步說明，但指出蘋果許多產品目前多以 CNC 車床生產與加工，兩個工序之間的零組件移動則是自動化。[6]

「我自己就親眼看過富士康的廠房完全只生產蘋果產品。放眼望去

都是運作中的切割加工機，大多數是鋁合金的機殼。」2005 年到 2010 年擔任產品工程師的巴克西說：「真的是一眼望不完。」[7]

一體成型逐漸到位

一體成型技術正在為高科技製程改頭換面。回顧 80 年代，蘋果仍在灣區生產麥金塔電腦時，曾經夢想生產自動化的一天。隨著蘋果往一體成型發展，又再度燃起希望。切削加工原本只用於製作原型機，直到強尼加入蘋果後才開始用於大規模生產。但其他業者很快也看到切削加工製程的重要性。IDEO 創辦人之一鮑爾（Dennis Boyle）說，大規模切削產品是「產品設計師的美夢成真」[8]

「企業一直不肯採用機械加工，是因為成本比其他製程技術高。」他說：「但蘋果找到可行的方法……從蘋果的例子可以看出，如果一家企業願意花錢投資，忠於設計團隊的設計，不在產品外觀與使用者體驗打折，就有機會打造出高人氣的產品，吸睛又洗鍊，在市場交出漂亮的成績單。從設計與工程的角度來看，蘋果現在正處於最高峰，產品已逼近無懈可擊的境界。」

一體成型製程所費不貲，是蘋果的一大賭注。蘋果在 2007 年左右加大投資力道時，與一家日系銑床供應商合作，之後三年產量全數供應給蘋果。有人估計，該日商每年 CNC 銑床產量為 20,000 台，有些要價 25 萬美元以上，有些甚至超過 100 萬美元。這還不夠，蘋果把市場上找得到的 CNC 銑床通通買下來。一名知情人士說：「市場所有的供應量都被蘋果買光了，其他人連買的機會也沒有。」[9]

工具機採購力道因為 iPhone 與 iPad 而變本加厲，每一代產品的機

械加工程度愈來愈高。市場研究機構 Asymco 的分析師何瑞斯・德帝巫（Horace Dediu）指出，第一代 iPhone 的設備成本為 4.08 億美元；但到了 2012 年，iPhone 5 與 iPad 3（皆採一體成型製程）生產時，蘋果的資本支出飆到 95 億美元天價，其中大部分和工具機及製程有關。相較之下，蘋果花在零售店的支出為 8.65 億美元，其中大多數為黃金店面，租金成本不斐；但蘋果花在工廠的預算卻幾乎是店面的 11 倍，對製程的重視可見一斑。[10]

2012 年設計 iMac 時，設計團隊為了呈現機身超薄邊緣的效果，推動了另一項創新製程——摩擦熔接（friction welding）。若以傳統焊接法將前框與背板接合，無法達到蘋果想要的薄度；於是改採 1991 年問世、能在固體狀態下接合的摩擦攪拌焊接技術（friction stir welding）。它的原理與其說是焊接，倒不如說是再結晶化過程——以高速攪拌頭沿著邊緣摩擦軟化，到幾乎熔點，再以強壓將兩部件擠壓，透過轉動的攪拌頭攪拌銲縫而緊密接合，達到無縫而堅固的機殼。

摩擦攪拌焊接機動輒 300 萬美元，因此多用於火箭與飛機的零件製造。但近來科技日新月異，CNC 銑床改裝後也能有同樣功能，成本降低許多，對已經擁有許多 CNC 工具機的蘋果無疑是打開機會大門。

摩擦攪拌焊接的優點還包括不會產生有毒氣體，且加工完成的零組件無須再加入熔填金屬進行進一步切削，因此比傳統焊接技術更具環保概念。

蘋果是綠的好？

積極投入新製程，多少是因為強尼希望蘋果成為一個更具環保意識

的企業；而 2005 年與國際綠色和平組織（Greenpeace International）的口水戰，更提供了臨門一腳。當時，綠色和平組織抨擊蘋果缺乏回收制度，製程更使用數種有毒化學物質，遭賈伯斯一口駁斥。

但賈伯斯 2007 年卻又公布蘋果將徹底檢討環保措施。從那時起，蘋果持續減少水銀、砷、溴化阻燃劑（BFR）、聚氯乙烯等有毒物質的使用，綠色形象已逐漸改善。

為了進一步提升環保形象，蘋果更加強許多產品的節能效率，贏得電子產品環境評估工具（Electronic Product Environment Assessment Tool）的能源之星（Energy Star）認證與金級評等——電子產品環境評估工具旨在衡量產品於生命週期內的環境週期，指標涵蓋能源使用量、可回收能力、產品的設計與製造方式等。蘋果同時減少包裝用量，增加每個貨櫃可載運的產品數，藉此降低燃油量。此外，最新一代的 MacBook 更標榜能百分之百回收，而其他產品也大多採用方便回收再利用的鋁合金與玻璃。

儘管如此，作風充滿神祕色彩的蘋果，依舊得不到綠色和平組織的認同。該組織在 2012 年的環保評鑑中，滿分 10 分只給了蘋果 4.5 分，居於科技企業的中段班（跟一開始的倒數幾名，其實已有進步）。對於蘋果加強企業環保責任，綠色和平組織給予肯定，但同時指出，「蘋果失分的部分在於溫室氣體回報不夠透明、乾淨能源的倡導不夠積極、有毒化學物質的資訊有待加強、消費後塑膠回收再使用的細節不足。」[11]

蘋果的環保意識抬頭，各界把功勞歸給賈伯斯。但蘋果內部的知情人士表示，不滿當年被綠色和平組織抨擊的強尼也是重要推手。

「強尼覺得蘋果其實有很高的環保概念。」該知情人士說。蘋果的產品通常有多年壽命，使用者愛護有加；反觀其他業者的產品經常汰舊換新，反而對環境更有害。強尼堅持不做垃圾產品，確實讓蘋果的環保形象加分不少。

外界批評的另一個焦點是，蘋果許多產品的拆解難度高，甚至連換個電池也需要有專用工具和技巧，導致維修不易。3C 產品拆解網站 iFixit 創辦人凱爾·韋恩斯（Kyle Wiens）等環保人士指出，產品如果容易拆解，維修更方便，就比較不會壞了即丟。反觀產品如果拆封與修理麻煩，更容易被消費者拋棄。

韋恩斯認為 iPad 是「非常不道德的產品，機身完全封死，且充放電 500 次後電池便無法使用，擺明是鼓勵壞了就丟掉。蘋果不在乎產品能否維修，設計師當然也就不會考量到這點。」[12]

蘋果人則持反對意見，認為蘋果產品當然方便維修，只是不鼓勵消費者自己動手。薩茲格解釋說：「蘋果設有特別的維修程序。有能力維修自己產品的企業並不多，因此才會把產品設計得誰都能拆解，交給百事買（Best Buy）那樣的 3C 量販店去維修。」

薩茲格認為，照這樣的邏輯來看，蘋果的產品其實比其他企業更容易維修。「產品故障時，蘋果會交由自己的店面處理。產品設計一開始便考量到日後維修的因素……維修過程相當注重細節。」[13]

蘋果身為全球市值最高、市場影響力最大的企業之一，在生產技術上無疑取得領先地位。即使外界對其仍有血汗工廠與不夠環保的疑慮，但可以肯定的是，蘋果未來在擬定相關策略的時候，強尼將會善用他的發聲權。

12

1. Apple special event video, Oct 14: Apple Notebook Event 2008, New Way to Build 2-/6, 2008, video, http://www.youtube.com/watch?v=7JLjldgjuKI.

2. Ibid.

3. Interview with Doug Satzger, January 2013.

4. Apple special event video, Oct 14.

5. Interview with Chris Lefteri, October 2012.

6. Interview with a former Apple engineer, June 2013.

7. Personal interview, June 2013.

8. Interview with Dennis Boyle, October 2012.

9. Interview with a former Apple engineer, June 2013.

10. Horace Dediu, "How Much Do Apple's Factories Cost?" http://www.asymco.com/2011/10/16/how-much-do-apples-factories-cost/, October 16, 2011.

11. Greenpeace, "Guide to Greener Electronics 18," http://www.greenpeace.org/new-zealand/en/Guide-to-Greener-Electronics/18th-Edition/APPLE/, November 2012.

12. Interview with Kyle Wiens, June 2013.

13. Interview with Doug Satzger, January 2013.

13

apple's
mvp

第十三章
蘋果的靈魂人物

apple's mvp

除了我以外，強尼是蘋果內部最能呼風喚雨的人，沒
有人能夠命令他。這是我建立起來的制度。

—— 賈伯斯

2004 年 7 月，賈伯斯因胰臟癌發病住院切除腫瘤。術後，他只要求
見兩個人，一個是妻子羅琳，另一個則是強尼。

　　近八年幾乎天天一起工作，強尼與賈伯斯培養出密切的默契。兩人
平日幾乎形影不離，共同出席許多會議、共進午餐，下午則在設計部門
討論未來的產品設計案。

　　賈伯斯後來癌症復發，2009 年 5 月向蘋果告假，前往田納西州曼菲
斯市進行肝臟移植手術。他術後搭乘私人飛機與妻子回到加州，強尼與

庫克等在聖荷西機場接機。賈伯斯先前宣布請病假時，引發媒體紛紛預測，少了他的蘋果將一蹶不振；評論家似乎都認為，蘋果的命運完全由賈伯斯一肩扛起。

報章媒體把蘋果的成敗完全繫在賈伯斯身上，讓強尼頗為洩氣，於是在開車載賈伯斯回家的路上直言。

「我覺得很受傷，」他對賈伯斯說。他擔心賈伯斯的健康問題，但也在意公司的營運體質。強尼跟《賈伯斯傳》作者華艾薩克森說，外界認為賈伯斯是蘋果最重要的創意源頭，但其實並非如此。「給外界這樣的印象，對公司本身有害無益。」強尼說。[1]

強尼並非事事以賈伯斯或蘋果為尊，其實不叫人意外。他曾抱怨賈伯斯喜歡把他的構想佔為己有。「他聽完我的構想之後，會說喜歡某一個，不喜歡某一個，」強尼告訴艾薩克森：「但最後在發表會上，他高談闊論，好像那是他的點子，明明我就坐在觀眾席當中。我這個人相當重視產品的發想起源，甚至連筆記本都會保留下來。點子被他拿去居功，我當然不好受。」[2]

但強尼也承認，沒有賈伯斯在背後撐腰，他不可能有今天這番成就。「在很多企業當中，好的構想與設計常常被埋沒。我和設計團隊的構想之所以能發揚光大、實現成產品，全靠賈伯斯在背後督促我們，與我們配合，幫我們排除反對的聲音。」他說。[3]

2011 年賈伯斯再度請病假，媒體同時傳出強尼揚言要離職的消息，說他在認股權憑證三年到期後，將舉家遷回英國，讓雙胞胎兒子回國求學。英國《衛報》直指強尼即將離職，並下了〈蘋果最大夢魘〉的標題。[4] 根據倫敦《週日泰晤士報》（Sunday Times）專文報導，強尼希望能從庫帕提諾市搬回英國，住在薩默塞特郡自宅，因而與蘋果意見不合。還有

新聞報導指出，強尼會往返通勤於英國和加州之間。[5]

揚言離職不表示最後會離職。該新聞報導引用不願具名的強尼友人說法，說強尼「在蘋果眼中太寶貴了，所以直接了當地跟他說，沒辦法讓他兩邊跑。」為了鞏固雙方關係，據說蘋果提供強尼高達 3,000 萬美元的紅利，並額外給他價值 2,500 萬美元的股票。強尼當時個人身價預估達 1.3 億美元。

事後看來，強尼原本就無求去之意。靠近父母住處的英國豪宅，空著也是空著，最後被他賣掉了。強尼對蘋果的忠誠度有增無減。

強尼經常接到其他企業與獵才公司的電話，高薪聘請他設計汽車、鞋子等五花八門的產品，都遭他婉拒。問他是否可能離開蘋果，他曾嚴正否認：「把我跟設計團隊移植到其他地方，完全會水土不服。」[6]

2011 年 8 月 24 日，蘋果對外公布賈伯斯將卸下執行長職位，但董事長身份不變，公司實際營運將由庫克正式接手。

賈伯斯自 1 月起即已請假休養，那年少數幾次公開露面時，身形憔悴，看得出病情相當嚴重。雖然外界已有他遲早要交棒的預期，但消息一出，仍是一片譁然，大家都無法想像蘋果沒有賈伯斯的情景。

許多評論者認為強尼應該接棒，他經常在產品宣傳影片露臉，也囊括大大小小設計獎項，知名度比庫克高出許多。但真正瞭解蘋果的觀察人士反倒不這麼想，就連強尼也自認不適合擔任執行長。

一名前設計團隊成員提到強尼對執行長一職的看法：「管理公司的眉眉角角，強尼並沒有興趣干涉。」強尼對企業營運面不感興趣，當年在橘子設計時如此，如今在蘋果也是一樣。「他只想專注在設計上。」該名設計師說。

「我一心只希望能設計產品、製造產品。這是我的最愛。」強尼有

次受訪時說：「能找到自己的熱情所在很值得高興。但找到是一回事，把它當成工作、全心投入其中，又是另一回事。」[7]

庫克嫻熟全球供應鏈，原本就是執行長的最佳人選。繼任短短十三年，庫克打造出複雜精細的體系，讓強尼的團隊得以設計出一流產品，速度、數量、效率、獲利無人能及。庫克的個人魅力或許不及賈伯斯，卻是供應鏈的第一把交椅，在賈伯斯最後一次請病假的期間，肩負起實質管理公司的責任；2004 年與 2009 年賈伯斯請假休養時，他也曾擔任臨時執行長。接受本書訪問的蘋果人表示，庫克為人隨和，善於凝聚眾人的共識，比作風強硬的賈伯斯更容易相處。

卸下執行長職位才一個多月的賈伯斯，終究不敵病魔，於 2011 年 10 月 5 日辭世。他曾在史丹佛大學對畢業生說：「死亡，很有可能是人生最好的發明。」如今英年早逝，得年 56 歲。

兩天後，他的告別式在奧托美薩（Alta Mesa）紀念墓園舉行，出席的蘋果人只有四位——軟體部門副總艾迪‧庫伊（Eddy Cue）、通訊部門副總凱蒂‧卡頓（Katie Cotton）、執行長庫克，還有強尼。十天後，追思會選在史丹佛大學舉行，依舊不對外公開，受邀賓客包括美國前總統柯林頓、前副總統高爾、比爾‧蓋茲、Google 執行長賴瑞‧佩吉（Larry Page）、U2 合唱團主唱波諾，以及新聞集團（News Corp）執行長梅鐸（Rupert Murdoch）。

賈伯斯辭世三週後，蘋果在總公司園區舉辦員工追悼會，強尼有機會公開向他的良師益友致意，8 分鐘的悼詞中，他時而打趣、時而感性、時而提出肺腑之言，分享他「最要好、最忠心的朋友」的小故事，讓大家重溫賈伯斯的熱情、幽默，以及把事情做到好的那股喜悅。

強尼以一則小故事開場。「賈伯斯常說：『強尼啊，我有一個很無厘頭的想法。』」他的構想有時候是真的很無厘頭，甚至只能用『恐怖』

兩個字來形容了。但有時他的構想又令人驚艷，絕妙到盡在不言中。」

　　強尼記憶中的賈伯斯，「不斷自問『這樣夠好嗎？這個適合嗎？』」他認為賈伯斯最大的滿足，是來自「做出人人愛不釋手的一流產品，打敗冷嘲熱諷的聲音⋯⋯即使被別人說過千次百次『辦不到』，也執意完成。」

　　悼詞結尾，強尼告訴台下的蘋果員工：「我們兩人合作了快十五年，我講『鋁』這個單字的英國腔還是會被他取笑。這兩個禮拜以來，想必大家的心情都很沉重，不知道該如何跟他道別。最後我只想說：『謝謝你，賈伯斯。感謝你的真知灼見，孕育出蘋果這個不同凡響的大家庭，我們從你身上獲益良多，未來也會繼續相互學習成長。謝謝你，賈伯斯。』」

財源廣進

　　賈伯斯過世前一天，庫克在舊金山芳草地藝術中心正式發表 iPhone 4s，席間特別留了一個座位給賈伯斯。強尼也沒有出席。

　　iPhone 4s 的設計理念來自霍沃斯早期的「三明治路線」，也是當時最高階的 iPhone 機種。雖然外觀跟 iPhone 4 雷同，關鍵零組件等級卻大幅提升，產品工程技術令人讚嘆。iPhone 4s 於 10 月 14 日開賣時，有人批評它言過其實，分明跟 iPhone 4 差不多。但即使傳出負面聲音，銷售成績依舊亮麗，首週週末便破紀錄賣出 400 萬支，更在短時間內成為全球最暢銷的智慧型手機。

　　iPhone 4s 是蘋果在後賈伯斯時代的第一款產品，在市場打出勝仗，華爾街也同樣歡呼以對。蘋果股價一路翻揚，2012 年 1 月 3 日股價高達

Steve Jobs

Jony joins Steve Jobs in a product demonstration
shortly before Jobs's untimely death.

▌ 賈伯斯在過世前的最後一次發表會中打電話給強尼，展示 iPhone 4 的
通話視訊功能。
© Associated Press/Paul Sakuma

407.61 美元（持有現金超過 1,000 億美元，且不斷增加），1 月底股價已飆到 447.61 美元。

蘋果一舉超越埃克森美孚（Exxon），成為全球市值最大的企業，風光不可一世。

強尼．艾夫爵士

儘管賈伯斯已不在人世，蘋果的銷售量仍在 2012 年初開出紅盤，強尼也有好事臨門。他因促進英國設計與商業有功，受封大英帝國司令騎士勳章爵士（Knight Commander of the British Empire），這是強尼繼 2005 年榮獲大英帝國司令勳章後的第二度受封，屬於第二高等級的勳位，成為強尼爵士。

對於獲得此等榮耀，強尼說自己「非常高興」，「自覺渺小，心中無限感激。」難得受訪的他，在接受英國《每日電訊報》（Daily Telegraph）採訪時說，自己是「英國設計教育下的產物……即使是在中學時期，我就很清楚英國在設計與製造方面的優良傳統。大家別忘了，英國是工業革命的發源地。說工業設計是在英國奠定基礎的，我想並不為過。」[8]

2012 年倫敦奧運期間，強尼與當年服務於 RWG 時的老闆葛雷碰面。「我問強尼受封爵士的感覺是什麼，他回說：『在舊金山根本沒人管你是不是爵士，但在英國，這個封號是個沉重的負擔。』」[9] 強尼會這麼想，是因為英國的階級制度根深蒂固，受封爵士之後，就代表他不再是一般老百姓了，讓他覺得頗難為情。

強尼藉此次倫敦行，順道跟母校諾桑比亞大學的設計系學弟妹分享

心得。他特別安排倫敦一家蘋果專賣店暫時關門，作為演講場地。一名知情人士說：「強尼喜歡跟大家分享自己的觀念，這是一定的。但他也很想幫學生打打氣。我猜這是他回饋社會的一種方式吧。」

身為諾桑比亞大學最出名的校友，強尼是母校心中的寶貴資產，請他擔任客座教授，偶爾回學校教課。學校宣傳資料常常以他為號召，但基於保護難能可貴的雙方關係，校方不願對外討論強尼或公布強尼在學時期的資訊。

強尼經常回國，一年會待在倫敦三、四次。除了參加倫敦時尚週之外，他也會出席一年一度的古德伍德競速嘉年華（Goodwood Festival of Speed；賽車迷的盛會）。他曾擔任評審，曾與設計師馬克‧紐森（Marc Newsom）與作曲人尼克‧伍德（Nick Wood）出現在同一張照片。他們三人是好友，常出席彼此的宴會。強尼的朋友名單還包括英國服裝設計師保羅‧史密斯（Paul Smith），他在對方生日時送了一個超大的粉紅色 iPod nano 模型。

有人說，設計有時是一個孤獨而與世隔絕的過程。但強尼十分活躍，定期全世界跑透透。有時候為了與供應商洽談，他會在亞洲一待就是好幾個禮拜；大部分行程則是速來速往。2013 年他曾經單日往返阿姆斯特丹，除了撥空搭乘賈伯斯的遊艇（由法國設計鬼才菲利普‧史塔克〔Philippe Starck〕設計，在荷蘭量身訂做），並在當地為蘋果專賣店開幕。

2012 年，強尼斥資 1,700 萬美元買下舊金山黃金海岸的豪宅，舉家搬到這個素有「富豪大道」（Billionaire Row）之稱的地段。

說話慢條斯理、一身 T 恤牛仔褲的他，一副素人形象，但在上流社會場合也常見他的身影。他經常參加舊金山交響樂團演奏會，也與矽谷大企業領導人多有往來。在名人晚宴中可看到他與重量級人物的互動，

Sir Jonathan Ive

Sir Jonathan Ive after getting his knighthood
with his good friend, designer Marc Newson.

剛受勳成為爵士的強尼，身旁是他的好友紐森。紐森也
因在設計產業貢獻卓著，獲頒大英帝國司令勳章。
© Associated Press/Paul Sakuma

例如雅虎執行長梅麗莎‧梅爾（Marissa Mayer）、推特執行長迪克‧柯斯特羅（Dick Costolo），以及 Yelp（評鑑網站）、Dropbox、Path（社群服務）等公司的執行長。

強尼偶爾也會參與公司外部的設計案。他曾為 Harman Kardon 設計 Soundstick 揚聲器，如今已成為現代藝術博物館（Museum of Modern Art）永久館藏。2012 年，他受徠卡相機（Leica）之邀設計一款相機，供慈善拍賣用。傳奇色彩濃厚的徠卡，向來深受強尼與賈伯斯喜愛。賈伯斯在 iPhone 4 的發表會上，甚至把 iPhone 4 比喻為「精美而古典的徠卡相機」。[10]

雖然外界偶有強尼跳槽傳聞，但從種種跡象看來，他仍對蘋果忠心不二。據說他正在撰寫專書，準備將他在蘋果的作品集結成冊。

蘋果走出新局

身邊雖然少了賈伯斯的砥礪，強尼在 2012 年還是工作滿檔，一刻不得閒。3 月，第三代 iPad 出爐，取了簡潔有力的名稱——The new iPad。開賣首週週末銷售量衝破 300 萬台，打破之前機種的紀錄。

2012 年 9 月，iPhone 5 緊接登場。視網膜螢幕增加到 4 吋，依照席勒的說法，它是「蘋果設計過最精美的消費性電子產品」。iPhone 5 發表會第一天，預購數量隨即飆到 200 萬支；9 月 21 日正式開賣時，週末銷量創下逾 500 萬支新高，連續幾週供不應求。

iPhone 5 上市一個月後，蘋果又發表了第四代 iPad 與 7.9 吋螢幕的 iPad mini，並於 11 月在 34 個國家同步銷售；短短三天合計賣出 300 萬台。值得一提的是，蘋果的產品上市進度通常不會大幅更動，第四代 iPad 距離上一代機種還不到一年，尤其讓市場吃驚。

13

這兩款新產品讓蘋果股價如虎添翼。上市短短三天，蘋果股價從 505 美元上飆到 568 美元，漲幅超過 12%，之後更是漲勢不斷。

表面上，賈伯斯辭世並沒有為蘋果帶來重大衝擊，獲利力道與創意活水不減反增。但在 2012 年 10 月 29 日，蘋果對外公布主管層人事改組，跌破各界眼鏡。

新聞稿指出管理層人事大調動，但推敲字裡行間，似乎可嗅出蘋果內部的暗潮洶湧。簡單地說就是 iOS 主管佛斯托被炒魷魚，強尼則高升，未來負責掌管產品整體創意。

強尼仍為工業設計部門的資深副總，但未來也將「主導蘋果產品的人性介面。」[11] 換言之，原本由賈伯斯一手主導的軟硬體介面，將由強尼接下重責大任。

「強尼的設計美感沒話說，蘋果產品的外觀與質感，過去十多年都由他在背後推動。」庫克在人事案公布後寫信給員工：「軟體是許多蘋果產品的一大特色，將強尼的設計專長延伸到軟體領域，可以進一步拉開我們與競爭對手的距離。」[12]

一言以蔽之，庫克說的其實是：向來主導硬體發展路線的強尼，如今也要帶動軟體的全新面貌。

市場謠傳佛斯托之所以黯然離職，是因為在使用者介面的設計理念與強尼不合；蘋果對此不願證實，也並未否認。一個下台，一個升官，在權力爭奪賽中敗陣的顯然是佛斯托。

兩人的爭執點之一是擬物化（skeuomorphic）設計。佛斯托偏好以外觀類似實體的圖案作為使用者介面。於是乎，iBookstore 書架的外觀就是木質書櫃；Podcast 的外觀像盤帶式錄音機（reel-to-reel tape recorder）；iOS「遊戲中心」（Game Center；多人遊戲平台）看起來像是賭場的賭桌；許多最熱門的蘋果應用程式，都可以看到皮革與木質外觀。

＊譯註：指過去介面的質感。

擬物化介面簡單易懂，剛接觸的使用者可以立刻上手，最初的麥金塔桌上型電腦就是一例。擬物化的使用者介面，好比從上方俯瞰辦公室桌面擺設一樣。大家都知道辦公桌哪個物品該怎麼用，若把整個配置移到電腦螢幕，照理說使用者應可心領神會。

然而，市場近年傳出蘋果的擬物化介面太「俗」的批評聲音。有些人認為拿過時的辦公室家具與音響設備當圖示，看起來既過時也跟蘋果的形象不搭。賈伯斯死後的蘋果，據說最大力提倡擬物化介面設計的人就是佛斯托，不但成為外界批評的焦點，連蘋果內部也出現了反對的聲音。

有位不願具名的蘋果設計師在接受《紐約時報》的採訪時指出，強尼從來就沒喜歡過擬物化介面。[13] 英國《每日電訊報》在採訪強尼時問到這個主題，他明顯「皺了一下眉頭」，但不肯談論細節。「我的工作聚焦於與其他團隊琢磨產品構想，一起開發出產品。我們的工作內容與職責主要在這方面。」他說：「至於你剛才問到的使用者介面，我其實沒有太多干涉。」[14] 庫克重組人事後，強尼的障礙隨之排除。

在管理層洗牌之下，蘋果的軟體設計也出現大變身。2013 年推出的 iOS 7，大致已捨棄過去佛斯托推崇的擬物化設計。

這款行動作業系統採用平面化圖示，外觀新潮，揚棄了之前的皮革背景與圖示立體效果（如加亮與陰影等等）。在 iOS 7 發表會中，軟體工程部門資深副總葛瑞格‧費德里吉（Craig Federighi）在介紹日曆應用程式時開玩笑說：「大家放心，改造過程沒有動物受傷。」他補充說，其他應用程式也更加簡潔了，因為「我們把綠色絨布與木頭都用光了。*夠環保吧！」[15]

走精簡風格的 iOS 7，跟設計團隊當年設計 iPhone 與 iPad 時用的臨時介面頗有異曲同工之妙，圖示平面化，有些還大同小異。介面走回頭

路，似乎可看出強尼與佛斯托的理念確實不合，之前多年都是強尼在隱忍。

　　強尼此番大手筆整頓作業系統介面，也是和硬體的一大呼應。強尼的硬體設計觀點向來極簡、以功能為取向。他討厭過度裝飾（他說過：每個小小螺絲釘的存在，都有其目的），讓設計遁於無形是他的目標。反觀擬物化便是以設計為主，非得把軟體圖示妝點成賭桌或黃色筆記本等等。擬物化的軟體介面正好跟極簡的硬體設計背道而馳。有人把不必要的細節通通丟掉，有人偏偏喜歡花枝招展。

　　這樣的設計衝突隨著 iOS 7 的誕生而告終。在強尼操刀之下，軟體介面不再花俏，與原本便已精簡俐落的硬體設計更能相輔相成。此外，iOS 7 設計更添品味，在字型排版上尤其是一絕。它採用起源於瑞士的 Helvetica Neue 字型，由於字體精細，更適合用於蘋果新產品強打的高解析度視網膜螢幕。iOS 7 平台彷彿是平面視覺設計的一大禮讚。

　　在蘋果的行動產品日趨成熟之際，軟硬體由強尼一手統籌的人事決策更顯重要。強尼與設計團隊仍會持續改善產品硬體，但恐怕只有漸進式的改變，不容易再看到顛覆性的變革。畢竟，薄薄的長方形玻璃還能再怎麼變？當前的設計熱門領域不在硬體，軟體才是王道。

　　90 年代中期曾與強尼合作的莎莉・葛絲黛說，強尼對軟體一向很在行。「強尼和作業系統設計很搭。」同為英國人的她說：「整合軟硬體一直是蘋果的重心……這是業界現在最熱門的領域之一，強尼在這方面已經引領潮流很多年，對他來說並不陌生。整合軟硬體是他一直以來的想法，過去只是受限於規模罷了。現在由他統整，再完美不過了。」[16]

　　老同事巴布勒也認為，強尼有能力為軟體部門注入新意；但他也指出，強尼必須設法跟程式設計師建立好關係。巴布勒說，強尼雖然涉足軟體營運多年，但「必須為軟體部門勾勒出大家都能認同的願景。我相

信，如何贏得軟體部門的心是他的一大考驗。」[17]

強尼接管軟體部門正是時候。市場競爭對手急起直追——Android 平台技術日趨成熟，因為功能可以自訂、選擇較多的優勢，受到使用者青睞；而微軟的 Windows 8 平台採用簡潔俐落、大膽革新的觸控介面，也頗受好評。

「我們正處於一個重大時刻，產品的硬體設計已經登峰造極，讓人可以專注在產品的內涵。」舊金山廣告公司「說媒體」（Say Media）設計與創意總監艾力克斯・施烈佛（Alex Schleifer）寫道：「玻璃螢幕的目的只有一個，那就是提供使用者體驗。我們喜不喜歡一個產品，未來將取決於它的使用者介面，包括介面的外觀與互動。介面未來將存在於我們的車上、客廳裡，變成建築物的一部分，涵蓋我們的地平線。使用者介面會影響我們的媒體使用方式、改變我們看世界的角度，決定我們學習與溝通的管道。使用者介面的年代已經來臨。」[18]

庫克接受《彭博商業週刊》（Bloomberg BusinessWeek）訪問時，對高階人事變動與蘋果未來方向並未多加說明，只給了一貫的回覆：「創意與研發並不是照著流程圖做就能做到。小團隊一起合作，往往能有非同凡響的成就。團隊合作是創新的不二法門。」

對於營運事宜雖然談得不多，庫克卻不吝於給予強尼掌聲：「我覺得全世界沒有人的品味比得上強尼……我和強尼都很愛蘋果。希望它能做出一番偉大的事蹟。」[19]

「強尼是沒人能取代的」

賈伯斯過世前，曾談到他對強尼的器重程度。「除了我以外，強尼

是蘋果內部最能呼風喚雨的人。」賈伯斯說：「沒有人能夠命令他。這是我建立起來的制度。」[20]

針對內部權力架構，賈伯斯並未進一步解釋。以蘋果組織結構來看，強尼的直屬老闆是庫克，但按照賈伯斯的說法，庫克沒有權力命令強尼。這其實不值得驚訝，因為強尼握有龐大的營運權力，設計部門是全公司的核心，工程與生產部門的人都得聽他們的。為了達到強尼對產品的高標準，蘋果砸下數十億美元在製程技術上。設計部門把構想交付給營運部門實踐時，從來不必考慮預算與可行性。

多年來，強尼在公司裡的定位已跳脫單純的設計部門主管；尤其在他與賈伯斯的關係愈來愈密切之後，地位更顯重要。在賈伯斯眼中，強尼既懂得與人合作，又能掌握創新的真諦。

賈伯斯在艾薩克森的書中說道：「強尼瞭解生意與行銷的概念，很多事一點就通。他比其他人更清楚蘋果的營運本質。他是我在蘋果的心靈伴侶，大多數產品是我們兩個合作發想出來的，然後再拿去問別人的意見。他一方面掌握產品開發的全局，一方面又在乎產品大大小小的細節。他也知道蘋果是一家以產品為主的公司。他不只是單純的設計師而已。」[21]

認識強尼的人都說，強尼對他彬彬有禮的英國紳士形象很保護，但他也深黯企業生存之道。他對設計團隊雖然大方、也很保護，但同樣自信心十足，屬於他的構想與創意，他也不會客套而不居功。他和佛斯托及魯賓斯坦的不合，可以看出他個性激進的一面，即使對方是主管階層，他也不怕得罪。從搬上檯面的幾起事件來看，強尼要打贏權力鬥爭，不愁沒有決心與火力資源。

賈伯斯栽培強尼的企圖明顯，希望讓後者成為在創意執行上的唯一接班人，就差沒有執行長頭銜而已。公司的營運由庫克負責，但產品則

由強尼一手撐起，在公司上下擁有極大權力。

如此安排之下，蘋果得以維持以往的運作方式。「產品的研發方式跟兩年前、五年前，甚至是十年前一模一樣。」強尼說：「不是只有我們幾個人的工作方式沒變而已，公司大部分都還是維持一樣的運作方式。」[22]

可以肯定的是，強尼積極維護賈伯斯的價值觀。在他們兩人眼中，打造出「一流產品」比公司賺大錢重要許多。

2012 年 7 月，強尼出席英國駐美大使館的創意高峰會（Creative Summit）時語出驚人：「我們不以賺錢為目的。我們最重要的目標不是獲利。我這麼說不是在信口開河。打造出一流產品，才是蘋果的使命與熱情。我們認為產品做得好，自然會受到大家的喜愛；營運做得好，營收表現自然會好。我們的目標很清楚。」[23]

強尼進一步指出，他這個心得，是蘋果快倒閉時從賈伯斯身上學到的。「蘋果差一點就面臨倒閉的下場，成為無人聞問的品牌。但在鬼門關前走一回，就更懂得如何經營人生。因為經歷了蘋果的谷底，我學到企業價值觀應該擺在對的地方。」他告訴台下聽眾：「一般人都以為，企業會倒閉是因為沒有賺錢，所以把重點放在賺錢上，但那並不是賈伯斯最重要的考量。他認為蘋果會觸礁，是因為產品不夠好；想讓公司轉虧為盈，應該從改良產品陣容開始，這點跟之前執行長的做法完全不一樣。」

賈伯斯的小而美產品策略眾所皆知，強尼也致力於維護這項傳統。賈伯斯常說，產品構想一大堆，懂得說「不」才有辦法讓產品聚焦。在強尼的領軍下，蘋果仍舊嚴守這樣的哲學，只做「最好」的產品，「差不多」的產品寧可不碰。

「有好幾次在產品量產前的會議中，我們意識到自己聲音大起來，

想說服自己這個產品有什麼優點。我一直認為這是個不好的現象。」他說。[24]

強尼當年在橘子設計的合夥人葛林爾對他有信心，認為他可以把蘋果帶到新的高峰。

「強尼從來就不只是一名設計師而已。」葛林爾說：「他在蘋果一直扮演軍師的角色，像是使用者介面等營運策略，都有他的參與……現在擔任大位是如魚得水。我從以前就很看好蘋果，因為蘋果的成功跟強尼有很大的關係。賈伯斯發現強尼的潛力，讓他從只是設計印表機上蓋的設計師，來到能盡情發揮所長的職位……有賈伯斯為後盾，強尼更有信心綻放設計才能，創造出令人讚嘆的產品，他未來會照著這條路走下去。蘋果原本就是相當優秀的企業，但過去十年一飛沖天，是因為強尼得到賈伯斯的器重，設計出一連串衝擊市場的一流產品。」[25]

葛林爾更說：「我甚至覺得，蘋果少了強尼會比少了賈伯斯更慘。強尼是沒人能取代的。他擁有人文素養、有遠見、個性沉靜，又有能力凝聚團隊士氣。哪天要是離職，蘋果想要找到像他這樣的設計主管，根本是不可能的任務。蘋果就不再是蘋果了。」[26]

正如強尼所說：「你怎麼看世界，決定了你是什麼樣的設計師。身為設計師的詛咒之一，就是你常常看到某樣東西，心裡老是想著：『為什麼它要設計成這樣，不設計成那樣？』」[27]

展望未來，自視為「不斷設計」的強尼，可望為蘋果帶來更多令人驚艷的新產品，為蘋果打開新頁。

大風起於青萍之末

過去的點點滴滴，造就了強尼的人生與工作。他的父親是一位教育改革家，直接影響了強尼的設計教育；強尼的第一個學校作業是白色塑膠製成的前衛電話機；他因為一款平板原型而得到蘋果的工作。

強尼一路走來有貴人（例如葛林爾與布蘭諾），也有機緣（布蘭諾投效蘋果），但他也懂得創造自己的命運。

強尼對設計的熱愛始終如一。他自幼便展現設計天分，甚至可說是設計神童。致力於點燃學童設計熱誠的父親，是他的一大推手。後來進入講究實作的新堡技術學院，培養出他對產品製作的興趣，也因此日後特別喜歡製造原型，探索新的製程。

早年在橘子設計的工作經驗，有助於他建立起設計顧問的心態與工作流程，之後複製到蘋果內部，讓設計團隊的運作有如大企業裡的設計顧問公司。

「以前在設計公司能服務不同的客戶，設計的產品也包羅萬象，我本來以為離開那樣的環境會很困難。」他曾經說：「但後來發現這其實不是問題，因為在蘋果設計的東西包含許多不同的零組件，像是耳機、遙控器、滑鼠、揚聲器、電腦等等。」[28]

強尼在蘋果的初期設計，包括牛頓機、20週年紀念機在內，都為日後的產品埋下伏筆。設計團隊的許多核心成員，都是強尼在蘋果營運告急時找來的，在那段黑暗期為他們撐腰、提供設計養分。有了這個團隊，蘋果日後才能推出一個接一個的暢銷產品。

他與賈伯斯的共事關係起於iMac，後來更聯手打造出多款創新產品，夥伴關係傳為業界佳話。兩人通力逆轉蘋果原本以工程導向為主的

13

Design Team

Apple's industrial design team, after receiving
a D&AD Lifetime Achievement Award in 2012.

企業文化，而將設計視為貫穿營運的主軸，無論硬體、軟體，還是廣告，公司各個環節密切整合，以設計一以貫之。

後續產品讓強尼深入研究新的材質與製程，始終抱持著好還要更好的精神。因為強尼的極簡哲學，才有 iPod 的誕生。iPod 大可以是功能複雜的 MP3 播放器，但強尼卻設計出一款無人不知、無人不曉的產品，也間接為日後的移動性產品鋪路。iPhone 與 iPad 則是跳脫傳統思維的產物，除了概念創新，更需要克服許多技術問題。

極簡原則運用到製造過程，於是有了一體成型製程技術。分析強尼在機械加工的成就，說他已達到工藝規模化的顛峰並不為過。也無怪乎蘋果會榮獲 D&AD 五十年來最佳設計團隊與最佳品牌。D&AD 大獎可說是設計圈的奧斯卡獎，強尼一人便獨得 10 座，是業界之冠。

去蕪存菁是學設計的第一步，每個設計科系必教，但並不是每個學生都培養得起來，像強尼一樣嚴格奉行的更是少數。若說強尼有何天大的設計祕訣，肯定是他對極簡哲學的堅持。因為追求簡單，蘋果出現許多重大突破；也因為簡單，有些產品在市場跌了一跤，有些產品則沒有推出。強尼的另一個特色是，為了把產品做到好，不惜投入大量時間與心血，這點從他在技術學院時就是如此。

強尼最終的目標是讓設計遁於無形。來自倫敦郊區、從小天性害羞的他，在使用者完全沒注意到他的設計時，反而最有成就感。

「很奇怪，我自己身為設計師，但很討厭看到設計風格強烈的產品。」他說：「我們的目標是設計出簡單的產品，簡單到讓人覺得本來就應該這樣設計……做對了，就會更專注在產品本身的內涵。拿我們為新 iPad 設計的 iPhoto 軟體為例，會讓人欲罷不能，完全忘了是在使用 iPad。」[29]

13

曾在強尼接手前服務於蘋果設計部門、現為加州大學戴維斯分校（University of California at Davis）設計與創新系教授的安德魯·哈格當（Andrew Hargadon）說，強尼不但使得電腦與智慧型手機成為現代人不可或缺的產品，他也帶動大家追求更好的設計。

「彩色 iMac 當初上市時造成轟動，引起其他產品一陣跟風。就連釘書機也出現六種顏色。拜 iMac 系列之賜，消費者開始更重視設計美感。」哈格當說：「或許這就是蘋果帶給大家最深遠的影響，讓我們現在對產品設計有更高的要求。因為蘋果，我們才有機會知道什麼是爛筆電，什麼是設計一流的筆電；什麼是爛手機，什麼又是設計一流的手機；就像手術前、手術後的效果。而且蘋果是在短短幾年內就有這樣的成就。突然間就有 6 億人擁有 iPhone，驚覺過去的手機長得有點抱歉。我們的文化正在上演一場設計再教育。」[30]

強尼眼前的挑戰在於如何維持蘋果的創新能量。蘋果在賈伯斯尚未回任前的黑暗期，最大的風險是不敢冒險。蘋果如果不肯大刀闊斧革新，就不會有當初的一些代表作，公司甚至也可能銷聲匿跡。

今天的蘋果縱橫全球各大市場，幾款產品更佔據市場領導地位，何等風光；過去的陣痛期已成歷史。此外，產品的世代規劃完整，進程按部就班，因此風險較少。然而，隨著蘋果版圖逐漸壯大，加上強尼在後賈伯斯時代出頭、傳承意味濃厚，使得蘋果的新鮮感褪去，消費者多少猜得到新產品的模樣。

「蘋果營造出非常嚴謹的品牌形象，但這樣反而成為他們的緊箍咒，害自己走不出新的方向。」艾力克斯·米爾頓教授說：「蘋果已經從另類躍居主流。」[31] 米爾頓教授認為這是強尼必須克服的課題，因為現在剛從設計科系畢業的社會新鮮人，都排斥蘋果的設計美感。「強尼成為設計圈的權威。」米爾頓聲稱：「他的挑戰在於，他是否能再度翻新，

還是踏步不前？」

　　「蘋果必須找到新的設計語言，但挑戰就在於，那會是什麼樣的語言？我相信強尼絕對有必要的資源與能力，能將蘋果帶往新的境界。但該怎麼做，正是最大的未知數！」

13

1. Walter Isaacson, Steve Jobs (Simon & Schuster, 2011), Kindle edition.

2. Ibid.

3. Ibid.

4. Jemima Kiss, "Apple's Worst Nightmare: Is Jonathan Ive to Leave?" http://www.theguardian.com/technology/pda/2011/feb/28/apple-jonathan-ive, February 28, 2011.

5. Maurice Chittenden and Sean O'Driscoll, "I created the iPad and iClaim My £18m," http://www.thesundaytimes.co.uk/sto/news/uk_news/Tech/article563855.ece, February 27, 2011.

6. Martha Mendoza," Apple Designer as Approachable as His iMac," Associated Press, April 8 1999.

7. Shane Richmond, "Jonathan Ive interview: Apple's Design Genius is British to the Core," Telegraph, http://www.telegraph.co.uk/technology/apple/9283486/Jonathan-Ive-inter view-Apples-design-genius-is-British-to-the.core.html, May 23, 2012.

8. Ibid.

9. Interview with Phil Gray, January 2013.

10. Apple WWDC 2010—iPhone 4 Introduction, 2010, video, http://www.youtube.com/watch?v=z___jxoczNWc.

11. Apple Press info, "Apple Announces Changes to Increase Collaboration Across Hardware, Software & Services," http://www.apple.com/pr/library/2012/10/29Apple-Announces-Changes-to-Increase-Collaboration-Across-Hardware-Software-Services.html, October 29, 2012.

12. Mark Gurman, "Tim Cook Emails Employees, Thanks Scott Forstall, Says Bob Mansfield to Stay On for Two Years," http://9to5mac.com/2012/10/29/tim-cook-emails-employees-thanks-scott-forstall-says-bob-mansfield-to-stay-on-for-two-years/, October 29, 2012.

13. Nick Wingfield and Nick Bilton, "Apple Shake-Up Could Lead to Design Shift," New York Times, http://www.nytimes.com/2012/11/01/technology/apple-shake-up-could-mean-end-to-real-world-images-in-software.html, October 31, 2012.

14. Shane Richmond, "Jonathan Ive Interview: Simplicity Isn't Simple," Telegraph, http://www.telegraph.co.uk/technology/apple/9283706/Jonathan-Ive-interview-simplicity-isnt-simple.html, May 23, 2012.

15. Apple 2013 Worldwide Developers Conference, keynote video: http://www.youtube.com/watch?v=qzUH9PJA1Ro, June 10, 2013.

16. Interview with Sally Grisedale, February 2013.

17. Interview with Larry Barbera, June 2013.

18. Alex Schleifer, "The Age of the User Interface," http://saydaily.com/2013/02/design-really-is-everything-now.html, February 15, 2013.

19. Josh Tyrangiel, "Tim Cook's Freshman Year: The Apple CEO Speaks," Bloomberg Businessweek, http://www.businessweek.com/articles/2012-12-06/tim-cooks-freshman-year-the-apple-ceo-speaks, December 6, 2012.

20. Isaacson, Steve Jobs, Kindle edition.

21. Ibid.

22. Richmond, "Jonathan Ive Interview: Simplicity Isn't Simple."

23. Katherine Rushton, "Apple Design Chief: 'Our Goal Isn't to Make Money'," Telegraph, http://www.telegraph.co.uk/technology/apple/9438662/Apple-design-chief-Our-goal-isnt-to-make-money.html, July 30, 2012.

24. Katherine Rushton, "Apple Design Chief Sir Jonathan Ive: iPhone Was 'Nearly Axed'," Telegraph, http://www.

telegraph.co.uk/finance/newsbysector/mediatechnologyandtelecoms/9440639/Apple-design-chief-Sir-Jonathan-Ive-iPhone-was-nearly-axed.html, July 31, 2012.

25. Interview with Clive Grinyer, January 2013.

26. Ibid.

27. Jonathan Ive, speaking in Objectified documentary, 2009.

28. London Design Museum, interview with Jonathan Ive, http://designmuseum.org/design/jonathan-ive, last modified 2007.

29. Mark Prigg, "Sir Jonathan Ive: Knighted for Services to Ideas and Innovation," The Independent, http://www.independent.co.uk/news/people/profiles/sir-jonathan-ive-knighted-for-ser vices-to-ideas-and-innovation-7563373.html, March 13, 2012.

30. Interview with Andrew Hargadon, October 2012.

31. Interview with Alex Milton, October 2012.

13

acknowledgments
致謝

首先感謝我的作家經紀人 Ted Weinstein，有你的督促才有本書的誕生。Portfolio 出版商團隊的大力協助，除了老闆 Adrian Zackheim 之外，其他成員如 Natalie Horbachevsky 與 Brooke Carey 的編輯功力一流，Hugh Howard 在後製階段更發揮有如奇蹟般的本領，編輯手稿且為行文風格定調，感謝各位。

消息人士的尋找、聯絡與訪談事宜，承蒙 Jose Garcia Fermoso 與胞兄 Alex Kahney 的鼎力相助，在此特別感謝。

感謝 John Brownlee 坐鎮我的部落格「Mac 教派」（Cult of Mac），在我寫書期間經常不在時，擔負起撰文與經營的責任。同時謝謝部落格的同事，包括 Charlie、Buster、Killian、Alex、Rob 與 Erfon 等人幫我打點站務，你們真棒。

本書多處取材於他人報導，特別是康可的《蘋果設計》、盧克·道爾梅爾（Luke Dormehl）的《蘋果革命》（The Apple Revolution），以及華特·艾薩克森的《賈伯斯傳》。受益良多，感激不盡。

蘋果設計的靈魂——強尼・艾夫傳 / 利安德・凱尼（Leander Kahney）著；連育德譯 -- 初版 .-- 臺北市：時報文化，2014

；　面；　　公分　（PEOPLE 叢書；383）譯自：Jony Ive: The Genius Behind Apple's Greatest Products

ISBN 978-957-13-6061-4（平裝）

1. 艾夫（Ive, Jonathan, 1967- ）　2. 蘋果電腦公司（Apple Computer, Inc.）　3. 傳記　4. 電腦資訊業

484.67

10301639

PED0383

蘋果設計的靈魂——強尼・艾夫傳

Jony Ive : The Genius Behind Apple's Greatest Products

作者　利安德・凱尼 Leander Kahney ｜ 譯者　連育德 ｜ 主編　陳盈華 ｜ 美術設計　林宜賢 ｜ 執行企劃　楊齡媛 ｜
董事長・總經理　趙政岷 ｜ 總編輯　余宜芳 ｜ 出版者　時報文化出版企業股份有限公司　10803 臺北市和平西路
三段 240 號 3 樓　發行專線—(02)2306-6842　讀者服務專線—0800-231-705・(02)2304-7103　讀者服務傳真—(02)2304-685
郵撥—19344724 時報文化出版公司　信箱—台北郵政 79-99 信箱　時報悅讀網—http://www.readingtimes.com.tw ｜ 法律
顧問　理律法律事務所　陳長文律師、李念祖律師 ｜ 印刷　盈昌印刷有限公司 ｜ 初版一刷　2014 年 9 月 19 日 ｜
定價　新台幣 380 元 ｜ 行政院新聞局局版北市業字第 80 號 ｜ 版權所有　翻印必究（缺頁或破損的書，請寄回更換）